スバラシク実力がつくと評判の

確率統計

キャンパス・ゼミ

大学の数学がこんなに分かる！ 単位なんて楽に取れる！

馬場敬之

マセマ出版社

◆ はじめに ◆

みなさん，こんにちは。マセマの馬場敬之(けいし)です。これまで発刊した**「キャンパス・ゼミ」シリーズ**は多くの読者の方々のご支援を頂いて，大学数学学習の新たなスタンダードとして定着してきているようです。そして，今回『**確率統計キャンパス・ゼミ 改訂 7**』を上梓することができて，心より嬉しく思っています。

確率統計は，微分積分学，線形代数学と並んで大学で学生の皆さんが履修する主要科目の **1** つです。そして，これは**教養課程だけでなく専門課程でも重要な役割**を演じる分野です。ですから，この確率統計についても分かりやすい参考書を，是非マセマから出版して欲しいという多くの読者の方々のご要望に応えて，本書を書き上げたのです。

確率統計は，その理論的な背景を無視してしまえば，単に確率分布の数表を引くだけの計算ドリルになってしまいます。しかし，その理論を数学的に説明しようとすると，一般の読者にはなかなか分かりづらいものになってしまうのですが，本物の数学を読者の皆様に解説するのがマセマの使命ですから，何とかこの難題に取りかかる決心をしました。

この後，**中心極限定理**，**χ^2（カイ 2 乗）分布**などなど，次々と解説の難しいテーマと悪戦苦闘することになりましたが，ボクや久池井先生や高杉先生をはじめ全てのマセマのメンバーにとって，これは多くの新たな発見を伴う楽しい作業でもあったのです。

その結果，出来あがったこの『**確率統計キャンパス・ゼミ 改訂 7**』は，**理論的な解説と実践的な計算練習のバランスの良い**スバラシイ参考書に仕上がったと自負しています。これは**応用数学の内容を含む本格的な統計学の本**なので，実用計算だけが出来れば良いという方は，理論的な証明を飛ばして，その結果だけを利用されても一向に差し支えありません。それぞれの目的にしたがって本書を利用して頂ければいいのです。

この『**確率統計キャンパス・ゼミ 改訂7**』は，全体が**8**章と**Appendix**(付録)から構成されており，各章をさらに**10**ページ程度のテーマに分けているので，非常に読みやすいはずです。大学の統計学に苦手意識を持っておられる方も，まず**1**回この本を流し読みすることを勧めます。初めは難しい式変形などは飛ばしても構いません。**確率密度，モーメント母関数，周辺確率密度，正規分布，大数の法則，中心極限定理，*t* 分布，*F* 分布，不偏推定量，有意水準**などなど，次々と専門的な内容が目に飛び込んでくると思いますが，不思議と違和感なく読みこなしていけるはずです。この**通し読みだけなら，おそらく2週間もあれば十分**だと思います。これで確率や統計学の全体像をつかむ事が大切なのです。

1回通し読みが終わったら，後は各テーマの詳しい解説文を精読して，例題，演習問題，実践問題を実際にご自身で解きながら，勉強を進めていけばいいのです。特に，実践問題は，演習問題と同型の問題を穴埋め形式にしたものですから，非常に学習しやすいと思います。

この精読が終わったならば，後はご自分で納得がいくまで何度でも繰り返し練習することです。この反復練習により本物の実力が身に付き，**「確率統計も自分自身の言葉で自由に語れる」**ようになるのです。こうなれば，**「確率統計の試験も，院試も楽勝で乗り切れるはずです！」**

この『**確率統計キャンパス・ゼミ 改訂7**』が，読者の皆様の長い数学人生の良きパートナーとなることを祈っています。

マセマ代表　馬場 敬之(けいし)

本書では，新たに母比率の区間推定の例題を拡張して，その解説を加えました。

目 次

講義5 χ^2 分布, t 分布, F 分布 [確率編]

講義6 データの整理（記述統計）[統計編]

講義7 推定 [統計編]

講義8 検定 [統計編]

◆数表

離散型確率分布
(1変数確率関数)

- ▶ 場合の数(順列・組合せ)
- ▶ 確率の定義(数学的確率と統計的確率)
- ▶ ベイズの定理(条件付き確率)
- ▶ 確率分布(確率変数と確率関数)
- ▶ 二項分布
- ▶ モーメント母関数(積率母関数)

§1. 場合の数

さァ，これから確率統計の講義を始めよう。確率を求めるには，まず“**場合の数**”の計算が必要となる。ここでは，“**順列の数**”や“**組合せの数**”まで含めた，場合の数の求め方について詳しく解説する。

これらの内容については，既に高校で習っている人がほとんどだと思う。でも，本格的な確率統計の講義においても，その基本となるものだから，ここでシッカリ復習しておこう。

● 集合の定義から始めよう！

場合の数の話の前に，まず“**集合**”の定義から始めることにする。

集合の定義

集合とは，ある一定の条件をみたすものの集まりのこと。
(ただし，対象とするものが，その条件をみたすか否か，客観的に明らかなものの集まりでなければならない。)

だから，「かっこいい人の集まり」は，「かっこいい人」の客観的で明確な定義がない限り，集合とは言えないんだね。

集合は，一般的には A，B，X，Y などのアルファベットの大文字で表し，集合を構成しているものをその集合の“**要素**”または，“**元**”と呼ぶ。
(“げん”と読む)

そして，a が集合 A の要素であるとき，$a \in A$ または $A \ni a$ と表し，b が集合 A の要素でないときは，$b \notin A$ または $A \not\ni b$ と表す。

ここで，5 で割り切れる 30 以下の自然数の集合を A とおくと，

(i) $A = \{n \mid n = 5k \quad (k = 1, 2, 3, 4, 5, 6)\}$
($A = \{n \mid n$ のみたすべき条件$\}$ の形での表し方)

(ii) $A = \{5, 10, 15, 20, 25, 30\}$
(集合 A の要素をすべて列挙する表し方)

の 2 通りの表し方がある。この A のように，要素の個数が有限の集合を“**有限集合**”といい，$X = \{x \mid 0 \leqq x < 2\pi\}$ のように，要素の個数が無限の集合を“**無限集合**”という。(これをみたす実数 x は無数にある。)

（“くうしゅうごう”と読む）（ギリシャ文字の“ファイ”）

また，1つの要素ももっていない集合を特に“**空集合**”と呼び，ϕ で表す。一般に，有限集合 Y について，その要素の個数を $n(Y)$ で表す。当然，空集合 ϕ の要素の個数は $n(\phi)=0$ となる。

集合 B の要素がすべて集合 A に属するとき，「B は A に含まれる」といい，$B \subseteqq A$（A と B が等しい場合も含む）または $B \subset A$ と表し，B を A の“**部分集合**”という。特に $B \subset A$ のとき，B は A の“**真部分集合**”という。

次に，A と B の“**共通部分**”と“**和集合**”についても下に示す。

共通部分と和集合

2つの集合 A，B について

(i) 共通部分 $A \cap B$（“A キャップ B”と読む）：A と B に共通な要素全体の集合

(ii) 和集合 $A \cup B$（“A カップ B”と読む）：A または B のいずれかに属する要素全体の集合

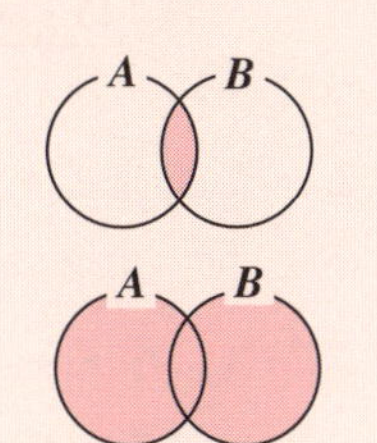

ここで，$A \cap B$，$A \cup B$ の要素の個数について，次の公式が成り立つことも既に知っていると思う。

(i) $A \cap B = \phi$ のとき，$n(A \cup B) = n(A) + n(B)$

(ii) $A \cap B \neq \phi$ のとき，$n(A \cup B) = n(A) + n(B) - n(A \cap B)$

次に，考えている対象のすべてを要素とする集合を，“**全体集合**”U と表し，図1に示すように，その部分集合 A が与えられたとき，“**補集合**”$\overline{A}$ を次のように定義する。

図1 補集合 $\overline{A}$

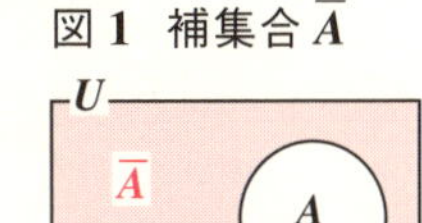

補集合 $\overline{A}$：全体集合 U に属するが，A には属さない要素から成る集合

そして，U と A と $\overline{A}$ の要素の個数について次の公式が成り立つ。

$n(A) + n(\overline{A}) = n(U)$　　さらに，次の“**ド・モルガンの法則**”：

(i) $\overline{A \cup B} = \overline{A} \cap \overline{B}$　　(ii) $\overline{A \cap B} = \overline{A} \cup \overline{B}$　から，その要素の個数は，

(i) $n(\overline{A \cup B}) = n(\overline{A} \cap \overline{B})$，(ii) $n(\overline{A \cap B}) = n(\overline{A} \cup \overline{B})$ となるのも大丈夫だね。

● 事象は集合で表せる！

「コインを投げたり」，「サイコロを振ったり」，同様のことを繰り返すことが可能な行為を“**試行**”といい，その結果，「表が出たり」，「偶数の目が出たり」する事柄を“**事象**”という。そして，この事象の中でも，これ以上簡単にならない**1**つ**1**つの基本的な事象を“**根元事象**”と呼ぶ。この根元事象の集まりは，次のように集合で表すことができる。

（“こんげんじしょう”と読む）

(i) コインの場合は，$U = \{表，裏\}$

（$\{表が出る，裏が出る\}$を略記したもの）

(ii) サイコロの場合は，$U = \{1, 2, 3, 4, 5, 6\}$

（$\{1の目が出る，2の目が出る，\cdots\cdots，6の目が出る\}$を略記したもの）

このように，試行によって起こる“事象”は，すべて“集合”によって表すことが出来るので，これからは，集合Aと事象Aを区別せずに扱うことにする。集合Aの要素の個数$n(A)$も，事象Aの“**場合の数**”$n(A)$と呼ぶことにする。

$A \cup B$など，“**場合の数**”と“**集合**”では呼び方が異なるので，それらをまとめて下に示しておこう。対比して覚えるといいよ。

(Ⅰ) 場合の数	(Ⅱ) 集合
事象A，事象Bなど，全事象U	集合A，集合Bなど，全体集合U
(i) $A \cap B$：積事象	(i) $A \cap B$：共通部分
(ii) $A \cup B$：和事象	(ii) $A \cup B$：和集合
(iii) $\overline{A}$：余事象	(iii) $\overline{A}$：補集合
(iv) ϕ：空事象	(iv) ϕ：空集合

これまでに学んだ集合の要素の個数の公式はすべて，当然，場合の数の計算にも利用できる。もう**1**度，下にまとめておく。

(Ⅰ) $\begin{cases} A \cap B = \phi \text{ のとき，} n(A \cup B) = n(A) + n(B) \\ A \cap B \neq \phi \text{ のとき，} n(A \cup B) = n(A) + n(B) - n(A \cap B) \end{cases}$

(Ⅱ) $n(A) + n(\overline{A}) = n(U)$，$n(A) = n(U) - n(\overline{A})$

(Ⅲ) $n(\overline{A \cup B}) = n(\overline{A} \cap \overline{B})$，$n(\overline{A \cap B}) = n(\overline{A} \cup \overline{B})$

2 つの集合 A, B に対して，　“ちょくせき” と読む

$A\times B=\{(a,\ b)\,|\,a\in A,\ b\in B\}$ を，A と B の “**直積**” と定義する。

$A=\{a_1,\ a_2,\cdots\cdots,\ a_m\}$, $B=\{b_1,\ b_2,\cdots\cdots,\ b_n\}$ とすると，$n(A)=m$, $n(B)=n$ で，$(a_i,\ b_j)$ $(i=1,\ 2,\cdots\cdots,\ m,\ j=1,\ 2,\cdots\cdots,\ n)$ は，$m\times n$ 通りの組合せの数だけ存在するので，

$n(A\times B)=n(A)\times n(B)$ となる。これも，大丈夫？

● 順列の数や組合せの数も復習しよう！

さまざまな “**順列の数**” ${}_n\mathrm{P}_r$ に関連した基本事項を下にまとめて示す。

順列の数のまとめ

(1) n の階乗 $n!=n\cdot(n-1)\cdot\cdots\cdots\cdot3\cdot2\cdot1$：$n$ 個の異なるものを **1** 列に並べる並べ方の総数。　$(0!=1!=1$ である。$)$

(2) 順列の数 ${}_n\mathrm{P}_r=\dfrac{n!}{(n-r)!}$：$n$ 個の異なるものから重複を許さずに，r 個を選び出し，それを **1** 列に並べる並べ方の総数。

(3) 重複順列の数 n^r：n 個の異なるものから重複を許して r 個を選び出し，それを **1** 列に並べる並べ方の総数。

次に，“**組合せの数**” ${}_n\mathrm{C}_r$ も，まとめておこう。

組合せの数

組合せの数 ${}_n\mathrm{C}_r=\dfrac{n!}{r!(n-r)!}$：$n$ 個の異なるものの中から重複を許さずに，r 個を選び出す選び方の総数。

組合せの数 ${}_n\mathrm{C}_r$ の場合，選び出した r 個の並べ替えは行わないので，${}_n\mathrm{P}_r$ を $r!$ で割った形，${}_n\mathrm{C}_r=\dfrac{{}_n\mathrm{P}_r}{r!}$ になる。

組合せの数には，基本公式がいくつかある。それらをまとめて次に示すよ。

${}_nC_r$ の基本公式

(1) ${}_nC_0 = {}_nC_n = 1$　　(2) ${}_nC_1 = n$　　(3) ${}_nC_r = {}_nC_{n-r}$

(4) ${}_nC_r = {}_{n-1}C_{r-1} + {}_{n-1}C_r$　　(5) $r \cdot {}_nC_r = n \cdot {}_{n-1}C_{r-1}$

(4) の公式は，n 個のうちの特定の a に着目すればいい。

(ⅰ) ${}_{n-1}C_{r-1}$：特定の a が r 個の 1 つに選ばれる場合，残りの $n-1$ 個から $r-1$ 個を選ぶことになる。

(ⅱ) ${}_{n-1}C_r$　：特定の a が r 個の中に選ばれない場合，残りの $n-1$ 個から r 個をすべて選ぶことになる。

n 個から r 個を選ぶ場合の数 ${}_nC_r$ は，(ⅰ) a を選ぶか，または，(ⅱ) a を選ばないかの，いずれかより，(4) の公式が成り立つ。

(5) の公式については，n 人の国民から，1 人の大統領と，$r-1$ 人の委員を選ぶ場合を考えるとわかりやすい。

(ⅰ) 左辺 $= \underbrace{{}_rC_1}_{r} \cdot {}_nC_r$ とすると，n 人の国民からまず，r 人の委員を選び，その r 人の委員からさらに 1 人の大統領を選ぶ場合の数を表す。

(ⅱ) 右辺 $= \underbrace{{}_nC_1}_{n} \cdot {}_{n-1}C_{r-1}$ とすると，まず n 人の国民から 1 人の大統領を選び，残りの $n-1$ 人の国民から，$r-1$ 人の委員を選ぶ場合の数を表している。

そして，結果的には，(ⅰ)(ⅱ) は同じことなので，(5) の公式が成り立つ。

● 二項定理も復習しておこう！

"場合の数" から離れるけれど，せっかく，組合せの数 ${}_nC_r$ を復習したので，**"二項定理"** についても触れておきたい。これは，後に出てくる **"二項分布"** と密接に関係しているからだ。

二項定理

$$(a+b)^n = {}_nC_0 a^n + {}_nC_1 a^{n-1} b + {}_nC_2 a^{n-2} b^2 + \cdots\cdots + {}_nC_n b^n$$
$$(n = 1, 2, \cdots\cdots)$$

まず，$n = 2, 3$ のときについて書いておこう。

$n = 2$ のとき，$(a+b)^2 = \underbrace{{}_2C_0}_{1} a^2 + \underbrace{{}_2C_1}_{2} ab + \underbrace{{}_2C_2}_{1} b^2 = a^2 + 2ab + b^2$

$n=3$ のとき，

$$(a+b)^3 = \underbrace{{}_3C_0}_{1} a^3 + \underbrace{{}_3C_1}_{3} a^2b + \underbrace{{}_3C_2}_{3} ab^2 + \underbrace{{}_3C_3}_{1} b^3 = a^3 + 3a^2b + 3ab^2 + b^3$$

つまり，二項定理とは，この見慣れた公式を一般化したものだったんだね。そして，この二項定理で展開したときの一般項が，${}_nC_r\,a^{n-r}b^r$ または ${}_nC_r\,a^rb^{n-r}$ $(r=0, 1, 2, \cdots\cdots, n)$ と表されるので，二項定理の公式が，$(a+b)^n = \sum_{r=0}^{n} {}_nC_r\,a^{n-r}b^r$ または $\sum_{r=0}^{n} {}_nC_r\,a^rb^{n-r}$ と書けることも大丈夫だね。

それでは，ここで例題を 1 つやっておこう。

---

(1) $\sum_{k=0}^{n} k \cdot {}_nC_k\,p^k \cdot q^{n-k} = np$ ……$(*)$ （ただし，$p+q=1$ とする。）
が成り立つことを示せ。

---

(1) $(*)$ の左辺 $= \sum_{k=0}^{n} k \cdot {}_nC_k\,p^k \cdot q^{n-k} = \sum_{k=1}^{n} k \cdot {}_nC_k\,p^k \cdot q^{n-k}$

$k=0$ のとき，$0 \cdot {}_nC_0\,p^0q^n = 0$ となって，この項をたしても意味がない。∴ $k=1$ スタートにした！

大統領と委員の公式：$k \cdot {}_nC_k = n \cdot {}_{n-1}C_{k-1}$

$$= \sum_{k=1}^{n} n \cdot {}_{n-1}C_{k-1}\,p^k \cdot q^{n-k}$$

$$= np\sum_{k=1}^{n} {}_{n-1}C_{k-1}\,p^{k-1} \cdot q^{n-k}$$

$p^k = p \cdot p^{k-1}$ と変形した。

$${}_{n-1}C_0\,q^{n-1} + {}_{n-1}C_1\,p \cdot q^{n-2} + {}_{n-1}C_2\,p^2q^{n-3} + \cdots\cdots + {}_{n-1}C_{n-1}\,p^{n-1}$$

$k=1$ のとき　$k=2$ のとき　$k=3$ のとき　$k=n$ のとき

$$= np(q+p)^{n-1} = np(\underbrace{p+q}_{1})^{n-1}$$

1 $(\because p+q=1)$

$$= np = (*)\ の右辺$$

以上より，$(*)$ は成り立つ。……………………………………………………(終)

この例題は，実は二項分布の期待値（平均）の計算になっていたんだよ。これについては，後で詳しく解説する。

演習問題 1　●2つのサイコロの目の和●

2つのサイコロX，Yを同時に1回振って，出た目をそれぞれ(x, y)とおき，$z=x+y$とおく。このとき，$z=2, 3, \cdots\cdots, 12$となる場合の数を求めよ。

ヒント！ $x=1, 2, \cdots, 6$，$y=1, 2, \cdots, 6$より，直積$(x,\ y)$の全場合の数は，$6\times6=36$通りになる。このうち，$z=2, 3, \cdots, 12$となる場合の数を求める。

解答＆解説

2つのサイコロの目x, yに対して，$z=x+y$の値の表を右に示す。

$z=x+y$の値の表

x \ y	1	2	3	4	5	6
1	2	3	4	5	6	7
2	3	4	5	6	7	8
3	4	5	6	7	8	9
4	5	6	7	8	9	10
5	6	7	8	9	10	11
6	7	8	9	10	11	12

・$z=2$のとき，1通り
　$(x, y)=(1, 1)$のみ

・$z=3$のとき，2通り
　$(x, y)=(1, 2), (2, 1)$

・$z=4$のとき，3通り
　$(x, y)=(1, 3), (2, 2), (3, 1)$

以下同様に，

・$z=5$のとき，4通り　　・$z=6$のとき，5通り

・$z=7$のとき，6通り　　・$z=8$のとき，5通り

・$z=9$のとき，4通り　　・$z=10$のとき，3通り

・$z=11$のとき，2通り　　・$z=12$のとき，1通り

以上より，求める各場合の数は，

$n(z=2)=1$　$n(z=3)=2$　$n(z=4)=3$　$n(z=5)=4$

$n(z=6)=5$　$n(z=7)=6$　$n(z=8)=5$　$n(z=9)=4$

$n(z=10)=3$　$n(z=11)=2$　$n(z=12)=1$ ……………………………(答)

(全場合の数は，$1+2+3+4+5+6+5+4+3+2+1=36$通りとなって，6^2と一致する)

実践問題 1 ● 2つのサイコロの目の差 ●

2つのサイコロX, Yを同時に1回振って，出た目をそれぞれ(x, y)とおき，$z = |x - y|$とおく。このとき，$z = 0, 1, \cdots\cdots, 5$となる場合の数を求めよ。

ヒント！ これも，zの値の表を作って考えると，一目瞭然になると思う。

解答＆解説

2つのサイコロの目x, yに対して，$z = |x - y|$の値の表を右に示す。

$z = |x - y|$の値の表

x＼y	1	2	3	4	5	6
1	0	1	2	3	4	5
2	1	0	1	2	3	4
3	2	1	0	1	2	3
4	3	2	1	0	1	2
5	4	3	2	1	0	1
6	5	4	3	2	1	0

・$z = 0$のとき，6通り

$(x, y) = (1, 1), (2, 2), \cdots, (6, 6)$

・$z = 1$のとき，(ア)　　通り

$(x, y) = (1, 2), (2, 3), \cdots, (5, 6)$
$(2, 1), (3, 2), \cdots, (6, 5)$

・$z = 2$のとき，(イ)　　通り

$(x, y) = (1, 3), (2, 4), (3, 5), (4, 6), (3, 1), (4, 2), (5, 3), (6, 4)$

以下同様に，

・$z = 3$のとき，(ウ)　　通り　・$z = 4$のとき，(エ)　　通り

・$z = 5$のとき，(オ)　　通り

以上より，求める各場合の数は，

$n(z = 0) = 6$　　$n(z = 1) =$ (ア)　　$n(z = 2) =$ (イ)

$n(z = 3) =$ (ウ)　　$n(z = 4) =$ (エ)　　$n(z = 5) =$ (オ)　…(答)

解答　(ア) 10　(イ) 8　(ウ) 6　(エ) 4　(オ) 2

§2. 確率

今回は，確率の解説に入ろう。“**数学的確率**”の定義については，高校時代に，既に習っていると思う。前回学習した場合の数を基に計算できるんだね。しかし，ここでは，それ以外の“**統計的(経験的)確率**”についても話す。これは後に解説する“**大数の法則**”で，その正当性が明らかになる。

さらに，二項分布の基になる“**反復試行の確率**”や“**ベイズの定理**”(**条件付き確率**)についても解説するつもりだ。

● まず，数学的確率の定義から始めよう！

「コインを投げたり」，「サイコロを振ったり」，同様のことを繰り返すことが可能な行為を“**試行**”といい，その結果，「表が出たり」，「5以上の目が出たり」する事柄を“**事象**”といったね。そして，もうこれ以上分けることのできない基本的な1つ1つの事象を“**根元事象**”といった。さらに，対象としているすべての根元事象(要素) $a, b, \cdots\cdots$ から成る集合を，“**全事象**”や“**事象の全体**”と呼び，$U=\{a, b, \cdots\cdots\}$ で表す。

ここで，有限な全事象 U の部分集合である事象 A の起こる確率 $P(A)$ を，次のように定義し，これを“**数学的確率**”と呼ぶ。

数学的確率 $P(A)$ の定義

有限な全事象 U に対して，そのすべての根元事象が同様に確からしく起こるとき，事象 A の起こる確率 $P(A)$ は，

$$P(A)=\frac{n(A)}{n(U)}=\frac{(\text{事象}A\text{の場合の数})}{(\text{全事象の場合の数})}$$ で定義される。

たとえば，正しいサイコロを1回振って，「5以上の目が出る」事象を A とおくと，全事象 $U=\{1, 2, 3, 4, 5, 6\}$，事象 $A=\{5, 6\}$ で，いずれの目も同様に確からしく出るので，求める確率 $P(A)$ は，

$$P(A)=\frac{n(A)}{n(U)}=\frac{2}{6}=\frac{1}{3}$$ となるんだね。

(確率に P を使うのは，*Probability*(確率)の頭文字が P だからだ。)

この確率 $P(A)=\frac{1}{3}$ は，3 回サイコロを振ったら，そのうち必ず 1 回は 5 以上の目が出ると言っているわけではない。でも，サイコロを振る回数を，3000 回，30000 回，…… と増やしていくと，そのうちほぼ1000 回，10000 回，…… は5 以上の目が出ることを示しているんだよ。このように，確率は長い目，大きな回数で考えていかないといけない。

ここで，$A=\phi$ (空事象) のとき，$P(A)=\frac{n(\phi)}{n(U)}=0$ となり，（絶対に A は起こらない）
$A=U$ (全事象) のとき，$P(A)=\frac{n(U)}{n(U)}=1$ となる。（必ず A は起こる）

以上より，確率 $P(A)$ は，$0 \leqq P(A) \leqq 1$ の条件をみたす。

数学的確率 $P(A)$ は，事象 A の場合の数 $n(A)$ を，全事象の場合の数 $n(U)$ で割ったものなので，前節で示した場合の数の計算公式と同様のものが，確率計算のための公式としても利用できる。

確率の基本公式 (Ⅰ)

(Ⅰ) 確率の加法定理

(ⅰ) $A \cap B=\phi$ (A と B が排反) のとき

$$P(A \cup B)=P(A)+P(B)$$

(ⅱ) $A \cap B \fallingdotseq \phi$ (A と B が排反でない) のとき

$$P(A \cup B)=P(A)+P(B)-P(A \cap B)$$

(Ⅱ) 余事象の確率の利用

$$P(A)=1-P(\overline{A})$$

（1：全確率 $P(U)$）

(Ⅰ)−(ⅰ) $A \cap B=\phi$ のとき，
$n(A \cup B)=n(A)+n(B)$
この両辺を $n(U)$ で割って
$\frac{n(A \cup B)}{n(U)}=\frac{n(A)}{n(U)}+\frac{n(B)}{n(U)}$
$\therefore P(A \cup B)=P(A)+P(B)$
(Ⅱ)−(ⅱ) も同様

(Ⅱ) $n(A)=n(U)-n(\overline{A})$
この両辺を $n(U)$ で割って
$\frac{n(A)}{n(U)}=\frac{n(U)}{n(U)}-\frac{n(\overline{A})}{n(U)}$
$\therefore P(A)=1-P(\overline{A})$

$A \cap B=\phi$ のとき，A と B は “**排反**” であるということも覚えておこう。また，確率計算には，当然ド・モルガンの法則も利用できる。

確率の基本公式 (Ⅱ)

ド・モルガンの法則

(ⅰ) $P(\overline{A \cup B})=P(\overline{A} \cap \overline{B})$　　(ⅱ) $P(\overline{A \cap B})=P(\overline{A} \cup \overline{B})$

それでは，これまでの公式を使って，次の例題を解いてみよう。

(1) 1から20までの数字のうち1つを無作為に選び出し，それをxとおく。このとき，xが2でも5でも割り切れない数字である確率Pを求めよ。

(1) 選び出した数字をxとおき，次のように2つの事象A，Bを定める。

事象A：xが2で割り切れる
事象B：xが5で割り切れる

$$P(A)=\frac{n(A)}{n(U)}=\frac{{}_{10}C_1}{{}_{20}C_1}=\frac{10}{20}$$

2, 4, 6, 8, ……, 20 の10個から1つを選ぶ

$$P(B)=\frac{n(B)}{n(U)}=\frac{{}_{4}C_1}{{}_{20}C_1}=\frac{4}{20}$$

5, 10, 15, 20 の4つから1つを選ぶ

$$P(A\cap B)=\frac{n(A\cap B)}{n(U)}=\frac{{}_{2}C_1}{{}_{20}C_1}=\frac{2}{20}$$

10, 20 の2つから1つを選ぶ

ここで，求める確率Pは，$P=P(\overline{A}\cap\overline{B})$より

$$P=P(\overline{A}\cap\overline{B})=P(\overline{A\cup B})$$ ←ド・モルガンの法則

$$=1-P(A\cup B)$$ ←余事象の確率の公式：$P(\overline{X})=1-P(X)$

$$=1-\{P(A)+P(B)-P(A\cap B)\}$$ ←確率の加法定理

$$=1-\left(\frac{10}{20}+\frac{4}{20}-\frac{2}{20}\right)=1-\frac{12}{20}=1-\frac{3}{5}=\frac{2}{5}$$ ……………………………(答)

これが，統計的確率だ！

数学的確率$P(A)=\frac{1}{3}$の場合，3000回，30000回，……と試行回数を増やしていったとき，事象Aの起こる割合がほぼその$\frac{1}{3}$になることを解説した。しかし，このように数学的確率が予めキチンと計算できない場合も，もちろんある。たとえば，1つの将棋の駒を1回投げたとき，図1に

示すように駒が立つ確率 p を，キミは求められるだろうか？　これを数学的に計算することは非常に難しいが，この駒を投げる試行回数 n を **1000** 回，**10000** 回，……と，どんどん大きくしていったとき，図 **1** のように駒が立つ回数を x とおくと，次の極限の式が成り立つ。

図 **1**　統計的確率の例

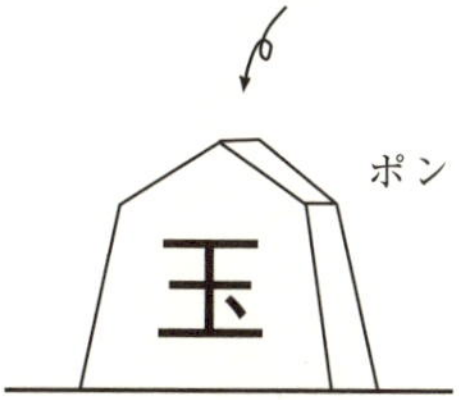

このように将棋の駒が立つ確率 p は？

$$\lim_{n \to \infty} \frac{x}{n} = p$$

“たいすうのほうそく” と読む

この公式は，“**大数の法則**” と呼ばれるもので，この大数法則が成り立つことは後に理論的に示すつもりだ。そして，このような形で定義される確率を，数学的確率とは区別して，“**統計的確率**” または “**経験的確率**” と呼ぶ。

このことは，事象 A の起こる確率がよくわからなくても，試行回数 n を大きくして，事象 A の起こった回数 x を調べていけば，$\frac{x}{n}$ が，A の出現確率 p に限りなく近づいていくことを表しているんだね。手間さえかければ，どんな確率でも統計的にわかると言ってるわけだから，これってスゴイことだね！

● 反復試行の確率も復習しておこう！

サイコロを **1** 回目に振って，**2** 以下の目が出ることと，**2** 回目に振って，**5** の目が出ることとは，無関係だね。このように，**2** つ以上の試行の結果が互いに他に全く影響を与えないとき，それらの試行を “**独立な試行**” という。

独立な試行の確率

独立な試行 T_1，T_2 があり，T_1 における事象 A，T_2 における事象 B を考えるとき，試行 T_1 で A が起こり，かつ試行 T_2 で B が起こる確率は，
　$P(A) \times P(B)$　となる。

この互いに独立な同じ試行を n 回繰り返したとき，事象 A が k 回 $(k = 0,$ $1, \cdots, n)$ 起こる確率を，“**反復試行の確率**” という。その公式を次に示す。

反復試行の確率

1回の試行で，事象 A の起こる確率を p とおくと，事象 A の起こらない確率 q は，$q = 1 - p$ となる。（$\because p + q = 1$）
この試行を n 回行って，そのうち k 回だけ事象 A の起こる確率は，

$${}_nC_k p^k q^{n-k} \quad (k = 0,\ 1,\ 2,\ \cdots\cdots,\ n)$$ である。

それでは，反復試行の確率を，例題で練習しておこう。

(2) サイコロを4回振って，そのうち k 回だけ2以下の目が出る確率を P_k $(k = 0,\ 1,\ 2,\ 3,\ 4)$ とおく。k の各値に対する確率 P_k を求めよ。

(2) 事象 A を「2以下の目（1または2の目）が出る」とおく。

1回サイコロを振って，A の起こる確率 p と，起こらない確率 q は，

$$p = \frac{2}{6} = \frac{1}{3}\ ,\ q = 1 - p = 1 - \frac{1}{3} = \frac{2}{3}$$ となる。（2：1, 2の目）

また，$n = 4$ より，$k = 0,\ 1,\ 2,\ 3,\ 4$ のときの確率 P_k は，

(i) $P_0 = {}_4C_0 p^0 \cdot q^4 = 1 \cdot 1 \cdot \left(\frac{2}{3}\right)^4 = \frac{16}{81}$

(ii) $P_1 = {}_4C_1 p^1 \cdot q^{4-1} = 4 \cdot \frac{1}{3} \cdot \left(\frac{2}{3}\right)^3 = \frac{32}{81}$

(iii) $P_2 = {}_4C_2 p^2 \cdot q^{4-2} = 6 \cdot \left(\frac{1}{3}\right)^2 \cdot \left(\frac{2}{3}\right)^2 = \frac{24}{81} = \frac{8}{27}$

(iv) $p_3 = {}_4C_3 p^3 \cdot q^{4-3} = 4 \cdot \left(\frac{1}{3}\right)^3 \cdot \frac{2}{3} = \frac{8}{81}$

(v) $p_4 = {}_4C_4 p^4 \cdot q^{4-4} = 1 \cdot \left(\frac{1}{3}\right)^4 \cdot 1 = \frac{1}{81}$

…………(答)

> $k = 2$ のとき
> ○：2以下の目，×：3以上の目 とおくと
> ○○××
> ○×○×
> ○××○
> ×○○×
> ×○×○
> ××○○
> ${}_4C_2 = 6$ 通り
> よって，$p^2 \cdot q^2$ に ${}_4C_2$ をかける。

一般に二項定理から，$k = 0,\ 1,\ 2,\ \cdots\cdots,\ n$ のときの反復試行の確率の総和は，$\sum_{k=0}^{n} {}_nC_k p^k q^{n-k} = (p + q)^n = 1^n = 1$（全確率）に必ずなる。今回の例題(2)でも，

$$P_0 + P_1 + \cdots\cdots + P_4 = \frac{16 + 32 + 24 + 8 + 1}{81} = 1$$（全確率）となっているね。

● ベイズの定理とは，条件付き確率のことだ！

全事象 U に対して，事象 A の起こる確率 $P(A)$ を，図 2 の "ベン図" のイメージと共に示すと，

$$P(A) = \frac{n(A)}{n(U)} \quad \left[= \frac{\bigcirc}{\square} \text{（イメージ）} \right]$$

となるんだね。

図 2　条件付き確率とベン図

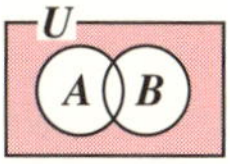

$$P(B|A) = \frac{P(A \cap B)}{P(A)}$$

これに対して，(i) 事象 A が既に起こったという条件の下で，事象 B が起こる確率を，"**条件付き確率**" と呼び，$P(B|A)$ で表す。同様に，

（高校では，$P_A(B)$ と表した。）

(ii) 事象 B が起こったという条件の下で，事象 A が起こる条件付き確率を $P(A|B)$ と表す。

（高校では，$P_B(A)$ と表した。）

以上 2 つの条件付き確率を，ベン図のイメージと共に下に示す。

条件付き確率

(i) 事象 A が起こったという条件の下で事象 B の起こる条件付き確率は，

$$P(B|A) = \frac{P(A \cap B)}{P(A)} \quad \cdots\cdots ㋐$$

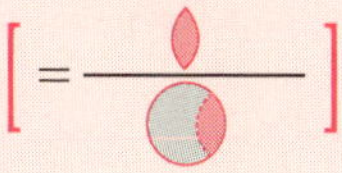

(ii) 事象 B が起こったという条件の下で事象 A の起こる条件付き確率は，

$$P(A|B) = \frac{P(A \cap B)}{P(B)} \quad \cdots\cdots ㋑$$

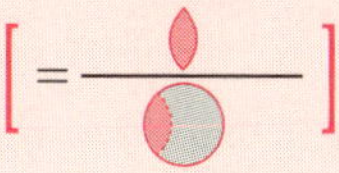

㋐，㋑から，$P(A \cap B)$ は次のように表せる。これを，"**確率の乗法定理**" という。

確率の乗法定理

(i) $P(A \cap B) = P(A) \cdot P(B|A)$　(ii) $P(A \cap B) = P(B) \cdot P(A|B)$

実際に㋑の公式を使って，条件付き確率 $P(A|B)$ を求めようとするとき，分母を 2 つに分割して，次のように計算することになる。

$$P(A|B)=\frac{P(A\cap B)}{P(B)}=\frac{P(A\cap B)}{P(A\cap B)+P(\overline{A}\cap B)}\quad\cdots\cdots㋒$$

分母を分割した！

さらに，確率の乗法定理を使うと，

$$\begin{cases}P(A\cap B)=P(A)\cdot P(B|A)\\ P(\overline{A}\cap B)=P(\overline{A})\cdot P(B|\overline{A})\end{cases}\quad\cdots\cdots㋓\quad となる。$$

㋒を㋓に代入したものを，特に“**ベイズの定理**”という。

ベイズの定理

$$P(A|B)=\frac{P(A)\cdot P(B|A)}{P(A)\cdot P(B|A)+P(\overline{A})\cdot P(B|\overline{A})}$$

“じごかくりつ”と読む

ベイズの定理で表される確率は，“**事後確率**”などと呼ばれるが，これは条件付き確率の式を変形したものに過ぎない。実際には，㋐，㋑の公式をシッカリ覚えて，計算していけばいい。でも，その実際の計算過程で，ベイズの定理の流れに乗っていることに気付くと思う。

それでは，条件付き確率を例題で練習しておこう。

(3) 赤球 **2** 個と白球 **2** 個の入った袋 X と赤球 **1** 個と白球 **3** 個の入った袋 Y がある。まず，X または Y の袋を無作為に選択した後，**1** つの球を取り出す試行を行った結果，その球が赤球であった。このとき，選択した袋が X であった確率を求めよ。

(3) (既に取り出した球が赤球であった後で，その前に選択した袋が X であった確率を求めるので，“事後確率”の問題と言われるんだね。)

まず，**2** つの事象 A，B を次のように定める。

{事象 A：X の袋を選択する。　(余事象 $\overline{A}$：Y の袋を選択する。)
事象 B：袋から取り出した球が赤球である。

ここで，袋から取り出した球が赤球であったという条件の下で，初めに選択した袋が X であった条件付き確率 $P(A|B)$ を求める。

公式より，

$$P(A|B)=\frac{P(A\cap B)}{P(B)}=\frac{P(A\cap B)}{P(A\cap B)+P(\overline{A}\cap B)}\quad\left[=\frac{\text{◐}}{\text{◐}+\text{◑}}\right]\quad\cdots\cdots①$$

ここで，$P(A\cap B)=P(A)\cdot P(B|A)=\frac{1}{2}\times\frac{2}{4}=\frac{1}{4}$ ……②

（$P(A)$：X を選んで，$P(B|A)$：赤玉を取り出す）　確率の乗法定理

$P(\overline{A}\cap B)=P(\overline{A})\cdot P(B|\overline{A})=\frac{1}{2}\times\frac{1}{4}=\frac{1}{8}$ ……③

（$P(\overline{A})$：Y を選んで，$P(B|\overline{A})$：赤玉を取り出す）

以上②，③を①に代入して，求める条件付き確率は，　ベイズの定理通り

$$P(A|B)=\frac{\frac{1}{4}}{\frac{1}{4}+\frac{1}{8}}=\frac{2}{2+1}=\frac{2}{3}$$ ……………………………………………(答)

どう？この例題で，条件付き確率とベイズの定理の意味がよくわかったと思う。

それでは最後に，"**事象の独立**"についても述べておこう。

事象の独立（Ⅰ）

2つの事象 A，B が独立であるための必要十分条件は，

$P(A\cap B)=P(A)\cdot P(B)$ である。

試行の独立については，複数の試行の結果が互いに他に影響しないことを判断して決める。これに対して，事象の独立は，$P(A\cap B)=P(A)\cdot P(B)$ をみたすとき成り立つと言えるんだね。区別しておこう。

2つの事象 A，B が独立のとき，$P(A\cap B)=P(A)\cdot P(B)$ を㋐，㋑に代入すると，

$$P(B|A)=\frac{P(A\cap B)}{P(A)}=\frac{P(A)\cdot P(B)}{P(A)}=P(B)$$

$$P(A|B)=\frac{P(A\cap B)}{P(B)}=\frac{P(A)\cdot P(B)}{P(B)}=P(A)$$

A が起こる，起こらないとは独立に，$P(B|A)$ は $P(B)$ になるんだね。

以上より，A と B が独立となる必要十分条件は，次のように表せる。

事象の独立（Ⅱ）

2つの事象 A，B が独立であるための必要十分条件は，

$P(A\cap B)=P(A)\cdot P(B)\iff P(B|A)=P(B)\iff P(A|B)=P(A)$

演習問題 2　●ベイズの定理(事後確率)(Ⅰ)●

B 先生と K 先生が試験問題を作成する確率は，それぞれ $\frac{2}{3}$ と $\frac{1}{3}$ である。B 先生と K 先生が試験問題を作ったときに「統計」の問題を入れる確率は，それぞれ $\frac{1}{5}$ と $\frac{1}{2}$ である。今回の試験問題に「統計」の問題が入っていた。このとき，B 先生が問題を作った確率を求めよ。

ヒント！ 条件付き確率 $P(X|Y)$ を，定義通りに計算すればいいよ。

解答&解説

2 つの事象 X，Y を次のように定める。

事象 X：B 先生が試験問題を作る。(余事象 $\overline{X}$：K 先生が試験問題を作る。)
事象 Y：試験に「統計」の問題が入る。

以上より，試験に「統計」の問題が入っていたという条件の下で，B 先生が問題を作った，条件付き確率 $P(X|Y)$ を求めればよい。

$$P(X|Y) = \frac{P(X \cap Y)}{P(Y)} = \frac{P(X \cap Y)}{P(X \cap Y) + P(\overline{X} \cap Y)} \quad \cdots\cdots ①$$

ここで，

$$P(X \cap Y) = P(X) \cdot P(Y|X) = \frac{2}{3} \times \frac{1}{5} = \frac{2}{15} \quad \cdots\cdots ②$$

(B 先生が作って)(「統計」を入れる)

$$P(\overline{X} \cap Y) = P(\overline{X}) \cdot P(Y|\overline{X}) = \frac{1}{3} \times \frac{1}{2} = \frac{1}{6} \quad \cdots\cdots ③$$

(K 先生が作って)(「統計」を入れる)

以上②，③を①に代入して，

$$P(X|Y) = \frac{\frac{2}{15}}{\frac{2}{15} + \frac{1}{6}} = \frac{4}{4+5} = \frac{4}{9} \quad \cdots\cdots(答)$$

実践問題 2 ●ベイズの定理(事後確率)(Ⅱ)●

K 先生と **T** 先生が試験問題を作成する確率は，それぞれ $\frac{3}{4}$ と $\frac{1}{4}$ である。**K** 先生と **T** 先生が試験問題を作ったときに「積分」の問題を入れる確率は，それぞれ $\frac{1}{4}$ と $\frac{1}{3}$ である。今回の試験問題に「積分」の問題が入っていた。このとき，**K** 先生が問題を作った確率を求めよ。

ヒント！ 条件付き確率を，ベイズの定理の手順に従って求める。

解答＆解説

2 つの事象 A, B を次のように定める。

事象 A：**K** 先生が試験問題を作る。(余事象 $\overline{A}$：**T** 先生が試験問題を作る。)
事象 B：試験に「積分」の問題が入る。

以上より，試験に「積分」の問題が入っていたという条件の下で，**K** 先生が問題を作った，条件付き確率 $P(A|B)$ を求めればよい。

$$P(A|B)=\frac{P(A\cap B)}{P(B)}=\frac{P(A\cap B)}{P(A\cap B)+P(\overline{A}\cap B)} \quad \cdots\cdots①$$

ここで，

$$P(A\cap B)=P(A)\cdot P(B|A)=\frac{3}{4}\times\frac{1}{4}=\boxed{(ア)\quad} \quad \cdots\cdots②$$

（$P(A)$：K 先生が作って，$P(B|A)$：「積分」を入れる）

$$P(\overline{A}\cap B)=P(\overline{A})\cdot P(B|\overline{A})=\frac{1}{4}\times\frac{1}{3}=\boxed{(イ)\quad} \quad \cdots\cdots③$$

（$P(\overline{A})$：T 先生が作って，$P(B|\overline{A})$：「積分」を入れる）

以上②，③を①に代入して，

$$P(A|B)=\frac{\boxed{(ア)\quad}}{\boxed{(ア)\quad}+\boxed{(イ)\quad}}=\boxed{(ウ)\quad} \quad \cdots\cdots\cdots\cdots(答)$$

解答 (ア) $\frac{3}{16}$ (イ) $\frac{1}{12}$ (ウ) $\frac{9}{9+4}=\frac{9}{13}$

§3. 離散型確率分布

さァ，いよいよこの講義1の本題の離散型確率分布の解説に入ろう。まず，"**離散型確率変数**"と"**確率関数**"，それに"**分布関数**"の定義から教えるよ。そして，離散型確率分布の典型例として，"**二項分布**"についても詳しく解説する。また，確率分布の期待値(平均)や分散を求めるのに役に立つ"**モーメント母関数(積率母関数)**"についても教えるつもりだ。

今回から本格的な内容になり，しかも使われる用語も難しそうに思えるかも知れないね。でも，わかりやすく教えるから，シッカリついてらっしゃい。

● まず，確率変数と確率関数を定義しよう！

全事象 U のすべての根元事象に数値を割り当てるために，次のような"**確率変数**"を導入する。これにより，確率の問題をすべて数学的に取り扱えるようになるからだ。この確率変数を"**変量**"と呼ぶこともある。

確率変数 X

確率変数 X：全事象 $U=\{a, b, c, \cdots\cdots\}$ の1つ1つの根元事象 $a, b, c, \cdots\cdots$ に割り当てられた数値 $x_1, x_2, x_3, \cdots\cdots$ のいずれかをとる変数。

$X = x_1, x_2, x_3, \cdots\cdots, x_n$ とおいたとき，$x_1, x_2, x_3, \cdots\cdots, x_n$ を確率変数 X の"**実現値**"という。

(確率変数) (確率変数の実現値)

("りさんがた"と読む)

これらの値が，$0, 1, 2, \cdots\cdots$ のようにとびとびの値をとるとき，X を"**離散型の確率変数**"という。そして，1つ1つの根元事象の起こる確率がわかっているとき，当然 X の各実現値 $x_1, x_2, \cdots\cdots, x_n$ に対する確率が定まっている。この確率を，

$P_i = P_{x_i} = P(X = x_i)$ $(i = 1, 2, \cdots\cdots, n)$ などと表し，これを確率変数 X の"**確率関数**"(*probability function*)と呼ぶ。さらに，

確率関数を $P(x) = \begin{cases} P_i & (x = x_i \text{のとき}) \\ 0 & (x_i \text{以外の} x \text{のとき}) \end{cases}$ $(i = 1, 2, \cdots\cdots, n)$

と表してもいい。そして，確率変数のすべての実現値 x_i に対して P_i が定まっているとき，「X の**確率分布**(*probability distribution*)が与えられている」という。

確率関数 P_i は確率だから，次の性質をみたす。

確率関数 P_i の性質

(ⅰ) $0 \leqq P_i \leqq 1$　(ⅱ) $\sum_{i=1}^{n} P_i = 1$ (全確率)　(ⅲ) $P(a \leqq X \leqq b) = \sum_{a \leqq x_i \leqq b} P_i$

それでは，サイコロとコインの例で，以上のことを見てみよう。

(1) サイコロを 1 回振って，出た目の数を確率変数 X とおくと，

$X = \underset{x_1}{1}, \underset{x_2}{2}, 3, 4, 5, \underset{x_6}{6}$ ……

出た目の数が数値だから，そのまま確率変数 X の実現値にした。

どの目も同様に確からしく出るので，確率関数 P_i はすべて同じ

$P_i = \frac{1}{6}$ $(i = 1, 2, \cdots\cdots, 6)$ となり，

図 1　サイコロの目の確率分布

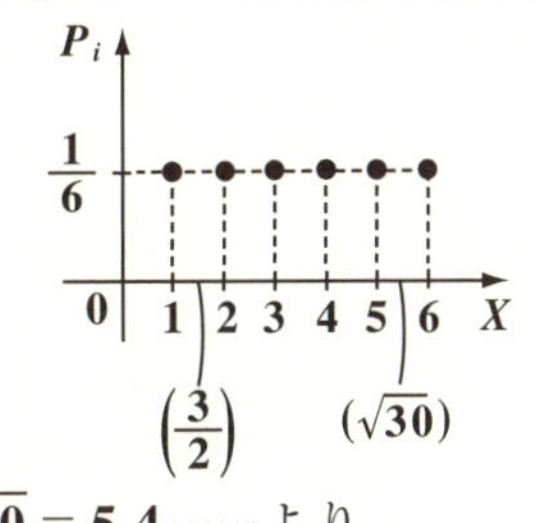

これをグラフ (図 1) で表すと，一様な確率分布を描いていることがわかるね。また，この確率関数 P_i は明らかに，上記の (ⅰ)(ⅱ) の性質をみたしている。(ⅲ) を使って，$P(1.5 \leqq x \leqq \sqrt{30})$ を求めてみよう。$\sqrt{30} = 5.4\cdots\cdots$ より，$1.5 \leqq X \leqq \sqrt{30}$ をみたす確率変数 X は，$X = 2, 3, 4, 5$ である。

$\therefore P(1.5 \leqq x \leqq \sqrt{30}) = P_2 + P_3 + P_4 + P_5 = \frac{1}{6} \times 4 = \frac{2}{3}$ となる。

(2) コインを 1 回投げた場合の全事象 U は $U = \{$裏，表$\}$ となるので，

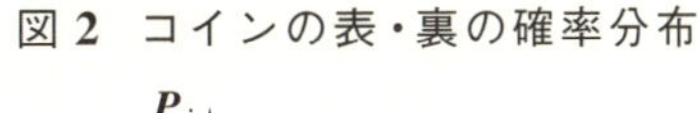

表に 1，裏に 0 を割り当てて，

確率変数 $X = x_1, x_2 = 0, 1$ とすると，

確率関数 $P_i = \frac{1}{2}$ $(i = 1, 2)$

となって，図 2 のような確率分布のグラフが描ける。

図 2　コインの表・裏の確率分布

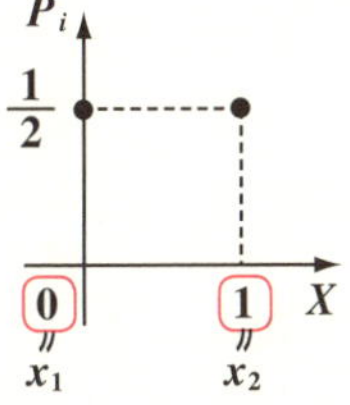

次に，確率関数 P_i を用いて，"**分布関数**(*distribution function*)" $F(x)$ を次のように定義する。

分布関数 $F(x)$

分布関数 $F(x) = P(X \leqq x) = \sum_{x_i \leqq x} P_i$　（x：連続型変数）

これは，確率変数 X が x 以下となる確率を求めるための関数で，$x_i \leqq x$ をみたす確率 P_i の総和で表されるので，$F(x)$ を "**累積分布関数**" と呼ぶこともある。この場合の変数 x は連続型であることにも注意しよう。

それでは，(1), (2) のサイコロとコインの確率分布から，それぞれの分布関数（累積分布関数）$F(x)$ のグラフを描いてみよう。

図 3　サイコロの例

（i）確率関数 P_i

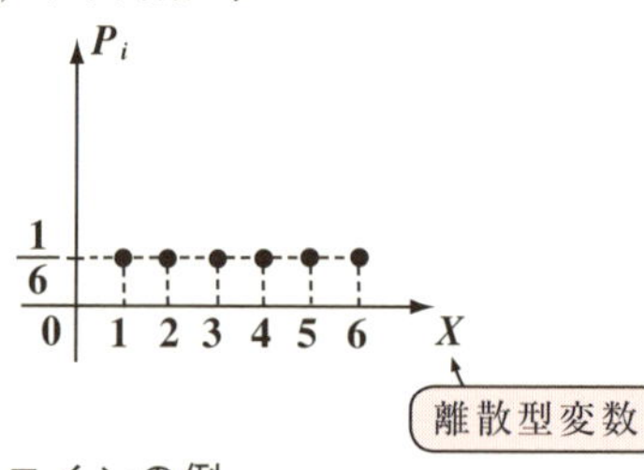

（ii）分布関数 $F(x)$

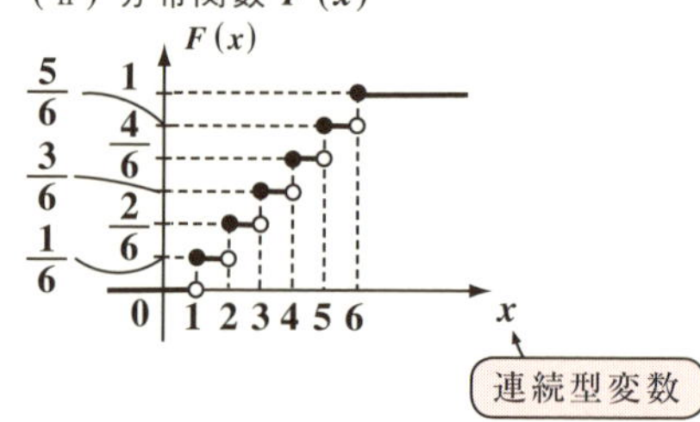

図 4　コインの例

（i）確率関数 P_i

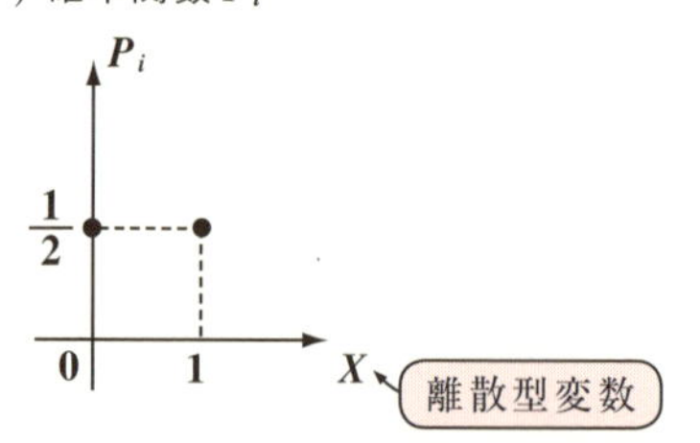

（ii）分布関数 $F(x)$

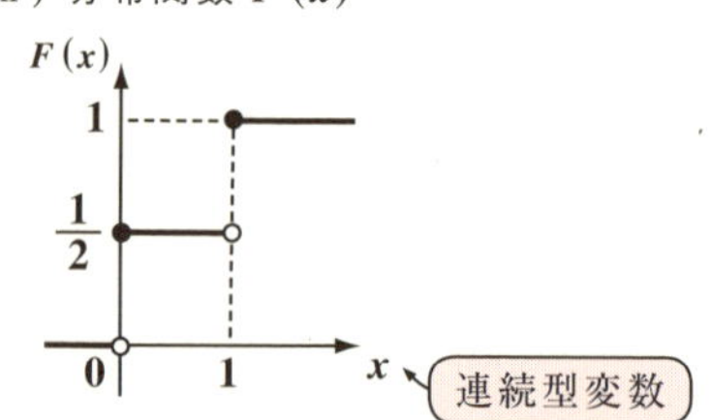

分布関数のみたす性質についても，下にまとめておく。

分布関数 $F(x)$ の性質

（i）$a \leqq b$ のとき，$F(a) \leqq F(b)$ ← $F(x)$ は，単調に増加する。

（ii）$F(-\infty) = 0$，$F(\infty) = 1$ ← $x = -\infty$ のとき，$F(x) = 0$ で，$x = \infty$ のとき，$F(x) = 1$（全確率）となる。

（iii）$P(a < x \leqq b) = F(b) - F(a)$ ← $\sum_{x_i \leqq b} P_i - \sum_{x_i \leqq a} P_i$ のこと

● 二項分布がすべての分布の基本だ！

反復試行の確率は覚えているね。1回の試行で事象Aの起こる確率がp (起こらない確率がq $(p+q=1)$)のとき，この試行をn回行って，そのうちk回だけ事象Aの起こる確率をP_kとおくと，

$P_k={}_n\mathrm{C}_k p^k\cdot q^{n-k}$ $(k=0,\ 1,\ 2,\ \cdots,\ n)$となるんだったね。

ここで，確率変数$X=k$ $(k=0,\ 1,\ \cdots,\ n)$とおくと，P_kはそのまま確率関数となり，離散型の確率分布が定まる。この確率分布は，“**二項分布**”と呼ばれるもので，これから学習していくさまざまな確率分布の基礎となる非常に重要な分布なんだよ。

二項分布（離散型）

離散型確率変数$X=0,\ 1,\ 2,\ \cdots,\ n$について，確率関数P_kが

$P_k=P(X=k)={}_n\mathrm{C}_k p^k\cdot q^{n-k}$ $(k=0,\ 1,\ \cdots,\ n,\ \ 0<p<1,\ \ p+q=1)$

で表される確率分布を“**二項分布**”と呼び，$B(n,\ p)$で表す。

(試行回数nと，1回の試行でAの起こる確率pが決まれば，この確率分布は定まる。)

P20で解いた例題(サイコロを4回振って，そのうちk回だけ2以下の目の出る確率P_k $(k=0,\ 1,\ 2,\ 3,\ 4)$を求める問題)は，$n=4,\ \ p=\frac{1}{3}$の二項分布$B\left(4,\ \frac{1}{3}\right)$を表していたんだね。結果は，

$P_0=\frac{16}{81},\ P_1=\frac{32}{81},\ P_2=\frac{24}{81},\ P_3=\frac{8}{81},\ P_4=\frac{1}{81}$ だったね。

この結果を基に，図5に確率関数P_iのグラフ(確率分布)と分布関数$F(x)$のグラフを示す。

図5 二項分布$B\left(4,\ \frac{1}{3}\right)$

(i) 確率関数P_i

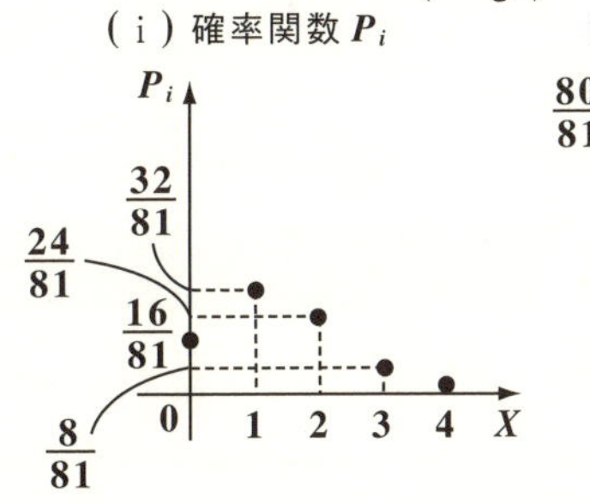

(ii) 分布関数$F(x)$

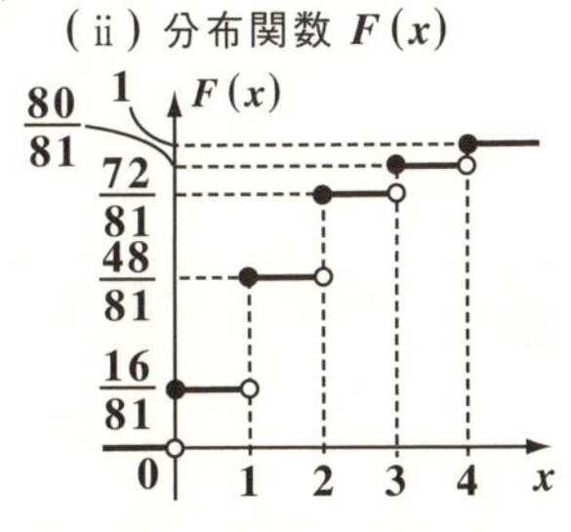

● 期待値と分散は，モーメントで求まる！

確率分布が与えられたならば，その分布を特徴づける重要な数値，すなわち“**期待値 (平均)**”と“**分散**”と“**標準偏差**”があったね。期待値で，その分布の平均となる値がわかり，分散と標準偏差で，その分布の広がり具合がわかる。離散型確率分布の期待値 $\mu = E[x]$ と，分散 $V[X]$，そして標準偏差 σ の定義式を下に示す。

期待値・分散・標準偏差

離散型確率変数 X が確率関数 P_i $(i = 1, 2, \cdots, n)$ の確率分布に従うとき，

期待値 $\mu = E[X] = \sum_{i=1}^{n} x_i P_i = x_1 P_1 + x_2 P_2 + \cdots + x_n P_n$

分散 $V[X] = \sum_{i=1}^{n} (x_i - \mu)^2 P_i = (x_1 - \mu)^2 P_1 + (x_2 - \mu)^2 P_2 + \cdots + (x_n - \mu)^2 P_n$

標準偏差 $\sigma = \sqrt{V[X]}$

ここで，期待値 $E[x] = \sum_{i=1}^{n} x_i P_i$ の式から，次のような k 次のモーメント $(k = 1, 2, \cdots)$ を定義することができる。

k 次のモーメント

(i) 原点のまわりの k 次のモーメント：

$$E[X^k] = \sum_{i=1}^{n} x_i{}^k P_i = x_1{}^k P_1 + x_2{}^k P_2 + \cdots\cdots + x_n{}^k P_n$$

(ii) μ のまわりの k 次のモーメント：

$$E[(X - \mu)^k] = \sum_{i=1}^{n} (x_i - \mu)^k P_i = (x_1 - \mu)^k P_1 + (x_2 - \mu)^k P_2 + \cdots + (x_n - \mu)^k P_n$$

これでみると，期待値 (平均) μ は，原点のまわりの 1 次のモーメント $E[X^1]$ であり，分散 $V[X]$ は，μ のまわりの 2 次のモーメント $E[(X - \mu)^2]$ であることがわかるはずだ。

ここで，E の演算に関して，次の線形性の公式が成り立つ。

E の演算の線形性

(i) $E[X + Y] = E[X] + E[Y]$　(ii) $E[cX] = cE[X]$　(c : 定数)

(i) は，2 変数の期待値の公式で，この証明は P64 を参照して欲しい。
ここでは，(ii) の証明をやっておこう。

(ii) $E[cX]=\sum_{i=1}^{n}cx_iP_i=c\cdot\sum_{i=1}^{n}x_iP_i=cE[X]$ ……………………………(終)

以上より，分散 $V[X]=E[X^2]-E[X]^2$ となることも示せる。やってみようか？

$V[X]=E[(X-\mu)^2]=E[X^2-2\mu X+\mu^2]$

$\sum_{i=1}^{n}1\cdot P_i=P_1+\cdots+P_n=1$（全確率）

$=E[X^2]-2\mu\underbrace{E[X]}_{\mu}+\mu^2E[1]$ （線形性の公式より）

$=E[X^2]-2\mu^2+\mu^2=E[X^2]-\mu^2=E[X^2]-E[X]^2$ ………………(終)

分散 $V[X]$ は σ^2（標準偏差 σ の 2 乗）と表すこともできる。
以上をまとめて示す。

期待値・分散・標準偏差

(i) 期待値（平均）：$\mu=E[X]$

(ii) 分散：$\sigma^2=V[X]=E[X^2]-E[X]^2$ ←

(iii) 標準偏差：$\sigma=\sqrt{V[X]}$

この分散 $V[X]$ の公式は，実際の計算で役に立つから，シッカリ覚えておこう。

それでは，簡単な例題で，実際に期待値と分散を求めてみよう。

(1) サイコロを 1 回振って，出た目を確率変数 X とおく。X の確率分布の期待値 $\mu=E[X]$ と，分散 $V[X]$ を求めよ。

(1) 確率変数 $X=1,\ 2,\ \cdots,\ 6$ の確率関数 P_i は，

$P_i=\frac{1}{6}$ $(i=1,\ 2,\cdots,\ 6)$ より，X の期待値 $E[X]$ と分散 $V[X]$ を求める。

期待値 $E[X]=\sum_{i=1}^{6}x_iP_i=1\cdot\frac{1}{6}+2\cdot\frac{1}{6}+\cdots+6\cdot\frac{1}{6}=\frac{1}{6}(1+2+\cdots+6)=\frac{7}{2}$ （$=3.5$）…(答)

（x_i：確率変数，P_i：確率，$1+2+\cdots+6=\frac{7}{2}\times6=21$）

分散 $V[X]=E[X^2]-E[X]^2=1^2\cdot\frac{1}{6}+2^2\cdot\frac{1}{6}+\cdots+6^2\cdot\frac{1}{6}-\left(\frac{7}{2}\right)^2$

$=\frac{1}{6}(1^2+2^2+\cdots+6^2)-\frac{49}{4}=\frac{91}{6}-\frac{49}{4}=\frac{35}{12}$ ……………(答)

確率の計算では，変数変換に慣れることも非常に大切だ。ここでは，確率変数 X の期待値 $E[X]$ と分散 $V[X]$ がわかっているものとする。この X を使って新たな確率変数 Y を $Y = aX + b$ と定義したとき，Y の期待値 $E[Y]$ と分散 $V[Y]$ を求める公式についても示しておこう。

変数変換後の期待値・分散

$Y = aX + b$ (a, b：定数) のとき，

(ⅰ) 期待値 $E[Y] = E[aX + b] = aE[X] + b$

(ⅱ) 分散　$V[Y] = V[aX + b] = a^2V[X]$　　となる。

証明しておこう。$Y = aX + b$ のとき，

(ⅰ) $E[Y] = E[aX + b] = aE[X] + b\underbrace{E[1]}_{1}$ (線形性の公式より)

$\therefore E[Y] = aE[X] + b$ は成り立つ。……………………………(終)

(ⅱ) $V[Y] = E[(Y - \mu_y)^2] = E[\{aX + b - (a\mu + b)\}^2]$

Y = $aX + b$　μ_y = Y の期待値 $E[Y] = aE[X] + b = a\mu + b$ ←→ μ：X の期待値

$= E[a^2(X - \mu)^2] = a^2E[(X - \mu)^2]$　($\because E[cX] = cE[X]$)

$E[(X - \mu)^2] = V[X]$

$= a^2V[X]$

$\therefore V[Y] = a^2V[X]$ は成り立つ。……………………………(終)

これから，$E[X] = \dfrac{7}{2}$，$V[X] = \dfrac{35}{12}$ のとき，$Y = 4X - 2$ とおくと，Y の期待値と分散は，

$$E[Y] = 4E[X] - 2 = 4 \cdot \frac{7}{2} - 2 = 12$$

$$V[Y] = 4^2V[X] = 16 \cdot \frac{35}{12} = \frac{140}{3}$$

となる。

● モーメント母関数をマスターしよう！

X の確率分布の期待値 $E[X]$ や分散 $V[X]$ を求める有力な手段として，"**モーメント母関数**" $M(\theta)$ がある。この考え方について，これから詳しく解説する。（"ぼかんすう" と読む）

ここではまず "**微分積分**" で勉強した指数関数 e^x の "**マクローリン展開**" の復習から始めよう。マクローリン展開とは，何回でも微分可能な関数 $f(x)$ を x のベキ級数で展開したものなんだね。すなわち，x のある定義域で，

$f(x) = f(0) + \frac{f'(0)}{1!}x + \frac{f''(0)}{2!}x^2 + \frac{f^{(3)}(0)}{3!}x^3 + \cdots\cdots$ と表せる。

よって，$f(x) = e^x$ のときのマクローリン展開は次のようになる。

$$e^x = 1 + \frac{x}{1!} + \frac{x^2}{2!} + \frac{x^3}{3!} + \cdots\cdots \quad (-\infty < x < \infty)$$

（収束半径）

（微分積分の知識が不足している人は，**「微分積分キャンパス・ゼミ」**（**マセマ**）で勉強しておくことを勧めるよ。確率・統計の学習に微分積分の知識は必要不可欠だからだ。）

それでは，いよいよ**モーメント母関数**（これは，"**積率母関数**" ともいう。）$M(\theta)$ の定義に入ろう。（"せきりつぼかんすう" と読む）

モーメント母関数 $M(\theta)$

離散型確率変数 X と変数 θ に対して，**モーメント母関数** $M(\theta)$ を，
$M(\theta) = E[e^{\theta X}]$ と定義する。

すると，$e^{\theta X}$ をマクローリン展開すると，

$$e^{\theta X} = 1 + \frac{\theta X}{1!} + \frac{(\theta X)^2}{2!} + \frac{(\theta X)^3}{3!} + \cdots\cdots$$

（$e^t = 1 + \frac{t}{1!} + \frac{t^2}{2!} + \frac{t^3}{3!} + \cdots\cdots$ より $t = \theta X$ とおいたと考えればいい。）

よって，$M(\theta) = E[e^{\theta X}] = E\left[1 + \frac{\theta}{1!}X + \frac{\theta^2}{2!}X^2 + \frac{\theta^3}{3!}X^3 + \cdots\cdots\right]$

（この時点では θ を定数，X を変数と考える！）

$$= \underbrace{E[1]}_{1} + \frac{\theta}{1!}E[X] + \frac{\theta^2}{2!}E[X^2] + \frac{\theta^3}{3!}E[X^3] + \cdots\cdots$$

（E の演算の線形性より）

$$\therefore M(\theta) = 1 + E[X]\cdot\frac{\theta}{1!} + E[X^2]\cdot\frac{\theta^2}{2!} + E[X^3]\cdot\frac{\theta^3}{3!} + \cdots\cdots$$

（$E[X], E[X^2], E[X^3], \cdots\cdots$ は定数なので，これは変数 θ のベキ級数と見る！）

$M(\theta)$ が，$E[X]$，$E[X^2]$，$E[X^3]$，…… を産み出す「母なる関数」であることがわかっただろう？　それでは，μ や σ^2 の計算に必要な $E[X]$ と $E[X^2]$ の 2 つを $M(\theta)$ から抽出することにしよう。

(ⅰ) $E[X]$ の抽出：

θ の関数 $M(\theta)$ を θ で微分して，

$$M'(\theta) = E[X]\cdot\frac{1}{1!} + E[X^2]\cdot\frac{2\theta}{2!} + E[X^3]\cdot\frac{3\theta^2}{3!} + E[X^4]\cdot\frac{4\theta^3}{4!} + \cdots\cdots$$

$$= E[X] + E[X^2]\cdot\frac{\theta}{1!} + E[X^3]\cdot\frac{\theta^2}{2!} + E[X^4]\cdot\frac{\theta^3}{3!} + \cdots\cdots$$

ここで，$\theta = 0$ を代入すると，

$\therefore$ $M'(0) = E[X]$ ←（$E[X]$ の抽出に成功！）

(ⅱ) $E[X^2]$ の抽出：

$M'(\theta)$ をさらに θ で微分して，

$$M''(\theta) = E[X^2]\cdot\frac{1}{1!} + E[X^3]\cdot\frac{2\theta}{2!} + E[X^4]\cdot\frac{3\theta^2}{3!} + \cdots\cdots$$

$$= E[X^2] + E[X^3]\cdot\frac{\theta}{1!} + E[X^4]\cdot\frac{\theta^2}{2!} + \cdots\cdots$$

ここで，$\theta = 0$ を代入すると，

$\therefore$ $M''(0) = E[X^2]$ ←（$E[X^2]$ の抽出に成功！）

（以下同様に，$M^{(3)}(0) = E[X^3]$，$M^{(4)}(0) = E[X^4]$，……となることもわかる？）

以上(ⅰ)(ⅱ)より，X の期待値 μ と分散 σ^2 は，$M'(0)$ と $M''(0)$ で次のように表される。

期待値・分散のモーメント母関数による表現

確率変数 X の期待値と分散は，

(ⅰ) 期待値 $\mu = E[X] = M'(0)$

(ⅱ) 分散　$\sigma^2 = E[X^2] - E[X]^2 = M''(0) - M'(0)^2$　と表せる。

それでは，二項分布 $B(n,\ p)$ の期待値 $\mu = np$，分散 $\sigma^2 = npq$ となることを，モーメント母関数 $M(\theta)$ を利用して示す。

二項分布：$P(x) = {}_n\mathrm{C}_x p^x q^{n-x}$　$(x = 0,\ 1,\ \cdots\cdots,\ n,\ 0 < p < 1,\ p + q = 1)$

（確率変数 X の実現値を x とおいた。）

二項分布のモーメント母関数 $M(\theta)$ は，

$$M(\theta)=E[e^{\theta X}]=\sum_{x=0}^{n}e^{\theta x}\cdot P(x)=\sum_{x=0}^{n}e^{\theta x}\cdot {}_n\mathrm{C}_x p^x q^{n-x}$$

$$=\sum_{x=0}^{n}{}_n\mathrm{C}_x(\underbrace{pe^{\theta}}_{a})^x\cdot \underbrace{q}_{b}{}^{n-x}$$

$$\therefore\ M(\theta)=(pe^{\theta}+q)^n\ \cdots\cdots①$$

二項定理：
$\sum_{i=0}^{n}{}_n\mathrm{C}_i a^i b^{n-i}=(a+b)^n$

①を θ で微分して，

$pe^{\theta}+q=u$ とおいて，合成関数の微分

$$M'(\theta)=n(pe^{\theta}+q)^{n-1}(pe^{\theta}+q)'=np\cdot e^{\theta}(pe^{\theta}+q)^{n-1}\ \cdots\cdots②$$

②をさらに θ で微分して，

$(f\cdot g)'=f'g+fg'$

$$M''(\theta)=np[(e^{\theta})'\cdot(pe^{\theta}+q)^{n-1}+e^{\theta}\{(pe^{\theta}+q)^{n-1}\}']$$

$$=np\{e^{\theta}\cdot(pe^{\theta}+q)^{n-1}+e^{\theta}\cdot(n-1)\cdot(pe^{\theta}+q)^{n-2}\cdot(pe^{\theta}+q)'\}$$

$$=npe^{\theta}\cdot\{(pe^{\theta}+q)^{n-1}+(n-1)pe^{\theta}(pe^{\theta}+q)^{n-2}\}\ \cdots\cdots③$$

②，③に $\theta=0$ を代入して，

$$M'(0)=np\cdot \underbrace{e^0}_{1}(p\underbrace{e^0}_{1}+q)^{n-1}=np(\underbrace{p+q}_{1})^{n-1}=np\quad [=E[X]]$$

$$M''(0)=np\cdot\underbrace{e^0}_{1}\cdot\{(p\underbrace{e^0}_{1}+q)^{n-1}+(n-1)p\underbrace{e^0}_{1}(p\underbrace{e^0}_{1}+q)^{n-2}\}$$

$$=np\{(\underbrace{p+q}_{1})^{n-1}+(n-1)p(\underbrace{p+q}_{1})^{n-2}\}$$

$$=np\{1+(n-1)p\}\quad [=E[X^2]]$$

$\therefore$ 期待値 $\mu=M'(0)=np$

分散 $\sigma^2=M''(0)-M'(0)^2=np\{1+(n-1)p\}-(np)^2$

$$=np+n(n-1)p^2-n^2p^2=np-np^2=np(\underbrace{1-p}_{q})=npq$$

以上より，二項分布 $B(n,\ p)$ の μ と σ^2 の公式が導けた。

$B(n,\ p)$ の期待値・分散

二項分布 $B(n,\ p)$ の期待値 $\mu=np$，分散 $\sigma^2=npq$ である。

これも，頻出の基本事項だから，モーメント母関数を使っての導出の仕方と合わせて，この結果も覚えるようにしよう！

演習問題 3　● 確率関数と分布関数，期待値と分散 

歪んだサイコロがある。このサイコロを **1** 回振って，出る目を X とおく $(X = 1, 2, \cdots\cdots, 6)$。$X$ の目の出る確率 P_X を統計的に調べたところ，$P_1 = 0.1,\ P_2 = 0.1,\ P_3 = 0.2,\ P_4 = 0.3,\ P_5 = 0.2,\ P_6 = 0.1$ となった。

(1) この確率関数 (確率分布) と分布関数のグラフを描け。

(2) 変数 X の期待値 μ と分散 σ^2 を求めよ。

ヒント！ **(2)** 確率関数が，式ではなく，個別の確率の値で与えられたときは，モーメント母関数ではなく，$\mu = E[X],\ \sigma^2 = E[X^2] - E[X]^2$ で計算する。

解答＆解説

(1) 確率関数 P_X $(X = 1, 2, \cdots, 6)$ と，分布関数 $F(x)$ のグラフを，それぞれ右図 (ⅰ)(ⅱ) に示す。 ……………………(答)

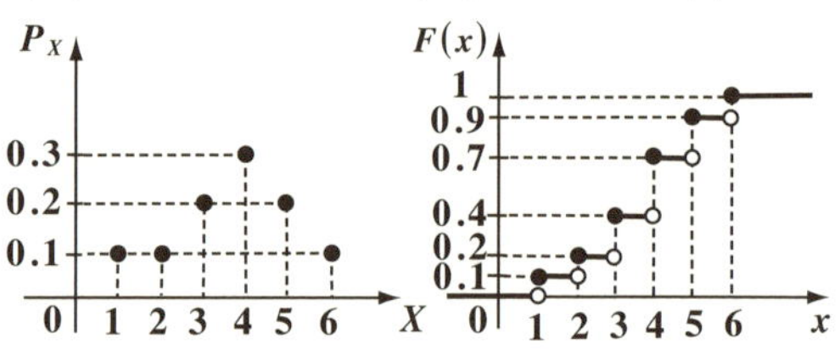

(2) 確率変数 X の期待値 μ と分散 σ^2 を求める。

$$\text{期待値}\ \mu = E[X] = \sum_{X=1}^{6} X \cdot P_X = 1 \cdot \frac{1}{10} + 2 \cdot \frac{1}{10} + 3 \cdot \frac{2}{10} + 4 \cdot \frac{3}{10} + 5 \cdot \frac{2}{10} + 6 \cdot \frac{1}{10}$$

（X：確率変数，P_X：確率）

$$= \frac{1}{10}(1 + 2 + 6 + 12 + 10 + 6) = \frac{37}{10} \quad \text{……………………(答)}$$

$$\text{分散}\ \sigma^2 = E[X^2] - E[X]^2 = \sum_{X=1}^{6} X^2 P_X - \mu^2$$

$$= 1^2 \cdot \frac{1}{10} + 2^2 \cdot \frac{1}{10} + 3^2 \cdot \frac{2}{10} + 4^2 \cdot \frac{3}{10} + 5^2 \cdot \frac{2}{10} + 6^2 \cdot \frac{1}{10} - \left(\frac{37}{10}\right)^2$$

$$= \frac{1 + 4 + 18 + 48 + 50 + 36}{10} - \frac{1369}{100}$$

$$= \frac{1570 - 1369}{100} = \frac{201}{100} \quad \text{……………………(答)}$$

実践問題 3　● $Y = aX + b$ の期待値と分散 ●

確率変数 X の期待値 $\mu = E[X] = \frac{37}{10}$，分散 $\sigma^2 = V[X] = \frac{201}{100}$ のとき，

次の各問いに答えよ。

(1) $Y = 10(X-3)$ で新たに定義された確率変数 Y の期待値 μ_Y と分散 $\sigma_Y{}^2$ を求めよ。

(2) $Z = \frac{X-\mu}{\sigma}$ で新たに定義された確率変数 Z の期待値 μ_Z と分散 $\sigma_Z{}^2$ を求めよ。

ヒント！　$Y = aX + b$ のとき，$E[Y] = aE[X] + b$，$V[Y] = a^2V[X]$ となる。

解答&解説

X の期待値 $\mu = E[X] = \frac{37}{10}$，分散 $\sigma^2 = V[X] = \frac{201}{100}$

(1) $Y = 10X - 30$ で定義された Y の期待値 μ_Y と分散 $\sigma_Y{}^2$ を求める。

$\mu_Y = E[Y] = E[10X-30] =$ (ア)

$= 10 \times \frac{37}{10} - 30 = 7$ ………………(答)

公式：$E[aX+b] = aE(X) + b$ を使った。

$\sigma_Y{}^2 = V[Y] = V[10X-30] =$ (イ)

$= 10^2 \times \frac{201}{100} = 201$ ……………(答)

公式：$V[aX+b] = a^2V(X)$ を使った。

(2) $Z = \frac{X-\mu}{\sigma} = \frac{1}{\sigma}X - \frac{\mu}{\sigma}$ で定義された Z の期待値 μ_Z と分散 $\sigma_Z{}^2$ を求める。

$\mu_Z = E[Z] = E\left[\frac{X-\mu}{\sigma}\right] = \frac{1}{\sigma}(\underset{\mu}{E[X]} - \mu) =$ (ウ) ………………(答)

$\sigma_Z{}^2 = V[Z] = V\left[\frac{1}{\sigma}X - \frac{\mu}{\sigma}\right] = \frac{1}{\sigma^2}\underset{\sigma^2}{V[X]} = \frac{1}{\sigma^2} \cdot \sigma^2 =$ (エ) ………(答)

解答　(ア) $10E[X] - 30$　(イ) $10^2V[X]$　(ウ) 0　(エ) 1

講義1 ● 離散型確率分布　公式エッセンス

1. ベイズの定理

$$P(A|B) = \frac{P(A)\cdot P(B|A)}{P(A)\cdot P(B|A) + P(\overline{A})\cdot P(B|\overline{A})}$$

2. 事象の独立

2つの事象 A, B が独立であるための必要十分条件は,

$$P(A\cap B) = P(A)\cdot P(B) \iff P(B|A) = P(B) \iff P(A|B) = P(A)$$

3. 確率関数 P_i の性質

(i) $0 \leqq P_i \leqq 1$　(ii) $\sum_{i=1}^{n} P_i = 1$ (全確率)　(iii) $P(a \leqq X \leqq b) = \sum_{a\leqq x_i\leqq b} P_i$

4. 分布関数 $F(x)$ の性質

(i) $a \leqq b$ のとき, $F(a) \leqq F(b)$ ← $F(x)$ は, 単調に増加する。

(ii) $F(-\infty) = 0$, $F(\infty) = 1$ ← $x = -\infty$ のとき, $F(x) = 0$ で, $x = \infty$ のとき, $F(x) = 1$ (全確率) となる。

(iii) $P(a < x \leqq b) = F(b) - F(a)$ ← $\sum_{x_i\leqq b} P_i - \sum_{x_i\leqq a} P_i$ のこと

5. 二項分布 (離散型)

離散型確率変数 $X = 0, 1, 2, \cdots, n$ について, 確率関数 P_k が

$$P_k = P(X = k) = {}_n\mathrm{C}_k p^k \cdot q^{n-k} \quad (k = 0, 1, \cdots, n,\ \ 0 < p < 1,\ \ p + q = 1)$$

で表される確率分布を "**二項分布**" と呼び, $B(n, p)$ で表す。

試行回数 n と, 1回の試行で A の起こる確率 p が決まれば, この確率分布は定まる。

6. 期待値・分散・標準偏差

(i) 期待値 (平均) : $\mu = E[X] = \sum_{i=1}^{n} x_i P_i$

(ii) 分散 : $\sigma^2 = V[X] = \sum_{i=1}^{n} (x_i - \mu)^2 P_i = E[X^2] - E[X]^2$

(iii) 標準偏差 : $\sigma = \sqrt{V[X]}$

7. 期待値・分散のモーメント母関数 $M(\theta) = E[e^{\theta X}]$ による表現

確率変数 X の期待値と分散は,

(i) 期待値 $\mu = E[X] = M'(0)$

(ii) 分散 $\sigma^2 = E[X^2] - E[X]^2 = M''(0) - M'(0)^2$　と表せる。

8. $B(n, p)$ の期待値・分散

二項分布 $B(n, p)$ の期待値 $\mu = np$, 分散 $\sigma^2 = npq$ である。

連続型確率分布
(1変数確率密度)

- 連続型確率分布（確率変数と確率密度）
- 指数分布
- モーメント母関数（積率母関数）
- 確率変数の変換

§1. 確率密度

これから，連続型確率分布の講義に入ろう。連続型確率分布では，離散型のときの確率関数 P_i の代わりに，**"確率密度"** $f(x)$ を利用する。確率密度 $f(x)$ は「積分することによって確率となる関数」なので，当然，積分計算を多用することになるんだよ。また，離散型確率分布で教えた **"モーメント母関数"** $M(\theta)$ は，連続型確率分布でより大きな役割を演じることになる。さらに，連続型確率分布では変数変換による確率分布 (確率密度) の変化も重要なテーマとなる。かなり大変と思うかも知れないけれど，基礎をシッカリ固めておくと後が楽になるから，シッカリ頑張ろう！

● 確率密度の定義から始めよう！

まず，離散型と連続型の確率分布の違いを例で示そう。

図1 離散型確率分布

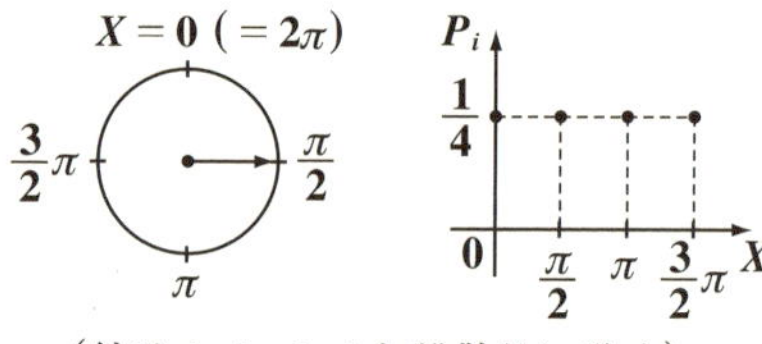

(針はカチ，カチと離散的に動く)

図1 (i) のように，円周上に $0, \frac{\pi}{2}, \pi, \frac{3}{2}\pi$ の目盛りがつけてあり，この円の中心を軸として，これらの4点をカチ，カチ，…と等確率に指す針がある。この場合，確率変数 X を $X=x_1, x_2, x_3, x_4=0, \frac{\pi}{2}, \pi, \frac{3}{2}\pi$ とおくと，確率関数 $P_i=\frac{1}{4}$ $(i=1, 2, 3, 4)$ となって図1 (ii) のような離散型の確率分布が得られる。

これに対して，図2 (i) に示すように，同じ円の中心を軸として針が自由にクルクル…と回って，ランダムに円周上のある点で止まるモデルを考えよう。この場合，図2 (i) のように $X=x$ の点を針が指す確率がどうなるか，わかる？ そう，円周上には無限に点があるわけだから $X=x$ となる確率は当然 $\frac{1}{\infty}=0$ になってしまうんだね。これはどの点を針が指す場合でも確率は同様に0になってしまう。しかし，連続型の確率変数 X の実現値 x が $0 \leqq x \leqq \frac{\pi}{2}$ の範囲に入る確率と言われたら，$\frac{90^\circ}{360^\circ}=\frac{1}{4}$ になることはすぐわかるはずだ。

一般に連続型の確率計算では，確率関数 P_i で確率は表せない。確率変数 X が，$a \leqq X \leqq b$ となる確率 $P(a \leqq X \leqq b)$ を次の積分の形 $P(a \leqq X \leqq b) = \int_a^b f(x)\,dx$ で表現する。この被積分関数 $f(x)$ のことを，"**確率密度**"(*probability density*)，または"**確率密度関数**"(*probability density function*)と呼ぶ。

図 2　連続型確率分布

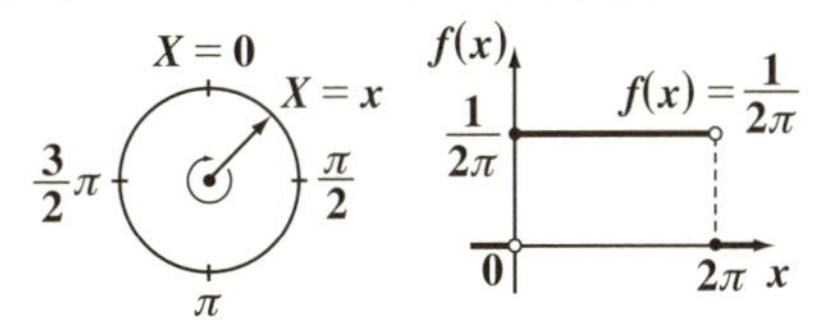

(針がクルクルと連続的に動く)

今回の針の例では，確率変数 $X = x$ が $0 \leqq x < 2\pi$ の範囲に入る確率が全確率 1 となるので，

ここに等号はあってもなくてもいい。どうせ $X = 2\pi$ となる確率は 0 だからね。

$$\int_0^{2\pi} f(x)\,dx = 1 \quad (\text{全確率})$$

ここで，$f(x)$ は一様分布(定数関数)なので，$f(x) = q$ (定数)とおくと，

$$\int_0^{2\pi} q\,dx = [qx]_0^{2\pi} = q \cdot 2\pi = 1 \qquad \therefore\ q = \frac{1}{2\pi}$$

よって，この例の確率密度 $f(x)$ は次のようになる。(図 2 (ⅱ) 参照)

$$f(x) = \begin{cases} \dfrac{1}{2\pi} & (0 \leqq x < 2\pi) \\ 0 & (x < 0,\ 2\pi \leqq x) \end{cases}$$

連続型確率分布と確率密度 $f(x)$

連続型確率変数 X に対して

$$P(a \leqq X \leqq b) = \int_a^b f(x)dx \quad (a < b)$$

となる関数 $f(x)$ が存在するとき，$f(x)$ を確率変数 X の"**確率密度**"といい，「確率変数 X は確率密度 $f(x)$ の確率分布に従う」という。

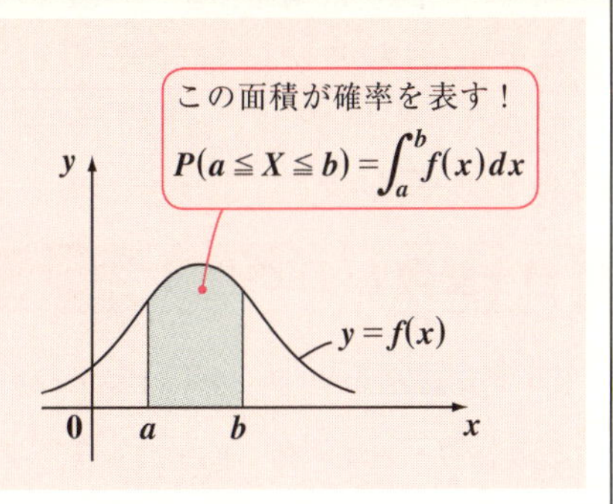

連続型の確率分布における確率 $P(a \leqq X \leqq b)$ は，図形的には確率密

（$x=a$，$x=b$ となる確率は 0 だから，等号はあってもなくてもいい。）

度 $f(x)$ と x 軸と 2 直線 $x=a$，$x=b$ で囲まれる部分の面積に等しい。離散型確率分布の確率 P_i に相当するものは，連続型確率分布では区間 $[x,\ x+dx]$ に入る確率 $f(x)dx$ になる。

それでは，確率密度 $f(x)$ の性質を以下に示す。

確率密度 $f(x)$ の性質

(1) $\displaystyle\int_{-\infty}^{\infty} f(x)\,dx = 1$ （全確率）

(2) $\displaystyle\int_a^b f(x)\,dx = P(a \leqq X \leqq b) = P(a < X \leqq b)$

$\qquad\qquad\qquad = P(a \leqq X < b) = P(a < X < b)$

（$x=a$，$x=b$ となる確率は 0 なので，等号はあってもなくてもかまわない。）

さらに，離散型確率分布のときと同様に，"**分布関数**" $F(x)$ を次のように定義する。

分布関数 $F(x)$

分布関数 $F(x) = P(X \leqq x) = \displaystyle\int_{-\infty}^{x} f(t)\,dt$

図3 (i)(ii) に示すように，確率密度 $f(t)$ を，積分区間 $(-\infty,\ x]$ で積分したものが分布関数 $F(x)$ になる。それでは，分布関数 $F(x)$ の性質を以下に示す。

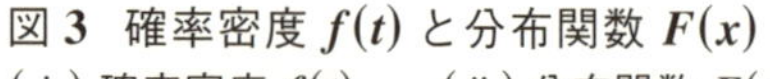
図3　確率密度 $f(t)$ と分布関数 $F(x)$

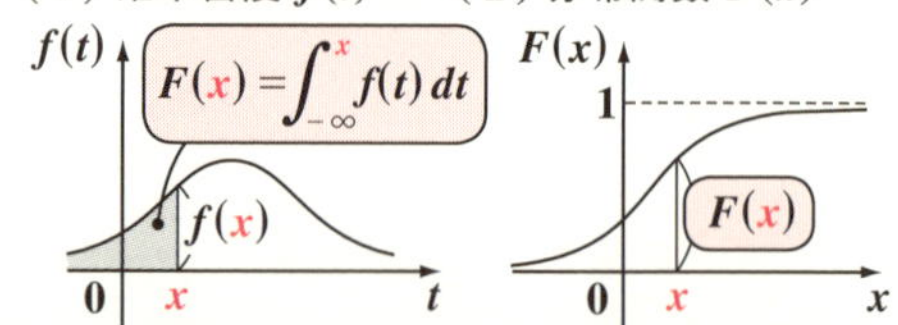

分布関数 $F(x)$ の性質

(i) $a \leqq b$ のとき，$F(a) \leqq F(b)$ ←（$F(x)$ は単調に増加する。）

(ii) $F(-\infty)=0 \quad F(\infty)=1$ ←（$x=-\infty$ のとき，$F(x)=0$ で $x=\infty$ のとき，$F(x)=1$ (全確率) となる。）

(iii) $P(a \leqq X \leqq b) = \displaystyle\int_a^b f(x)\,dx = F(b) - F(a)$

それでは，次の例題で，分布関数 $F(x)$ を実際に求めてみよう。

> (1) 確率密度 $f(x)=\begin{cases}\dfrac{1}{2\pi} & (0\leqq x\leqq 2\pi)\\ 0 & (x<0,\ 2\pi<x)\end{cases}$ で与えられた確率分布の
>
> 分布関数 $F(x)=\displaystyle\int_{-\infty}^{x}f(t)\,dt$ を求めて，そのグラフを描け。

(1) この分布関数 $F(x)$ を 3 つの場合に分けて求める。

(i) $x<0$ のとき

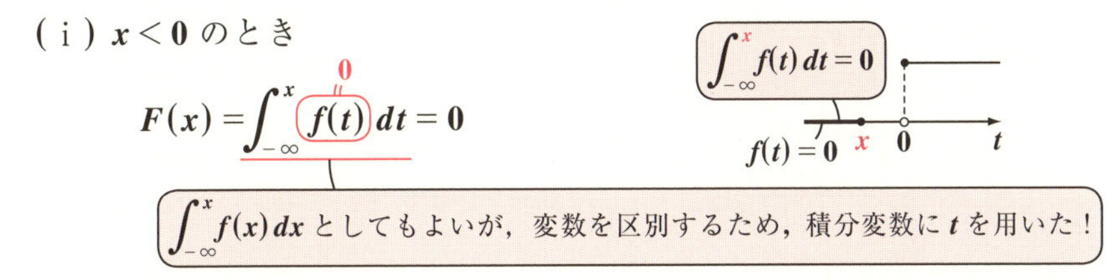

(ii) $0\leqq x\leqq 2\pi$ のとき

$$F(x)=\int_{-\infty}^{x}f(t)\,dt$$

$$=\int_{-\infty}^{0}f(t)\,dt+\int_{0}^{x}f(t)\,dt$$

$$=\frac{1}{2\pi}[t]_0^x=\frac{1}{2\pi}x$$

（$\int_{-\infty}^{0}$ の $f(t)=0$，$\int_0^x$ の $f(t)=\frac{1}{2\pi}$）

図：$\int_0^x f(t)\,dt$，$f(t)=\frac{1}{2\pi}$，$f(t)=0$，0，x，2π，t

(iii) $2\pi<x$ のとき

$$F(x)=\int_{-\infty}^{x}f(t)\,dt$$

$$=\int_{-\infty}^{0}f(t)\,dt+\int_{0}^{2\pi}f(t)\,dt+\int_{2\pi}^{x}f(t)\,dt$$

$$=\frac{1}{2\pi}[t]_0^{2\pi}=\frac{1}{2\pi}\cdot 2\pi=1$$

（$\int_{-\infty}^{0}$ の $f(t)=0$，$\int_0^{2\pi}$ の $f(t)=\frac{1}{2\pi}$，$\int_{2\pi}^{x}$ の $f(t)=0$）

図：$\int_0^{2\pi} f(t)\,dt$，$f(t)=\frac{1}{2\pi}$，$f(t)=0$，$f(t)=0$，0，2π，x，t

以上より，分布関数 $F(x)$ は次のようになる。

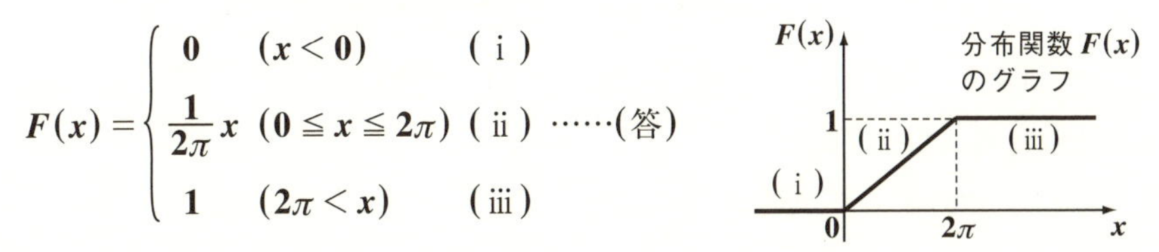

期待値と分散は定積分で計算する！

確率密度 $f(x)$ に従う連続型確率変数 X の期待値 $\mu = E[X]$ と分散 $\sigma^2 = V[X]$ と標準偏差 σ の定義式は次の通りである。

期待値・分散・標準偏差

連続型確率変数 X が確率密度 $f(x)$ の確率分布に従うとき，

期待値 $\mu = E[X] = \int_{-\infty}^{\infty} x f(x)\,dx$

分散 $\sigma^2 = V[X] = \int_{-\infty}^{\infty} (x-\mu)^2 f(x)\,dx$

$= E[X^2] - E[X]^2$

標準偏差 $\sigma = \sqrt{V[X]}$

離散型確率変数の場合の

$\mu = E[X] = \sum_{i=1}^{n} x_i P_i$

$\sigma^2 = V[X] = \sum_{i=1}^{n} (x_i-\mu)^2 P_i$

$= E[X^2] - E[X]^2$

$\sigma = \sqrt{V[X]}$

と対比して覚えよう！

離散型確率分布のときと同様に，次のような **2** つの k 次のモーメントを定義する。

(i) 原点のまわりの k 次のモーメント $E[X^k] = \int_{-\infty}^{\infty} x^k f(x)\,dx$

(ii) μ のまわりの k 次のモーメント $E[(X-\mu)^k] = \int_{-\infty}^{\infty} (x-\mu)^k f(x)\,dx$

すると，μ は原点のまわりの **1** 次のモーメント，σ^2 は μ のまわりの **2** 次のモーメントになる。そして，$\sigma^2 = V[X] = E[X^2] - E[X]^2$ となることも，ここで確認しておこう。

$$\sigma^2 = V[X] = \int_{-\infty}^{\infty} (x-\mu)^2 f(x)\,dx = \int_{-\infty}^{\infty} (x^2 - 2\mu x + \mu^2) f(x)\,dx$$

$$= \underbrace{\int_{-\infty}^{\infty} x^2 f(x)\,dx}_{E[X^2]} - 2\mu \underbrace{\int_{-\infty}^{\infty} x f(x)\,dx}_{E[X]=\mu} + \mu^2 \underbrace{\int_{-\infty}^{\infty} f(x)\,dx}_{1\,(\text{全確率})}$$

$$= E[X^2] - 2\mu^2 + \mu^2 = E[X^2] - \mu^2 = E[X^2] - E[X]^2$$

と間違いなく成り立つ。

それでは例題で，実際に期待値 μ と分散 σ^2 を求めてみよう。

(2) 確率密度 $f(x) = \begin{cases} 2x & (0 \leqq x \leqq a) \\ 0 & (x < 0,\ a < x) \end{cases}$ で与えられた確率分布がある。

正の定数 a の値を定めて，この分布の期待値 μ と分散 σ^2 を求めよ。

(2) 確率密度 $f(x)$ は，

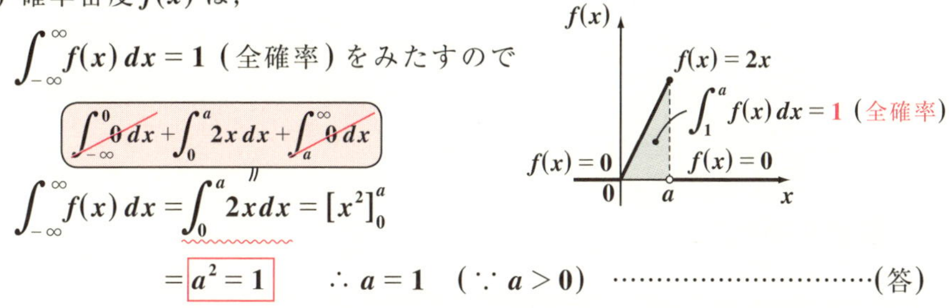

$\int_{-\infty}^{\infty} f(x)\,dx = 1$ (全確率) をみたすので

$$\int_{-\infty}^{\infty} f(x)\,dx = \int_0^a 2x\,dx = [x^2]_0^a$$

$$\left(\int_{-\infty}^0 0\,dx + \int_0^a 2x\,dx + \int_a^{\infty} 0\,dx\right)$$

$$= a^2 = 1 \qquad \therefore\ a = 1 \quad (\because\ a > 0) \quad \cdots\cdots(答)$$

この確率密度 $f(x)$ に従う確率変数 X の期待値 $\mu = E[X]$ と分散 $\sigma^2 = V[X]$ を求める。

期待値 $\mu = E[X] = \int_{-\infty}^{\infty} x \cdot f(x)\,dx = \int_0^1 x \cdot 2x\,dx$

$$\left(\int_{-\infty}^0 x \cdot 0\,dx + \int_0^1 x \cdot 2x\,dx + \int_1^{\infty} x \cdot 0\,dx\right)$$

$$= \left[\frac{2}{3}x^3\right]_0^1 = \frac{2}{3} \quad \cdots\cdots(答)$$

分散 $\sigma^2 = V[X] = E[X^2] - E[X]^2 = \int_{-\infty}^{\infty} x^2 f(x)\,dx - \left(\frac{2}{3}\right)^2$

$$= \int_0^1 x^2 \cdot 2x\,dx - \left(\frac{2}{3}\right)^2 = \left[\frac{1}{2}x^4\right]_0^1 - \frac{4}{9}$$

$$\left(\int_{-\infty}^0 x^2 \cdot 0\,dx + \int_0^1 x^2 \cdot 2x\,dx + \int_1^{\infty} x^2 \cdot 0\,dx\right)$$

$$= \frac{1}{2} - \frac{4}{9} = \frac{9-8}{18} = \frac{1}{18} \quad \cdots\cdots(答)$$

高校時代，連続型確率分布を習っていなかった人も，これでその基本が理解できたはずだ。後は，演習問題と実践問題を解いて，さらに慣れていけばいいんだよ。

演習問題 4　● 確率密度と分布関数(Ⅰ) ●

確率密度 $f(x)=\begin{cases} a\sin x & (0\leqq x\leqq\pi) \\ 0 & (x<0,\ \pi<x) \end{cases}$ で与えられた確率分布の正の定数 a の値と，分布関数 $F(x)$ を求めよ。

ヒント！ 確率密度であるための必要条件 $\int_{-\infty}^{\infty}f(x)\,dx=1$ (全確率) から a の値を求める。また，分布関数 $F(x)=\int_{-\infty}^{x}f(t)\,dt$ は場合分けして求める。

解答＆解説

$f(x)=a\sin x\ (0\leqq x\leqq\pi)$ が確率密度であるための必要条件から，

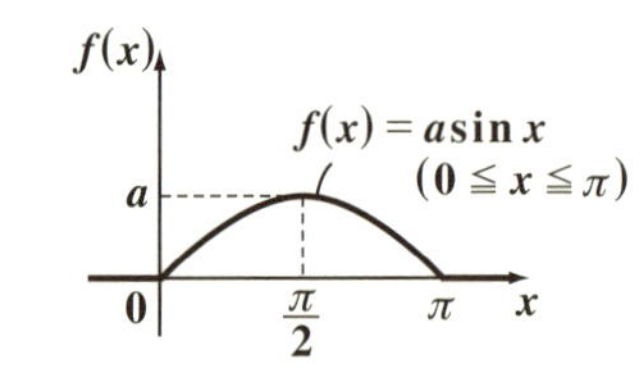

$$\int_{-\infty}^{\infty}f(x)\,dx=\int_0^{\pi}a\sin x\,dx=-a[\cos x]_0^{\pi}$$

$$\left(\int_{-\infty}^{0}0\,dx+\int_0^{\pi}a\sin x\,dx+\int_{\pi}^{\infty}0\,dx\right)$$

$$=-a(-1-1)=\boxed{2a=1}\ (\text{全確率})\quad\therefore\ a=\frac{1}{2}\ \cdots\cdots\cdots\cdots(\text{答})$$

分布関数 $F(x)$ は 3 つに場合分けして求める。

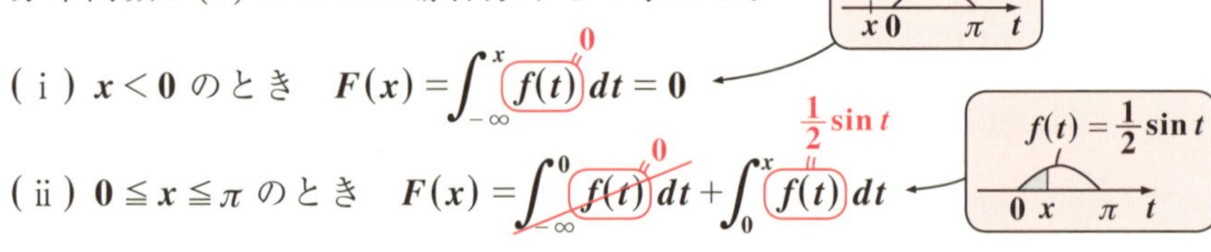

(i) $x<0$ のとき　$F(x)=\int_{-\infty}^{x}f(t)\,dt=0$　（$f(t)=0$）

(ii) $0\leqq x\leqq\pi$ のとき　$F(x)=\int_{-\infty}^{0}f(t)\,dt+\int_0^{x}f(t)\,dt$　（$f(t)=0$，$f(t)=\frac{1}{2}\sin t$）

$$=-\frac{1}{2}[\cos t]_0^{x}=\frac{1}{2}(1-\cos x)$$

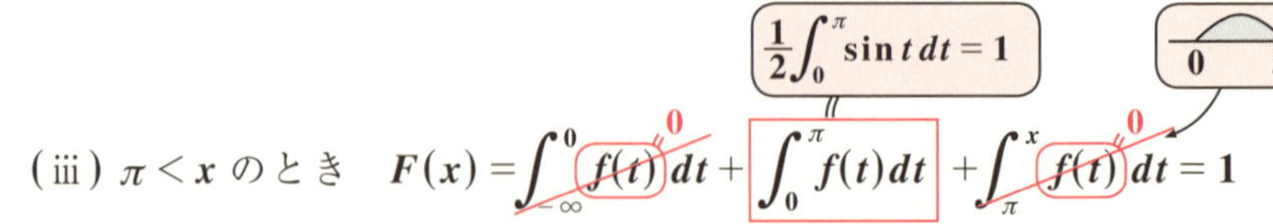

(iii) $\pi<x$ のとき　$F(x)=\int_{-\infty}^{0}f(t)\,dt+\boxed{\int_0^{\pi}f(t)\,dt}+\int_{\pi}^{x}f(t)\,dt=1$　（$\frac{1}{2}\int_0^{\pi}\sin t\,dt=1$）

以上 (i)(ii)(iii) より分布関数 $F(x)$ は，

$$F(x)=\begin{cases} 0 & (x<0) \\ \frac{1}{2}(1-\cos x) & (0\leqq x\leqq\pi) \\ 1 & (\pi<x) \end{cases}\ \cdots(\text{答})$$

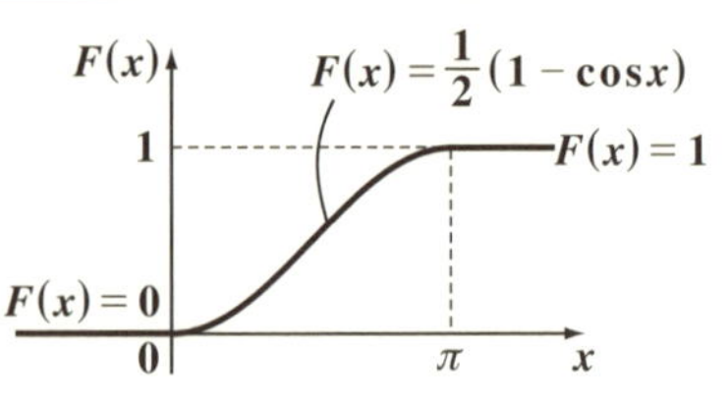

実践問題 4　● 確率密度と分布関数(Ⅱ) ●

確率密度 $f(x)=\begin{cases} a(1-x^2) & (-1\leqq x\leqq 1) \\ 0 & (x<-1,\ 1<x) \end{cases}$ で与えられた確率分布の正の定数 a の値と，分布関数 $F(x)$ を求めよ。

ヒント！ 確率密度の必要条件から a の値を求め，また分布関数 $F(x)$ は場合分けして求める。

解答＆解説

$f(x)=a(1-x^2)\ \ (-1\leqq x\leqq 1)$ が確率密度であるための必要条件から，

$f(x)$, a, $f(x)=a(1-x^2)$, $(-1\leqq x\leqq 1)$, -1, 0, 1, x

$$\int_{-\infty}^{\infty} f(x)\,dx=\int_{-1}^{1} a(1-x^2)\,dx=2a\int_0^1(1-x^2)\,dx$$

（偶関数）

$$=2a\left[x-\frac{1}{3}x^3\right]_0^1=\boxed{2a\cdot\frac{2}{3}=1}\ \ (\text{全確率})\qquad \therefore\ a=\boxed{(ア)\quad}\ \cdots(\text{答})$$

分布関数 $F(x)$ は 3 つに場合分けして求める。

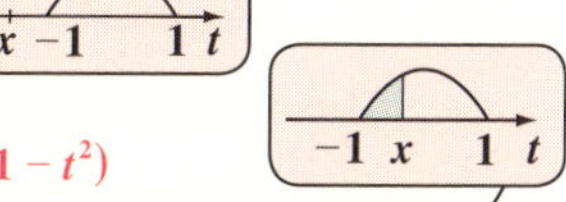

(ⅰ) $x<-1$ のとき　$F(x)=\int_{-\infty}^{x}\underbrace{f(t)}_{0}\,dt=\boxed{(イ)\quad}$

(ⅱ) $-1\leqq x\leqq 1$ のとき　$F(x)=\int_{-\infty}^{-1}\underbrace{f(t)}_{0}\,dt+\int_{-1}^{x}\underbrace{f(t)}_{\frac{3}{4}(1-t^2)}\,dt=\frac{3}{4}\left[t-\frac{1}{3}t^3\right]_{-1}^{x}$

$$=\frac{3}{4}\left(x-\frac{1}{3}x^3+\frac{2}{3}\right)=\boxed{(ウ)\qquad}$$

(ⅲ) $1<x$ のとき　$F(x)=\int_{-\infty}^{-1}\underbrace{f(t)}_{0}\,dt+\underbrace{\boxed{\int_{-1}^{1}f(t)\,dt}}_{1}+\int_{1}^{x}\underbrace{f(t)}_{0}\,dt=\boxed{(エ)\quad}$

以上(ⅰ)(ⅱ)(ⅲ)より分布関数 $F(x)$ は，

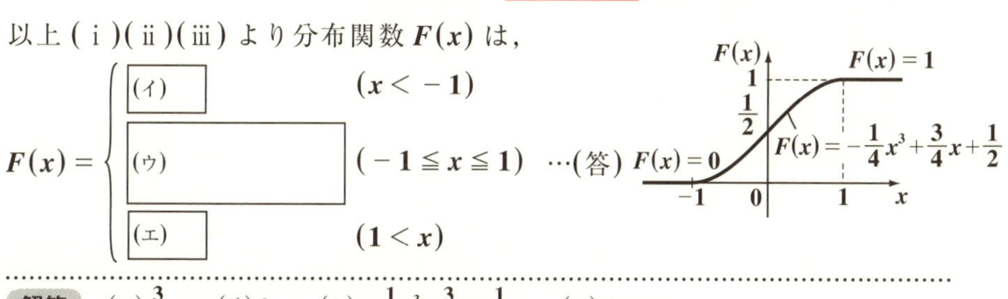

解答　(ア) $\frac{3}{4}$　(イ) 0　(ウ) $-\frac{1}{4}x^3+\frac{3}{4}x+\frac{1}{2}$　(エ) 1

演習問題 5　● 連続型確率変数の期待値と分散（Ⅰ）

確率密度 $f(x)=\begin{cases}\dfrac{1}{2}\sin x & (0\leqq x\leqq\pi)\\ 0 & (x<0,\ \pi<x)\end{cases}$ で与えられた確率分布の期待値 μ と分散 σ^2 を求めよ。

ヒント！ $\mu=E[X]=\int_{-\infty}^{\infty}xf(x)\,dx$，$\sigma^2=E[X^2]-\mu^2=\int_{-\infty}^{\infty}x^2f(x)\,dx-\mu^2$ の公式に従って計算していけばいいんだね。

解答＆解説

この確率分布の期待値 μ と分散 σ^2 を求める。

$$\mu=E[X]=\int_{-\infty}^{\infty}xf(x)\,dx$$

$$=\int_0^{\pi}x\cdot\frac{1}{2}\sin x\,dx=\frac{1}{2}\int_0^{\pi}x\cdot(-\cos x)'\,dx$$

$$\left(\int_{-\infty}^{0}x\cdot 0\,dx+\int_0^{\pi}x\cdot\frac{1}{2}\sin x\,dx+\int_{\pi}^{\infty}x\cdot 0\,dx\right)$$

部分積分 $\int_0^{\pi}f\cdot g'\,dx=[f\cdot g]_0^{\pi}-\int_0^{\pi}f'\cdot g\,dx$

$$=\frac{1}{2}\left\{-[x\cos x]_0^{\pi}-\int_0^{\pi}1\cdot(-\cos x)dx\right\}=\frac{1}{2}\left\{\pi+[\sin x]_0^{\pi}\right\}=\frac{\pi}{2}\quad\cdots\cdots(答)$$

$$\sigma^2=E[X^2]-E[X]^2=\int_{-\infty}^{\infty}x^2f(x)\,dx-\left(\frac{\pi}{2}\right)^2=\int_0^{\pi}x^2\cdot\frac{1}{2}\sin x\,dx-\frac{\pi^2}{4}$$

$$=\frac{1}{2}\int_0^{\pi}x^2\cdot(-\cos x)'\,dx-\frac{\pi^2}{4}=\frac{1}{2}\left\{-[x^2\cos x]_0^{\pi}+\int_0^{\pi}2x\cos x\,dx\right\}-\frac{\pi^2}{4}$$

$$=\frac{1}{2}\left\{\pi^2+2\int_0^{\pi}x\cdot(\sin x)'\,dx\right\}-\frac{\pi^2}{4}$$

$$=\frac{\pi^2}{4}+[x\sin x]_0^{\pi}-\int_0^{\pi}\sin x\,dx=\frac{\pi^2}{4}+[\cos x]_0^{\pi}$$

$$=\frac{\pi^2}{4}-1-1=\frac{\pi^2}{4}-2\quad\cdots\cdots(答)$$

実践問題 5 ● 連続型確率変数の期待値と分散 (Ⅱ) ●

確率密度 $f(x) = \begin{cases} \frac{3}{4}(1 - x^2) & (-1 \leqq x \leqq 1) \\ 0 & (x < -1,\ 1 < x) \end{cases}$ で与えられた確率分布の期待値 μ と分散 σ^2 を求めよ。

ヒント！ $\mu = E[X]$, $\sigma^2 = E[X^2] - E[X]^2$ の公式通り計算して解く。

解答＆解説

この確率分布の期待値 μ と分散 σ^2 を求める。

$f(x)$
$\frac{3}{4}$
$f(x) = -\frac{3}{4}(x^2 - 1)$
$f(x) = 0$
$f(x) = 0$
-1
0
1
x
μ

$$\mu = E[X] = \boxed{(ア)}$$

$$= \int_{-1}^{1} x \cdot \frac{3}{4}(1 - x^2)\,dx$$

$$= -\frac{3}{4}\int_{-1}^{1} (x^3 - x)\,dx = \boxed{(イ)} \quad \cdots\cdots\text{(答)}$$

奇関数

$f(x)$：奇関数のとき，$\int_{-a}^{a} f(x)dx = 0$

$$\sigma^2 = E[X^2] - E[X]^2 = \boxed{(ウ)} - 0^2$$

$$= -\frac{3}{4}\int_{-1}^{1} x^2 \cdot (x^2 - 1)\,dx = -\frac{3}{2}\int_{0}^{1}(x^4 - x^2)\,dx$$

偶関数

$f(x)$：偶関数のとき，$\int_{-a}^{a} f(x)dx = 2\int_{0}^{a} f(x)dx$

$$= -\frac{3}{2}\left[\frac{1}{5}x^5 - \frac{1}{3}x^3\right]_0^1 = -\frac{3}{2}\left(\frac{1}{5} - \frac{1}{3}\right)$$

$$= \frac{3}{2}\left(\frac{1}{3} - \frac{1}{5}\right) = \frac{3}{2} \cdot \frac{5 - 3}{15} = \boxed{(エ)} \quad \cdots\cdots\text{(答)}$$

解答 (ア) $\int_{-\infty}^{\infty} xf(x)\,dx$　(イ) 0　(ウ) $\int_{-\infty}^{\infty} x^2 f(x)\,dx$　(エ) $\frac{1}{5}$

§2. モーメント母関数と変数変換

連続型確率分布の期待値 μ，分散 σ^2 を求める場合でも，モーメント母関数 $M(\theta)$ は非常に役に立つ。ここでは，まずこのモーメント母関数 $M(\theta)$ について詳しく解説する。このモーメント母関数は，連続型の確率分布で特に威力を発揮するので，シッカリマスターしよう。さらにここでは，確率変数 X を新たな確率変数 Y に変数変換したとき，確率密度 (確率分布) がどのように変化するかについても，ていねいに教えるつもりだ。レベルは上がるけど，面白くなっていくよ。

● 連続型確率分布のモーメント母関数はこれだ！

確率密度 $f(x)$ の分布に従う連続型確率変数の**モーメント母関数** $M(\theta)$ (**積率母関数**) の定義を，まず下に示す。

モーメント母関数 $M(\theta)$

確率密度 $f(x)$ をもつ連続型確率変数 X と変数 θ に対して，モーメント母関数 $M(\theta)$ を，$M(\theta)=E[e^{\theta X}]=\int_{-\infty}^{\infty}e^{\theta x}f(x)\,dx$ と定義する。

$e^{\theta X}$ をマクローリン展開すると，

$$e^{\theta X}=1+\frac{\theta X}{1!}+\frac{(\theta X)^2}{2!}+\frac{(\theta X)^3}{3!}+\cdots \quad \text{より}$$

($e^t=1+\frac{t}{1!}+\frac{t^2}{2!}+\frac{t^3}{3!}+\cdots$ を用いた。)

$$M(\theta)=E[e^{\theta X}]=E\left[1+\frac{\theta X}{1!}+\frac{(\theta X)^2}{2!}+\frac{(\theta X)^3}{3!}+\cdots\right]$$

(E の演算の線形性は連続型でも成り立つ)

$$=E[1]+E[X]\cdot\frac{\theta}{1!}+E[X^2]\cdot\frac{\theta^2}{2!}+E[X^3]\cdot\frac{\theta^3}{3!}+\cdots$$

($E[1]=\int_{-\infty}^{\infty}1\cdot f(x)dx=1$ (全確率))

$$=1+E[X]\cdot\frac{\theta}{1!}+E[X^2]\cdot\frac{\theta^2}{2!}+E[X^3]\cdot\frac{\theta^3}{3!}+\cdots$$

($E[X]$，$E[X^2]$，$E[X^3]$，…は定数。これは θ のベキ級数だね。)

これから，離散型のときとまったく同様に，このモーメント母関数 $M(\theta)$ から $E[X]$ と $E[X^2]$ を抽出できる。すなわち，

$M'(0)=E[X]$，$M''(0)=E[X^2]$　となる。

よって，確率密度 $f(x)$ の確率分布の期待値 μ と分散 σ^2 は

$$\begin{cases}\mu=E[X]=M'(0)\\ \sigma^2=V[X]=E[X^2]-E[X]^2=M''(0)-M'(0)^2\end{cases}$$ となる。

ここで，連続型の確率分布の 1 例として**指数分布**について，下にまとめておく。

指数分布（連続型）

確率密度 $f(x)=\begin{cases}\lambda e^{-\lambda x} & (0\leqq x)\\ 0 & (x<0)\end{cases}$ （λ：正の定数）で与えられる連続型の確率分布を，"**指数分布**"という。

この指数分布の期待値 μ と分散 σ^2 は

$\mu=E[X]=\dfrac{1}{\lambda}$，$\sigma^2=V[X]=\dfrac{1}{\lambda^2}$　となる。

指数分布の確率密度

$f(x)=\lambda e^{-\lambda x}\quad(x\geqq 0)$ は

$$\int_{-\infty}^{\infty}f(x)\,dx=\int_0^{\infty}\lambda e^{-\lambda x}dx$$ ←無限積分

$$\left(=\int_{-\infty}^{0}0\,dx+\int_0^{\infty}\lambda e^{-\lambda x}dx\right)$$

$$=\lim_{a\to\infty}\int_0^a\lambda e^{-\lambda x}dx=\lim_{a\to\infty}\left[-e^{-\lambda x}\right]_0^a=\lim_{a\to\infty}(-e^{-\lambda a}+1)=1$$

（$e^{-\lambda a}\to 0\ (\because \lambda>0)$）

となって，確率密度であるための必要条件をみたしている。

それでは，この指数分布の期待値 $\mu=\dfrac{1}{\lambda}$，分散 $\sigma^2=\dfrac{1}{\lambda^2}$ となることをモーメント母関数 $M(\theta)$ を使って示してみよう。

指数分布 $f(x)=\lambda e^{-\lambda x}\quad(x\geqq 0)$ のモーメント母関数 $M(\theta)$ は，

$$M(\theta)=E[e^{\theta X}]=\int_{-\infty}^{\infty}e^{\theta x}f(x)\,dx=\int_0^{\infty}e^{\theta x}\cdot\lambda e^{-\lambda x}dx$$ ←無限積分

$$=\lambda\int_0^{\infty}e^{(\theta-\lambda)x}dx=\lim_{a\to\infty}\lambda\int_0^{a}e^{(\theta-\lambda)x}dx$$

$$=\lim_{a\to\infty}\lambda\left[\frac{1}{\theta-\lambda}e^{(\theta-\lambda)x}\right]_0^a=\lim_{a\to\infty}\frac{\lambda}{\theta-\lambda}\{e^{(\theta-\lambda)a}-1\}$$

ここで，$\theta-\lambda<0$，すなわち $\theta<\lambda$ とする。

こうしなければ，この無限積分は収束しないからだ！

このとき，$M(\theta)=\lim_{a\to\infty}\frac{\lambda}{\theta-\lambda}\{e^{(\theta-\lambda)a}-1\}$ より，指数分布のモーメント母関数

（$e^{(\theta-\lambda)a}$ → 0）

$M(\theta)=\lambda(\lambda-\theta)^{-1}$　（ただし，$\theta<\lambda$）　が求まる。

λ：定数，θ：変数

(ⅰ) $M(\theta)$ を θ で微分して，

合成関数の微分

$$M'(\theta)=-1\cdot\lambda(\lambda-\theta)^{-2}\cdot(\lambda-\theta)'=\lambda(\lambda-\theta)^{-2}$$

これに $\theta=0$ を代入して，

$$M'(0)=\lambda\cdot\lambda^{-2}=\frac{1}{\lambda}\quad(=E[X])$$

(ⅱ) $M'(\theta)$ をさらに θ で微分して，

合成関数の微分

$$M''(\theta)=-2\cdot\lambda(\lambda-\theta)^{-3}\cdot(\lambda-\theta)'=2\lambda(\lambda-\theta)^{-3}$$

これに $\theta=0$ を代入して，

$$M''(0)=2\lambda\cdot\lambda^{-3}=\frac{2}{\lambda^2}\quad(=E[X^2])$$

以上より，指数分布の期待値 μ と分散 σ^2 は，

$$\begin{cases}\mu=E[X]=M'(0)=\dfrac{1}{\lambda}\\[2ex]\sigma^2=V[X]=E[X^2]-E[X]^2=M''(0)-M'(0)^2=\dfrac{2}{\lambda^2}-\left(\dfrac{1}{\lambda}\right)^2=\dfrac{1}{\lambda^2}\end{cases}$$

となって，基本事項の結果を導き出せた。

● 確率変数の変換と確率分布の変化

確率変数 X を使って，新たな確率変数 Y を $Y=aX+b$ (a, b：定数)と定義したとき，Y の期待値 $E[Y]$，分散 $V[Y]$ が次のようになるのは，離散型確率分布のときとまったく同じなんだね。

変数変換後の期待値・分散

$Y=aX+b$ (a, b：定数)により X から Y に確率変数を変換したとき
(i) 期待値 $E[Y]=E[aX+b]=aE[X]+b$
(ii) 分散 $V[Y]=V[aX+b]=a^2V[X]$

(i) $E[Y]=\int_{-\infty}^{\infty}(ax+b)f(x)dx$
$=a\int_{-\infty}^{\infty}xf(x)dx+b\int_{-\infty}^{\infty}f(x)dx$ （$\int_{-\infty}^{\infty}f(x)dx = 1$）
$=aE[X]+b$

(ii) $V[Y]=V[aX+b]$
$=\int_{-\infty}^{\infty}\{ax+b-(a\mu+b)\}^2f(x)dx$
$=a^2\int_{-\infty}^{\infty}(x-\mu)^2f(x)dx$
$=a^2V[X]$

しかし，連続型の確率分布の場合，期待値や分散などの母数の値の変化だけでなく元の変数 X の確率密度 $f(x)$ が，変数 Y に変換された後どのような確率密度 $g(y)$ に変化するのかを調べることが比較的容易にできる。そして，これが後に非常に重要になってくるので，今のうちに練習しておこう。

ここで，さまざまな確率変数の確率密度の表し方の約束事を決めておこう。確率変数が X, Y, Z, U, X_1, Y_2 などさまざまに変化しても，その関数(確率密度)として使えるアルファベットはせいぜい f, g, h の 3 つ位しかないのですぐにパンクしてしまう。そこで，確率変数 X の確率密度は $f_X(x)$，また Y の確率密度は $f_Y(y)$，Z の確率密度は $f_Z(z)$ などと，f や g に確率変数を表すアルファベットの大文字の添え字を付けることにする。たとえば，この後で出てくる 2 変数 X と Y の確率密度関数は $h_{XY}(x, y)$ のように表すことにする。こうすることにより，多様な確率変数それぞれに，確率密度を対応させることが出来て便利なんだね。

それでは，確率変数と確率密度の変換の話に戻ろう。X から Y への変換は，$Y=aX+b$ だけでなく，$Y=X^2$，$Y=\sin X$ などなんでもかまわない。その変数変換を $y=g(x)$ と表す。ここで，この g を 1 対 1 対応の関数とすると，$x=g^{-1}(y)$ と逆関数の形でも書ける。このように $X \to Y$ へ変数を変換したとき，その確率密度も $f_X(x) \to f_Y(y)$ と変化しているはずだ。その変換公式をこれから示すことにしよう。

その決め手は，$\int_{-\infty}^{\infty} f_X(x)\,dx = 1$（全確率），$\int_{-\infty}^{\infty} f_Y(y)\,dy = 1$（全確率）なんだね。これから，次式が導ける。

$$\int_{-\infty}^{\infty} f_Y(y)\,dy = \int_{-\infty}^{\infty} f_X(x)\,dx \quad \cdots\cdots ①$$

$\left(\begin{array}{l} x：-\infty \to \infty \text{のとき} \\ y：-\infty \to \infty \text{とする} \end{array}\right)$

ここで，①の右辺の積分変数 x を，y に変換してみよう。

$$①\text{の右辺} = \int_{-\infty}^{\infty} f_X(x)\,dx = \int_{-\infty}^{\infty} f_X(g^{-1}(y))\,\frac{dx}{dy}\,dy \quad \cdots\cdots ②$$

（$x = g^{-1}(y)$，$dx = \frac{dx}{dy}dy$）

x での積分をまた y での積分に切り替えるのがコツ！

②を①に代入して，

$$\int_{-\infty}^{\infty} f_Y(y)\,dy = \int_{-\infty}^{\infty} f_X(g^{-1}(y))\,\frac{dx}{dy}\,dy \quad \cdots\cdots ③$$

③の両辺の被積分関数を比較することにより新たな変数 Y の確率密度 $f_Y(y)$ が次のように導かれる。

$$f_Y(y) = f_X(g^{-1}(y)) \cdot \frac{dx}{dy}$$

確率密度 $f(x)$ が，$f(x) = \begin{cases} (0\text{ 以外の関数}) & (a \leqq x \leqq b) \\ 0 & (x < a,\ b < x) \end{cases}$ のように定義される場合がある。この場合，$a \leqq x \leqq b$ に対応して変換後の確率密度 $f_Y(y)$ の変数 y も $c \leqq y \leqq d$ で定義されるものとする。ここで，$a \leqq x \leqq b$，$c \leqq y \leqq d$ を表す領域をそれぞれ A，B と表すと，①②③と同様に，

$\int_B f_Y(y)\,dy = \int_A f_X(x)\,dx = \int_B f_X(g^{-1}(y)) \cdot \frac{dx}{dy}\,dy$ となる。よって同様に

$f_Y(y) = f_X(g^{-1}(y)) \cdot \frac{dx}{dy}$ が導かれる。これは公式として覚えるよりも，定積分の変数変換のプロセスとして覚える方がミスなく再現できると思う。

それでは，ここで例題を1つやっておこう。

(1) 確率変数 X が，確率密度 $f_X(x)=\begin{cases}2x & (0 \leqq x \leqq 1)\\ 0 & (x<0,\ 1<x)\end{cases}$ で与えられる確率分布に従うものとする。ここで，$Y=2X-1$ によって新たな確率変数 Y を定義するとき，Y の確率密度 $f_Y(y)$ を求めよ。

(1) $f_X(x)=2x$ ……………① $(0 \leqq x \leqq 1)$

これは確率密度の必要条件：$\int_0^1 f_X(x)dx = [x^2]_0^1 = 1$ をみたす。

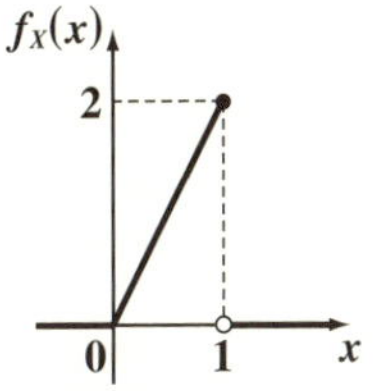

ここで，$y=2x-1$ …② （$y=g(x)$）

とおくと，

$\begin{cases}x:0 \to 1 \text{ のとき}\\ y:-1 \to 1 \quad \text{となる。}\end{cases}$

また②より，$x=\dfrac{y+1}{2}$ ……③ ← $x=g^{-1}(y)$

以上より，新たに定義された確率変数 Y の確率密度を $f_Y(y)$ とおくと，

$$\int_{-1}^{1} \boxed{f_Y(y)}\,dy = \int_0^1 f_X(x)\,dx = \int_{-1}^{1} f_X\left(\frac{y+1}{2}\right)\cdot\frac{dx}{dy}\,dy$$

（$\dfrac{y+1}{2} = g^{-1}(y)$，①より，$2g^{-1}(y)$，$\dfrac{dx}{dy} = \left(\dfrac{y+1}{2}\right)' = \dfrac{1}{2}$（③より））

$$= \int_{-1}^{1} 2\cdot\frac{y+1}{2}\cdot\frac{1}{2}\,dy = \int_{-1}^{1} \boxed{\frac{1}{2}(y+1)}\,dy$$

よって，求める確率密度 $f_Y(y)$ は

$$f_Y(y)=\begin{cases}\dfrac{1}{2}(y+1) & (-1 \leqq y \leqq 1)\\ 0 & (y<-1,\ 1<y)\end{cases}$$

となる。……………………（答）

右図に $Y=2X-1$ という変数変換により，確率密度 $f_X(x)$ が $f_Y(y)$ に変換される様子を示す。

どう？ 面白かっただろ？

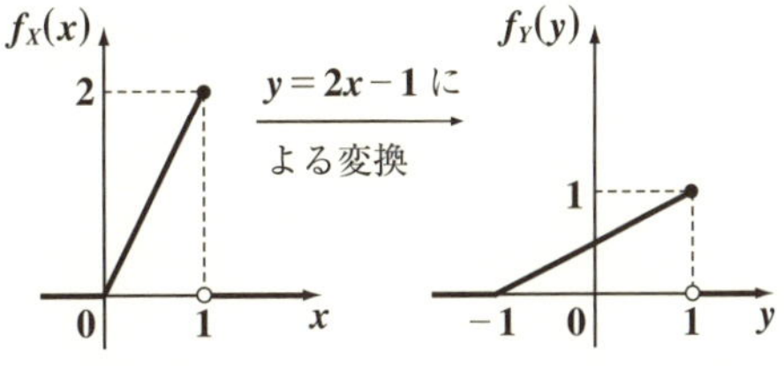

演習問題 6 ● 変数変換後の確率密度 (Ⅰ) ●

確率変数 X が，確率密度 $f_X(x)=\begin{cases}\dfrac{1}{2}\sin x & (0\leqq x\leqq \pi)\\ 0 & (\pi < x)\end{cases}$ で与えられる確率分布に従うものとする。ここで，$Y=\sqrt{X}$ によって新たな確率変数 Y を定義するとき，Y の確率密度 $f_Y(y)$ を求めよ。

ヒント！ $\displaystyle\int_B f_Y(y)dy=\int_A f_X(x)dx=\int_B f_X(g^{-1}(y))\cdot\frac{dx}{dy}dy$ を使って，$f_Y(y)$ を求める。慣れることが一番だよ。

解答＆解説

$f_X(x)=\dfrac{1}{2}\sin x \quad (0\leqq x\leqq \pi)$

ここで，$y=\sqrt{x}$ ……① とおくと，

$x:0\to\pi$ のとき，$y:0\to\sqrt{\pi}$

また①より，$x=y^2$ ← $x=g^{-1}(y)$　よって $\dfrac{dx}{dy}=2y$

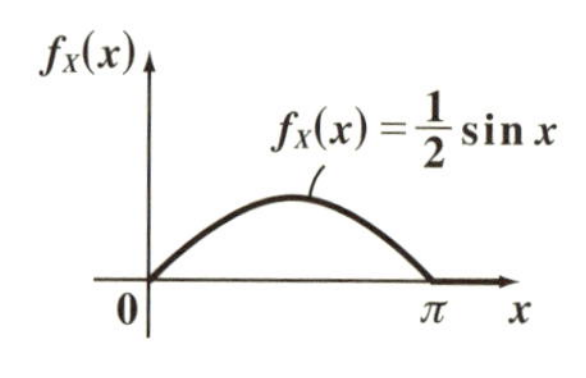

以上より，新たに定義された確率変数 Y の確率密度を $f_Y(y)$ とおくと，

$$\int_0^{\sqrt{\pi}} f_Y(y)\,dy=\int_0^{\pi} f_X(x)\,dx=\int_0^{\sqrt{\pi}} f_X(y^2)\cdot\frac{dx}{dy}\,dy$$

← y での積分に切り替えた！（$f_X(y^2)=\frac{1}{2}\sin y^2$，$\frac{dx}{dy}=2y$）

$$=\int_0^{\sqrt{\pi}} y\cdot\sin y^2 dy$$

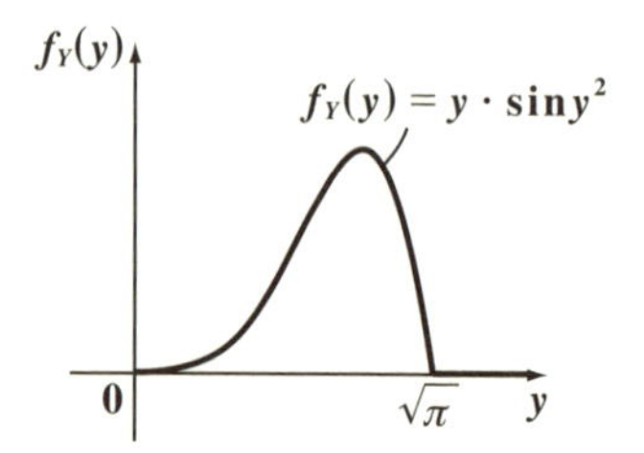

よって，求める確率密度 $f_Y(y)$ は

$$\therefore f_Y(y)=\begin{cases} y\cdot\sin y^2 & (0\leqq y\leqq\sqrt{\pi})\\ 0 & (\sqrt{\pi}<y)\end{cases}$$ ……(答)

実践問題 6 ● 変数変換後の確率密度（Ⅱ）●

確率変数 X が，確率密度 $f_X(x)=\begin{cases}2x & (0\leqq x\leqq 1)\\ 0 & (1<x)\end{cases}$ で与えられる確率分布に従うものとする。ここで，$Z=X^2$ によって新たな確率変数 Z を定義するとき，Z の確率密度 $f_Z(z)$ を求めよ。

ヒント！ $f_Z(z)=f_X(g^{-1}(z))\cdot\dfrac{dx}{dz}$ で $f_Z(z)$ が求まるんだね。

解答＆解説

$f_X(x)=2x \quad (0\leqq x\leqq 1)$

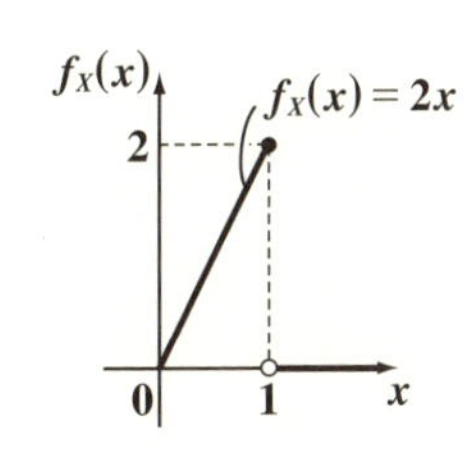

ここで，$z=x^2$ ……①とおくと，

$x:0\to 1$ のとき $z:0\to 1$

また①より，$x=$ (ア) $\qquad(\because x\geqq 0)$

$x=g^{-1}(z)$

よって $\dfrac{dx}{dz}=\dfrac{1}{2}z^{-\frac{1}{2}}=$ (イ)

以上より，新たに定義された確率変数 Z の確率密度を $f_Z(z)$ とおくと，

$$\int_0^1 f_Z(z)\,dz=\int_0^1 f_X(x)\,dx=\int_0^1 \underbrace{f_X(\sqrt{z})}_{2\sqrt{z}}\cdot\underbrace{\frac{dx}{dz}}_{\frac{1}{2\sqrt{z}}}\,dz=\int_0^1 \text{(ウ)}\,dz$$

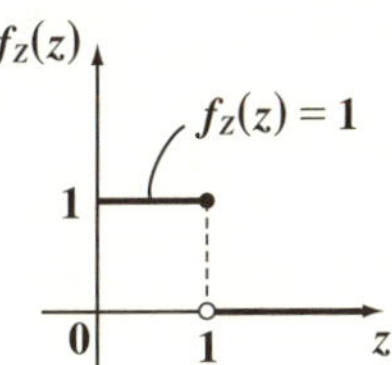

よって，求める確率密度 $f_Z(z)$ は

$$\therefore f_Z(z)=\begin{cases}\text{(エ)} & (0\leqq z\leqq 1)\\ 0 & (1<z)\end{cases}$$ ……(答)

解答　(ア) $\sqrt{z}=z^{\frac{1}{2}}$　(イ) $\dfrac{1}{2\sqrt{z}}$　(ウ) 1　(エ) 1

講義2 ● 連続型確率分布　公式エッセンス

1. 連続型確率分布と確率密度 $f(x)$

連続型確率変数 X に対して

$P(a \leqq X \leqq b) = \int_a^b f(x)dx \quad (a < b)$

となる関数 $f(x)$ が存在するとき，$f(x)$ を確率変数 X の "確率密度" といい，確率変数 X は確率密度 $f(x)$ の確率分布に従うという。

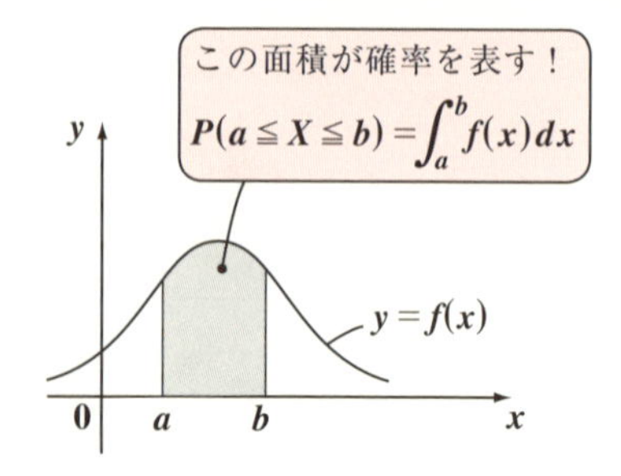

2. 確率密度 $f(x)$ の性質

(1) $\int_{-\infty}^{\infty} f(x)\,dx = 1$ （全確率）

(2) $\int_a^b f(x)\,dx = P(a \leqq x \leqq b) = P(a < x \leqq b)$

$= P(a \leqq x < b) = P(a < x < b)$

← $x = a$，$x = b$ となる確率は 0 なので，等号はあってもなくてもかまわない。

3. 分布関数 $F(x)$

分布関数 $F(x) = P(X \leqq x) = \int_{-\infty}^{x} f(t)\,dt$

4. 分布関数 $F(x)$ の性質

(ⅰ) $a \leqq b$ のとき，$F(a) \leqq F(b)$ ← $F(x)$ は単調に増加する。

(ⅱ) $F(-\infty) = 0 \quad F(\infty) = 1$ ← $x = -\infty$ のとき，$F(x) = 0$ で $x = \infty$ のとき，$F(x) = 1$ (全確率) となる。

(ⅲ) $P(a \leqq X \leqq b) = \int_a^b f(x)\,dx = F(b) - F(a)$

5. 指数分布 (連続型)

確率密度 $f(x) = \begin{cases} \lambda e^{-\lambda x} & (0 \leqq x) \\ 0 & (x < 0) \end{cases}$ （λ：正の定数） $\left(\mu = \frac{1}{\lambda},\ \sigma^2 = \frac{1}{\lambda^2}\right)$

6. 変数変換後の期待値・分散

$Y = aX + b$ (a，b：定数) と，X から Y に確率変数を変換したとき

(ⅰ) 期待値 $E[Y] = E[aX + b] = aE[X] + b$

(ⅱ) 分散 $V[Y] = V[aX + b] = a^2V[X]$

7. 確率変数の変換と確率密度の変化

$\int_B f_Y(y)\,dy = \int_B f_X(g^{-1}(y)) \cdot \frac{dx}{dy}\,dy$ より，$f_Y(y) = f_X(g^{-1}(y)) \cdot \frac{dx}{dy}$

2 変数の確率分布

- 離散型 2 変数の確率分布
（周辺分布，共分散など）
- 離散型多変数の確率分布
- 連続型 2 変数の確率分布
（周辺分布，共分散など）
- 連続型多変数の確率分布
- たたみ込み積分（合成積）

§1. 離散型2変数の確率分布

これまで，離散型と連続型の確率分布について勉強してきたけれど，これらは共に1つの確率変数についてのものだったんだね。今回はまず，離散型に話をしぼるけれど，2つの確率変数 X と Y をもつ，**“離散型2変数の確率分布”**を中心に教えるつもりだ。**“周辺確率分布”**や**“共分散”**など2変数の確率分布独特のテーマについても，詳しく解説する。今回も盛り沢山の内容になるが，わかりやすく解説するつもりだ。

● 離散型2変数の確率関数から始めよう！

まず，離散型2変数の確率関数 P_{ij} の定義を示す。これまで，**“確率変数”**という言葉を使ってきたが，これは**“変量”**とも呼ぶので，**“離散型2変量の確率関数”**と言ってもいいんだよ。

離散型2変数の確率関数 P_{ij}

2つの離散型変数 $X = x_i$ $(i = 1, 2, \cdots, m)$，$Y = y_j$ $(j = 1, 2, \cdots, n)$ について，$(X, Y) = (x_i, y_j)$ のときの確率を

$$P_{ij} = P(X = x_i, Y = y_j) \quad (i = 1, 2, \cdots, m, \ j = 1, 2, \cdots, n)$$

とおき，この P_{ij} を，2つの確率変数 X，Y の**“確率関数”**と呼ぶ。

さらに，確率関数を次のように表すこともある。

$$P_{XY}(x, y) = \begin{cases} P_{ij} & (x = x_i, y = y_j \text{ のとき}) \ (i = 1, \cdots, m, \ j = 1, \cdots, n) \\ 0 & (\text{それ以外の } x, y \text{ のとき}) \end{cases}$$

これから，$P_{ij} = P_{XY}(x_i, y_j)$ とも表せる。

そして，すべての (x_i, y_j) に対して P_{ij} が定まっているとき，「(X, Y) の確率分布が与えられている」という。

確率関数 P_{ij} $(i = 1, \cdots, m, \ j = 1, \cdots, n)$ は，次の性質をみたす。

確率関数 P_{ij} の性質

(i) $0 \leqq P_{ij} \leqq 1$　　(ii) $\sum_{j=1}^{n} \sum_{i=1}^{m} P_{ij} = 1$ (全確率)

離散型の2つの確率変数 X, Y の確率関数 P_{ij} のイメージを図1に示した。P_{ij} は確率なので，当然 (ⅰ) $0 \leqq P_{ij} \leqq 1$ をみたす。

また，$i=1, \cdots, m$，$j=1, \cdots, n$ のすべてにわたる P_{ij} の総和は，当然全確率1になる。よって，

図1 P_{ij} のイメージ

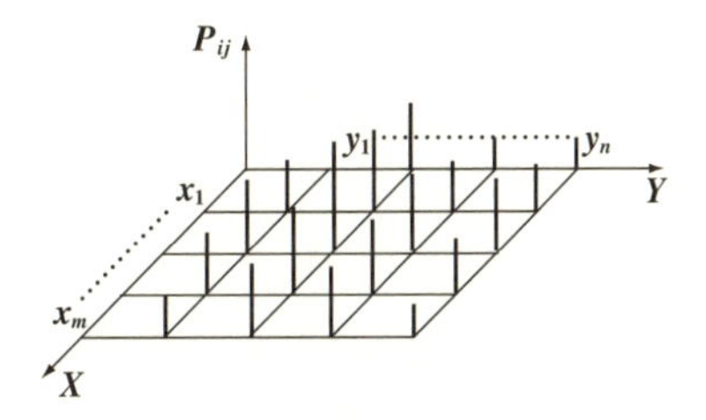

(たて棒の長さで，P_{ij} の大きさを示した)

(ⅱ) $\sum_{j=1}^{n}\sum_{i=1}^{m} P_{ij} = 1$ (全確率) だね。

さらに，$a \leqq X \leqq b$ かつ $c \leqq Y \leqq d$ をみたす確率が，

$$P(a \leqq X \leqq b, c \leqq Y \leqq d) = \sum_{c \leqq y_j \leqq d}\ \sum_{a \leqq x_i \leqq b} P_{ij}$$

と表されることも大丈夫だね。

● 周辺確率分布もマスターしよう！

2変数 X, Y の確率関数 $P_{ij} = P_{XY}(x_i, y_j)$ に対して，X についてだけの確率関数 $P_i = P_X(x_i)$ の情報が欲しい場合もある。そのときは，

$$P_i = P_X(x_i) = \sum_{j=1}^{n} P_{ij} \quad (i = 1, \cdots, m)$$

と計算すればいいんだよ。

図2 X の周辺確率分布

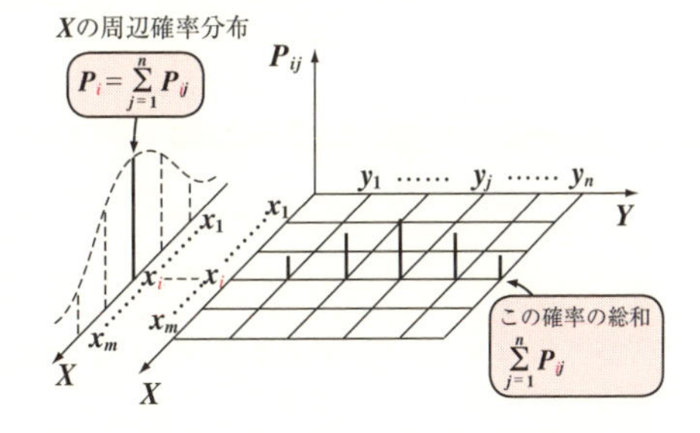

このイメージを図2に示しておいた。まず i，すなわち x_i をある値に固定して，$j=1, \cdots, n$ と動かして P_{ij} の総和をとれば，$X = x_i$ のときの確率 P_i が求まる。

その後，$i = 1, 2, \cdots, m$ と動かしてそれぞれの x_i についての P_i を求めれば，変数 Y の情報を消去した，変数 X だけの確率関数 $P_i = P_X(x_i)$ $(i = 1, \cdots, m)$ が得られる。これを“**X の周辺確率分布**”と呼ぶ。

同様に，“**Y の周辺確率分布**”

$$P_j = P_Y(y_j) = \sum_{i=1}^{m} P_{ij} \quad (j = 1, \cdots, n)$$

についても，そのイメージを図3に示しておいた。X のときと同様だから意味はすべてわかると思う。これにより，変数 X の情報を消去して変数 Y だけの確率関数 $P_j = P_Y(y_j)$ になるんだね。

図3 Y の周辺確率分布

Yの周辺確率分布 $P_j = \sum_{i=1}^{m} P_{ij}$

この確率の総和 $\sum_{i=1}^{m} P_{ij}$

ここでさらに，2つの分布関数 $F_X(x)$，$F_Y(y)$ の定義も含めて，まとめて示す。

周辺確率分布と分布関数

(Ⅰ) X の“**周辺確率分布**” $P_X(x_i)$ と“**分布関数**” $F_X(x)$ を次のように定義する。

$$\begin{cases} P_i = P_X(x_i) = \sum_{j=1}^{n} P_{ij} \quad (i = 1, \cdots, m) \\ F_X(x) = P_X(X \leqq x) = \sum_{x_i \leqq x} P_X(x_i) \end{cases}$$

X の周辺確率分布 $P_X(x_i)$

このうち，$x_i \leqq x$ となる確率 $P_X(x_i)$ の総和のこと

(Ⅱ) Y の“**周辺確率分布**” $P_Y(y_j)$ と“**分布関数**” $F_Y(y)$ を次のように定義する。

$$\begin{cases} P_j = P_Y(y_j) = \sum_{i=1}^{m} P_{ij} \quad (j = 1, \cdots, n) \\ F_Y(y) = P_Y(Y \leqq y) = \sum_{y_j \leqq y} P_Y(y_j) \end{cases}$$

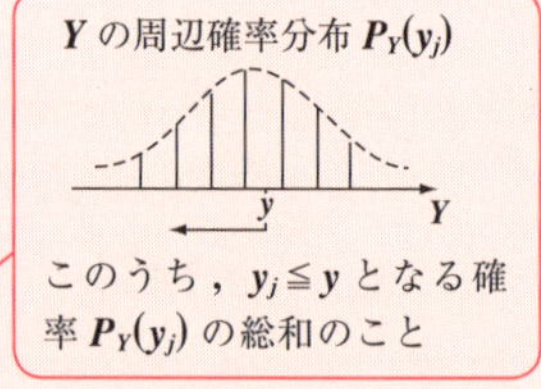

● 期待値・分散・共分散を求めよう！

ここで，離散型2変数 X，Y の確率関数 P_{ij} に対して，$g(X, Y)$ の**期待値** $E[g(X, Y)]$ を次のように定義する。期待値，分散，共分散はすべてこの形で表されるからだ。

$E[g(X, Y)]$ の定義

$$E[g(X, Y)] = \sum_{j=1}^{n} \sum_{i=1}^{m} g(x_i, y_j) P_{ij}$$

P_{ij} は $P_{XY}(x_i, y_j)$ のこと

それでは，離散型 **2** 変数 X, Y の確率分布の**期待値** μ_X, μ_Y, **分散** $\sigma_X{}^2$, $\sigma_Y{}^2$, そして“**共分散**” σ_{XY} を定義しよう。

（“きょうぶんさん”と読む）

期待値・分散・共分散

(Ⅰ) 期待値

$$\begin{cases} X \text{ の期待値 } \mu_X = E[X] = \sum_{i=1}^{m} x_i \cdot P_X(x_i) = \sum_{j=1}^{n} \sum_{i=1}^{m} x_i P_{ij} \\ Y \text{ の期待値 } \mu_Y = E[Y] = \sum_{j=1}^{n} y_j \cdot P_Y(y_j) = \sum_{j=1}^{n} \sum_{i=1}^{m} y_j P_{ij} \end{cases}$$

(Ⅱ) 分散

$$\begin{cases} X \text{ の分散 } \sigma_X{}^2 = V[X] = E[(X-\mu_X)^2] = \sum_{i=1}^{m} (x_i - \mu_X)^2 \cdot P_X(x_i) \\ \qquad = \sum_{j=1}^{n} \sum_{i=1}^{m} (x_i - \mu_X)^2 P_{ij} = E[X^2] - E[X]^2 \\ Y \text{ の分散 } \sigma_Y{}^2 = V[Y] = E[(Y-\mu_Y)^2] = \sum_{j=1}^{n} (y_j - \mu_Y)^2 \cdot P_Y(y_j) \\ \qquad = \sum_{j=1}^{n} \sum_{i=1}^{m} (y_j - \mu_Y)^2 P_{ij} = E[Y^2] - E[Y]^2 \end{cases}$$

(Ⅲ) 共分散

$$X \text{ と } Y \text{ の共分散 } \sigma_{XY} = C[X, Y] = E[(X-\mu_X)(Y-\mu_Y)] = E[XY] - E[X] \cdot E[Y]$$

2 変数の確率分布になると，期待値と分散がそれぞれ **2** つずつ存在し，しかも，新たに共分散まで出てきて，最初は大変だと感じるだろうね。でも，これも慣れが大事なんだね。それでは **1** つ **1** つ詳しく見ていこう。

(Ⅰ) の X の期待値 $\mu_X = E[X]$ は，X の周辺確率分布 $P_i = P_X(x_i)$ $(i = 1, \cdots, m)$ の期待値と考えるといいんだね。すると，

$$\mu_X = E[X] = \sum_{i=1}^{m} x_i \cdot P_X(x_i) = \sum_{i=1}^{m} x_i \cdot \sum_{j=1}^{n} P_{ij} = \sum_{i=1}^{m} x_i (P_{i1} + P_{i2} + \cdots + P_{in})$$

$$= \sum_{i=1}^{m} (x_i P_{i1} + x_i P_{i2} + \cdots + x_i P_{in}) = \sum_{i=1}^{m} \sum_{j=1}^{n} x_i P_{ij} = \sum_{j=1}^{n} \sum_{i=1}^{m} x_i P_{ij}$$

（たす順番の入れ替え）

となるんだね。μ_Y も同様だ。

(Ⅱ) の X の分散 $\sigma_X{}^2 = V[X]$ についても，詳しく調べてみよう。

$$\sigma_X{}^2 = V[X] = E[(X-\mu_X)^2] = \sum_{i=1}^{m}(x_i-\mu_X)^2 \underbrace{P_X(x_i)}_{P_i=\sum_{j=1}^{n}P_{ij}}$$

これは X の周辺確率分布の分散のことだ。

$$= \sum_{i=1}^{m}(x_i-\mu_X)^2(P_{i1}+P_{i2}+\cdots+P_{in}) = \sum_{i=1}^{m}\sum_{j=1}^{n}(x_i-\mu_X)^2P_{ij}$$

$$= \sum_{j=1}^{n}\sum_{i=1}^{m}(x_i-\mu_X)^2P_{ij} = \sum_{j=1}^{n}\sum_{i=1}^{m}(x_i{}^2-2\mu_Xx_i+\mu_X{}^2)P_{ij}$$

$$= \underbrace{\sum_{j=1}^{n}\sum_{i=1}^{m}x_i{}^2P_{ij}}_{E[X^2]} - 2\mu_X\underbrace{\sum_{j=1}^{n}\sum_{i=1}^{m}x_iP_{ij}}_{\mu_X} + \mu_X{}^2\underbrace{\sum_{j=1}^{n}\sum_{i=1}^{m}P_{ij}}_{1}$$

$$= E[X^2]-2\mu_X{}^2+\mu_X{}^2 = E[X^2]-\mu_X{}^2 = E[X^2]-E[X]^2$$

となるんだね。$\sigma_Y{}^2 = V[Y]$ も同様だ。

(Ⅲ) 共分散 $\sigma_{XY} = C[X,\ Y]$ についても調べておこう。

$$\sigma_{XY} = E[(X-\mu_X)(Y-\mu_Y)] = \sum_{j=1}^{n}\sum_{i=1}^{m}(x_i-\mu_X)(y_j-\mu_Y)P_{ij}$$

$$= \sum_{j=1}^{n}\sum_{i=1}^{m}(x_iy_j-\mu_Xy_j-\mu_Yx_i+\mu_X\mu_Y)P_{ij}$$

$$= \underbrace{\sum_{j=1}^{n}\sum_{i=1}^{m}x_iy_jP_{ij}}_{E[XY]} - \mu_X\underbrace{\sum_{j=1}^{n}\sum_{i=1}^{m}y_jP_{ij}}_{\mu_Y} - \mu_Y\underbrace{\sum_{j=1}^{n}\sum_{i=1}^{m}x_iP_{ij}}_{\mu_X} + \mu_X\mu_Y\underbrace{\sum_{j=1}^{n}\sum_{i=1}^{m}P_{ij}}_{1}$$

$$= E[XY]-\mu_X\mu_Y-\cancel{\mu_X\mu_Y}+\cancel{\mu_X\mu_Y} = E[XY]-E[X]\cdot E[Y]$$

どう？ 公式の意味は全部つかめた？

$$E[aX+bY+c] = \sum_{j=1}^{n}\sum_{i=1}^{m}(ax_i+by_j+c)P_{ij} = a\sum_{j=1}^{n}\sum_{i=1}^{m}x_iP_{ij}+b\sum_{j=1}^{n}\sum_{i=1}^{m}y_jP_{ij}+c\underbrace{\sum_{j=1}^{n}\sum_{i=1}^{m}P_{ij}}_{1}$$

$= aE[X]+bE[Y]+c$ が成り立つ。

公式：$E[X+Y]=E[X]+E[Y]$ (P30) は，$a=b=1,\ c=0$ の場合

また，

$$V[aX+bY+c] = E[\{aX+bY+\cancel{c}-(a\mu_X+b\mu_Y+\cancel{c})\}^2]$$

$\{a(X-\mu_X)+b(Y-\mu_Y)\}^2 = a^2(X-\mu_X)^2+2ab(X-\mu_X)(Y-\mu_Y)+b^2(Y-\mu_Y)^2$

$$= a^2E[(X-\mu_X)^2]+2abE[(X-\mu_X)(Y-\mu_Y)]+b^2E[(Y-\mu_Y)^2]$$

$= a^2V[X]+2abC[X,\ Y]+b^2V[Y]$ も成り立つ。

以上より，次も公式として覚えよう。

期待値と分散の性質

(1) $E[aX+bY+c]=aE[X]+bE[Y]+c$ ← 期待値の演算の線形性

(2) $V[aX+bY+c]=a^2V[X]+2ab\cdot C[X,Y]+b^2V[Y]$

● 確率変数の独立の定義はこれだ！

試行の独立の場合は，**2** つ以上の試行の結果が互いに他に影響しないことを判断して決めた。また，**2** つの事象 A と B の独立は，$P(A\cap B)=P(A)\cdot P(B)$ で定義されたんだね。そして，ここで新たに **2** つの確率変数 X と Y の独立についても示しておこう。

確率変数 X と Y の独立

2 つの離散型の確率変数 X と Y が従う確率分布の確率関数 $P_{XY}(x,y)$ が，

$P_{XY}(x,y)=P_X(x)\cdot P_Y(y)$ となるとき，

この確率変数 X と Y は独立であるという。

X と Y が独立のとき，$P_{XY}(x_i,y_j)=P_X(x_i)\cdot P_Y(y_j)$ より

$$E[XY]=\sum_{j=1}^{n}\sum_{i=1}^{m}x_iy_j\underbrace{P_{XY}(x_i,y_j)}_{P_{ij}\text{のこと}}=\sum_{j=1}^{n}\sum_{i=1}^{m}x_iy_jP_X(x_i)\cdot P_Y(y_j)$$

$$=\left\{\sum_{i=1}^{m}x_iP_X(x_i)\right\}\cdot\left\{\sum_{j=1}^{n}y_jP_Y(y_j)\right\}$$

$$=E[X]\cdot E[Y]$$

$\therefore E[XY]=E[X]\cdot E[Y]$ が成り立つ。

よって，共分散 $\sigma_{XY}=C[X,Y]$ は

$\sigma_{XY}=C[X,Y]=E[XY]-E[X]\cdot E[Y]=0$ となるし，また

$$V[aX+bY+c]=a^2V[X]+2ab\underbrace{C[X,Y]}_{0}+b^2V[Y]$$

$$=a^2V[X]+b^2V[Y]$$ となる。

以上より，X と Y が独立のとき，次の公式が成り立つことも覚えよう。

X と Y が独立のときの公式

2 つの離散型確率変数 X と Y が独立のとき，以下の公式が成り立つ。

(ⅰ) $E[XY] = E[X] \cdot E[Y]$　　　(ⅱ) $\sigma_{XY} = C[X, Y] = 0$

(ⅲ) $V[aX + bY + c] = a^2V[X] + b^2V[Y]$　(a, b, c; 定数)

● 多変数問題も攻略しよう！

2 つの確率変数の独立から同様に考えて，n 個の独立な離散型の確率変数 $X_1, X_2, \cdots, X_n$ について，次の公式が成り立つことも理解できるはずだ。

多変数の和の期待値と分散

n 個の独立な離散型の確率変数 $X_1, X_2, \cdots, X_n$ について，次の公式が成り立つ。($a_1, a_2, \cdots, a_n$: 定数)

これは，変数が独立でなくても成り立つ

(1) $E[a_1X_1 + a_2X_2 + \cdots + a_nX_n] = a_1E[X_1] + a_2E[X_2] + \cdots + a_nE[X_n]$

(2) $V[a_1X_1 + a_2X_2 + \cdots + a_nX_n] = a_1{}^2V[X_1] + a_2{}^2V[X_2] + \cdots + a_n{}^2V[X_n]$

さらに独立な確率変数 $X_1, X_2, \cdots, X_n$ の相加平均 $\overline{X} = \dfrac{X_1 + X_2 + \cdots + X_n}{n}$ について，その期待値と分散の公式も下に示す。

$\overline{X}$ の期待値と分散

$$E[\overline{X}] = \frac{1}{n}\{E[X_1] + E[X_2] + \cdots + E[X_n]\}$$

$$V[\overline{X}] = \frac{1}{n^2}\{V[X_1] + V[X_2] + \cdots + V[X_n]\}$$

n 個の独立な確率変数 $X_1, X_2, \cdots, X_n$ というのは，図 4 に示すような，それぞれ期待値 $E[X_i]$，分散 $V[X_i]$ $(i=1, 2, \cdots, n)$ をもつ分布から取り出した n 個の変数と考えてくれたらいい。そして，これらの相加平均をとったものを新たな変数 $\overline{X}$ とおくと

$\overline{X}=\dfrac{X_1+X_2+\cdots+X_n}{n}$ となる。

図 4 多変数問題のイメージ

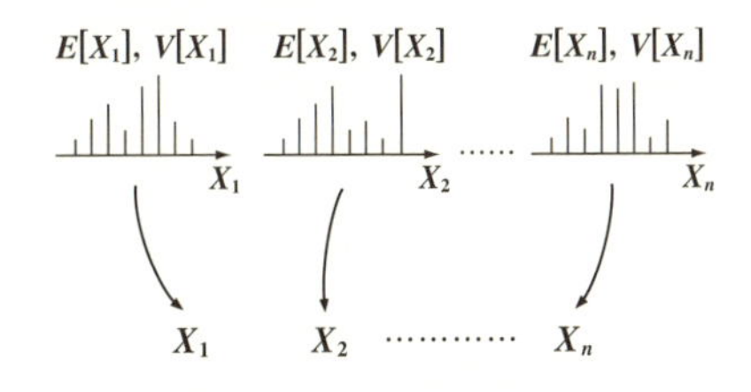

$\overline{X}=\dfrac{X_1+X_2+\cdots+X_n}{n}$ を作る。

$E[\overline{X}], V[\overline{X}]$ の $\overline{X}$ の分布が出来る。

すると，この $\overline{X}$ も，ある確率関数 $P_{\overline{X}}(\overline{x})$ による確率分布に従うはずで，その期待値 $E[\overline{X}]$ と分散 $V[\overline{X}]$ が，上記の公式で表されると言っているんだね。実際に，これは簡単に導ける。

$$E[\overline{X}]=E\left[\frac{1}{n}X_1+\cdots+\frac{1}{n}X_n\right]=\frac{1}{n}E[X_1]+\cdots+\frac{1}{n}E[X_n]$$

$$=\frac{1}{n}\{E[X_1]+E[X_2]+\cdots+E[X_n]\}$$ となるし，また，

$$V[\overline{X}]=V\left[\frac{1}{n}X_1+\cdots+\frac{1}{n}X_n\right]=\frac{1}{n^2}V[X_1]+\cdots+\frac{1}{n^2}V[X_n]$$

$$=\frac{1}{n^2}\{V[X_1]+V[X_2]+\cdots+V[X_n]\}$$ となる。

ここで，n 個の独立な確率変数が同じ期待値 μ，分散 σ^2 をもった同一の確率分布に従うものとすると，

$\mu=E[X_1]=E[X_2]=\cdots=E[X_n]$ かつ $\sigma^2=V[X_1]=V[X_2]=\cdots=V[X_n]$ より，

$$E[\overline{X}]=\frac{1}{n}(\underbrace{\mu+\mu+\cdots+\mu}_{n\text{ 個の和}})=\frac{1}{n}\cdot n\mu=\mu$$

$$V[\overline{X}]=\frac{1}{n^2}(\underbrace{\sigma^2+\sigma^2+\cdots+\sigma^2}_{n\text{ 個の和}})=\frac{1}{n^2}\cdot n\sigma^2=\frac{1}{n}\sigma^2$$

となることも覚えておくといいよ。

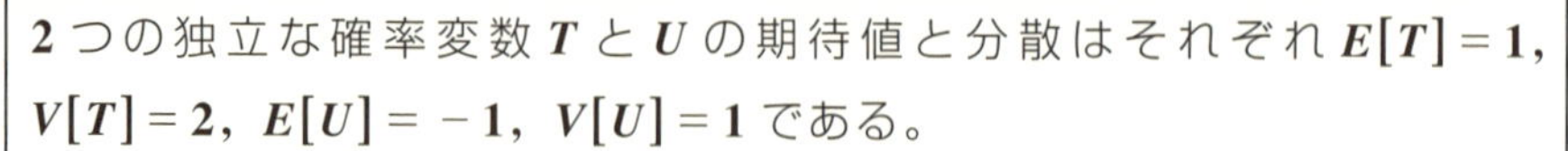

演習問題 7 ● 独立な確率変数の期待値と分散 (I) ●

2 つの独立な確率変数 T と U の期待値と分散はそれぞれ $E[T]=1$, $V[T]=2$, $E[U]=-1$, $V[U]=1$ である。

(1) 確率変数 X を $X=2T+U+2$ で定義するとき，X の期待値 μ_X と分散 $\sigma_X{}^2$ を求めよ。

(2) n 個の独立な確率変数 $X_1, X_2, \cdots, X_n$ がいずれも (1) の期待値 μ_X と分散 $\sigma_X{}^2$ をもつ確率分布に従う。確率変数 $\overline{X}$ を $\overline{X}=\dfrac{X_1+X_2+\cdots+X_n}{n}$ で定義するとき，$\overline{X}$ の期待値 $\mu_{\overline{X}}$ と分散 $\sigma_{\overline{X}}{}^2$ を求めよ。

ヒント！ 公式 $E[aT+bU+c]=aE[T]+bE[U]+c$，そして T と U は独立より，公式 $V[aT+bU+c]=a^2V[T]+b^2V[U]$ を利用する。

解答＆解説

(1) 独立な 2 つの変数 T と U の期待値と分散は

$E[T]=1$, $E[U]=-1$, $V[T]=2$, $V[U]=1$ より

$X=2T+U+2$ の期待値 μ_X と分散 $\sigma_X{}^2$ は

公式：$E[aT+bU+c]=aE[T]+bE[U]+c$

$$\mu_X=E[X]=E[2T+U+2]$$
$$=2\underbrace{E[T]}_{1}+\underbrace{E[U]}_{-1}+2=2-1+2=3 \quad \cdots\cdots(答)$$

公式：$V[aT+bU+c]=a^2V[T]+b^2V[U]$

$$\sigma_X{}^2=V[X]=V[2T+U+2]$$
$$=2^2\cdot\underbrace{V[T]}_{2}+\underbrace{V[U]}_{1}=8+1=9 \quad \cdots\cdots(答)$$

(2) 独立な確率変数 $X_1, X_2, \cdots, X_n$ は，(1) の期待値 μ_X と分散 $\sigma_X{}^2$ をもつので，

$E[X_1]=\cdots=E[X_n]=\mu_X=3$, $V[X_1]=\cdots=V[X_n]=\sigma_X{}^2=9$

よって，$\overline{X}=\dfrac{X_1+X_2+\cdots+X_n}{n}$ の期待値 $\mu_{\overline{X}}$ と分散 $\sigma_{\overline{X}}{}^2$ は，

$$\mu_{\overline{X}}=E[\overline{X}]=\frac{1}{n}\{\underbrace{E[X_1]}_{\mu_X}+\cdots+\underbrace{E[X_n]}_{\mu_X}\}=\frac{1}{n}\cdot n\mu_X=\mu_X=3 \quad \cdots\cdots(答)$$

$$\sigma_{\overline{X}}{}^2=V[\overline{X}]=\frac{1}{n^2}\{\underbrace{V[X_1]}_{\sigma_X{}^2}+\cdots+\underbrace{V[X_n]}_{\sigma_X{}^2}\}=\frac{1}{n^2}\cdot n\sigma_X{}^2=\frac{\sigma_X{}^2}{n}=\frac{9}{n} \quad \cdots(答)$$

実践問題 7 ● 独立な確率変数の期待値と分散 (Ⅱ) ●

2 つの独立な確率変数 T と U の期待値と分散はそれぞれ $E[T]=2$, $V[T]=3$, $E[U]=-2$, $V[U]=1$ である。

(1) 確率変数 X を $X=T-2U-1$ で定義するとき, X の期待値 μ_X と分散 $\sigma_X{}^2$ を求めよ。

(2) n 個の独立な確率変数 $X_1, X_2, \cdots, X_n$ がいずれも (1) の期待値 μ_X と分散 $\sigma_X{}^2$ をもつ確率分布に従う。確率変数 $\overline{X}$ を $\overline{X}=\dfrac{X_1+X_2+\cdots+X_n}{n}$ で定義するとき, $\overline{X}$ の期待値 $\mu_{\overline{X}}$ と分散 $\sigma_{\overline{X}}{}^2$ を求めよ。

ヒント! 期待値と分散を, 公式通りに計算すればいい。

解答＆解説

(1) 独立な 2 つの確率変数 T と U の期待値と分散は,

$E[T]=2$, $E[U]=-2$, $V[T]=3$, $V[U]=1$ より,

$X=T-2U-1$ の期待値 μ_X と分散 $\sigma_X{}^2$ は,

$\mu_X=E[X]=E[T-2U-1]=$ (ア) $=2-2\cdot(-2)-1=5$ ………(答)

$\sigma_X{}^2=V[X]=V[T-2U-1]=$ (イ) $=3+4\cdot1=7$ …(答)

(2) 独立な確率変数 $X_1, X_2, \cdots, X_n$ は, (1) の期待値 μ_X と分散 $\sigma_X{}^2$ をもつので,

$E[X_1]=\cdots=E[X_n]=\mu_X=5$, $V[X_1]=\cdots=V[X_n]=\sigma_X{}^2=7$

よって, $\overline{X}=\dfrac{X_1+X_2+\cdots+X_n}{n}$ の期待値 $\mu_{\overline{X}}$ と分散 $\sigma_{\overline{X}}{}^2$ は,

$\mu_{\overline{X}}=E[\overline{X}]=\dfrac{1}{n}\{\underbrace{E[X_1]}_{\mu_X}+\cdots+\underbrace{E[X_n]}_{\mu_X}\}=$ (ウ) $=5$ ………(答)

$\sigma_{\overline{X}}{}^2=V[\overline{X}]=\dfrac{1}{n^2}\{\underbrace{V[X_1]}_{\sigma_X{}^2}+\cdots+\underbrace{V[X_n]}_{\sigma_X{}^2}\}=$ (エ) $=\dfrac{7}{n}$ …(答)

解答 (ア) $E[T]-2E[U]-1$ (イ) $V[T]+(-2)^2V[U]$

(ウ) $\dfrac{1}{n}\cdot n\mu_X=\mu_X$ (エ) $\dfrac{1}{n^2}\cdot n\sigma_X{}^2=\dfrac{\sigma_X{}^2}{n}$

§2. 連続型2変数の確率分布

離散型2変数の確率分布に続き，今回は連続型2変数の確率分布について解説する。この場合の確率は2変数確率密度 $f_{XY}(x, y)$ の重積分により与えられるので，文字通りここでは，微分積分の計算テクニックが要求されるんだよ。"**周辺分布**" や "**共分散**"，それに "**期待値**" や "**分散**" の公式については，離散型の確率分布のものと同様だ。しかし，"**2変数の確率密度の変数変換**" や，"**たたみ込み積分**" など，連続型2変数(2変量)の確率分布独特のテーマもあるので，シッカリ勉強してほしい。

● 確率を重積分で定義する！

連続型の2つの確率変数 X, Y の確率密度 $f_{XY}(x, y)$ と確率 $P(a \leqq X \leqq b,\ c \leqq Y \leqq d)$ の関係を下に示す。

連続型2変数の確率分布

連続型の2つの確率変数 X, Y について，$a \leqq X \leqq b$ かつ $c \leqq Y \leqq d$ となる確率 $P(a \leqq X \leqq b,\ c \leqq Y \leqq d)$ が，

$$P(a \leqq X \leqq b,\ c \leqq Y \leqq d) = \iint_A f_{XY}(x, y)\,dxdy$$

$$\left(\text{ここで，}A = \{(x, y) \mid a \leqq x \leqq b,\ c \leqq y \leqq d\}\right)$$

で表されるとき，$f_{XY}(x, y)$ を確率変数 X, Y の "**確率密度**" または，"**確率密度関数**" という。

2変数関数の確率密度を $Z = f_{XY}(x, y)$ とおくと，図1に示すように，これは座標空間上，XY 平面の上側にある曲面を表す。そして，領域 A において曲面 $Z = f_{XY}(x, y)$ と XY 平面とで挟まれた立体の体積 V が，確率 $P(a \leqq X \leqq b,\ c \leqq Y \leqq d)$ になる。

図1 確率密度と確率

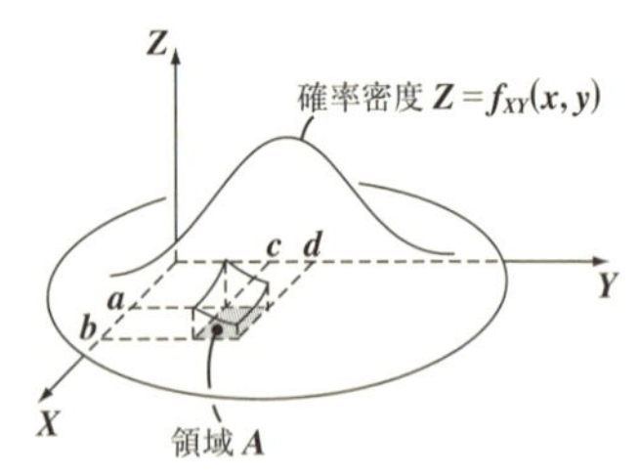

確率密度 $f_{XY}(x,\ y)$ は，次の性質をもつ。

確率密度 $f_{XY}(x, y)$ の性質

(i) $f_{XY}(x,\ y) \geqq 0$　　　(ii) $\int_{-\infty}^{\infty}\int_{-\infty}^{\infty} f_{XY}(x,\ y)\,dxdy = 1$ (全確率)

$f_{XY}(x, y) > 1$ のときもあり得るので，$f_{XY}(x, y) \leqq 1$ の条件は存在しない。

周辺確率密度は積分で表される！

連続型 2 変数 X, Y の確率密度 $f_{XY}(x,\ y)$ に対して，X についてだけの確率密度 $f_X(x)$ を求めたい場合は，

$$f_X(x) = \int_{-\infty}^{\infty} f_{XY}(x,\ y)\,dy$$

と計算すればいい。

このイメージを図 2 に示す。まず $X = x$ に固定したとして，$\int_{-\infty}^{\infty} f_{XY}(x,\ y)\,dy$ を計算し，x のみの関数 $f_X(x)$ を作る。この $f_X(x)$ を，“**X の周辺確率密度**”と呼ぶ。$f_X(x)$ は，変数 X の確率密度だから，$\alpha \leqq X \leqq \beta$ となる確率を求めたいときは，$P(\alpha \leqq X \leqq \beta) = \int_{\alpha}^{\beta} f_X(x)\,dx$ として計算できる。

図 2　X の周辺確率密度 $f_X(x)$

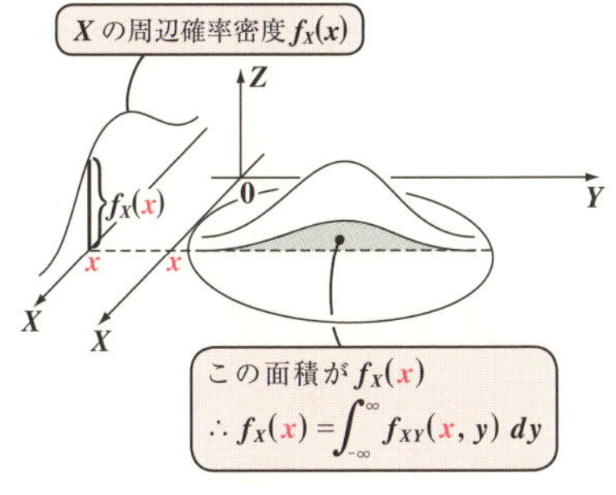

同様に，Y についてだけの確率密度，すなわち，“**Y の周辺確率密度**” $f_Y(y)$ を求めたいときは，次式で計算する。

$$f_Y(y) = \int_{-\infty}^{\infty} f_{XY}(x,\ y)\,dx$$

そのイメージを図 3 に示しておいた。$f_X(x)$ のときとまったく同様だから，その意味がわかると思う。

図 3　Y の周辺確率密度 $f_Y(y)$

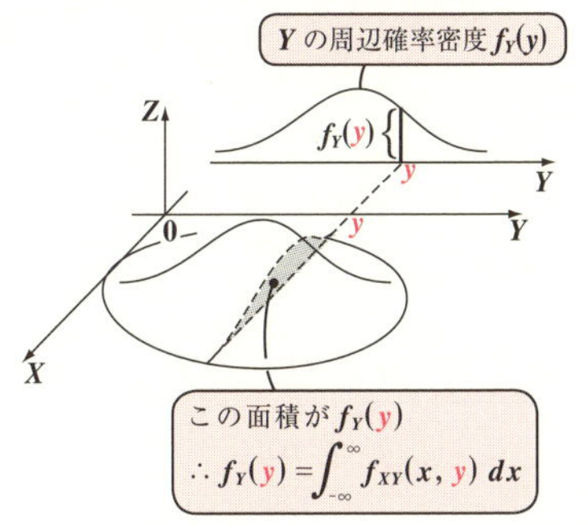

それでは，X と Y それぞれの周辺確率密度と，分布関数を下にまとめて示す。

周辺確率密度と分布関数

(Ⅰ) X の "**周辺確率密度**" $f_X(x)$ と "**分布関数**" $F_X(x)$ を次のように定義する。

$$f_X(x) = \int_{-\infty}^{\infty} f_{XY}(x,\ y)\,dy$$

$$F_X(x) = \int_{-\infty}^{x} f_X(t)\,dt$$

X の周辺確率密度 $f_X(x)$

x　X

$P(X \leqq x) = F_X(x)$

(この積分では，x を定数のように扱うので，積分変数として新たに t を用いた。)

(Ⅱ) Y の "**周辺確率密度**" $f_Y(y)$ と "**分布関数**" $F_Y(y)$ を次のように定義する。

$$f_Y(y) = \int_{-\infty}^{\infty} f_{XY}(x,\ y)\,dx$$

$$F_Y(y) = \int_{-\infty}^{y} f_Y(t)\,dt$$

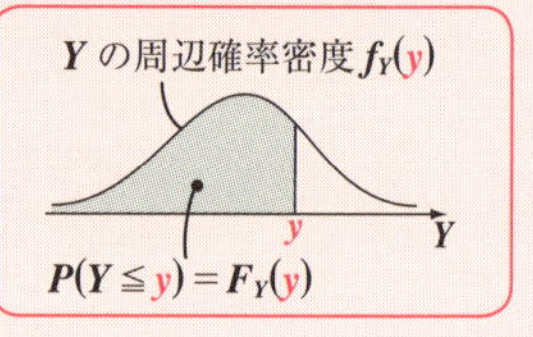

● 期待値・分散・共分散も積分で求まる！

連続型 2 変数 X, Y の確率密度 $f_{XY}(x,\ y)$ に対して，$g(X,\ Y)$ の期待値 $E[g(X,\ Y)]$ を次のように定義する。期待値・分散・共分散の計算に，後で役に立つからだ。

$E[g(X, Y)]$ の定義

$$E[g(X,\ Y)] = \int_{-\infty}^{\infty}\int_{-\infty}^{\infty} g(x,\ y) f_{XY}(x,\ y)\,dxdy$$

それでは，X, Y の期待値 (平均) $\mu_X = E[X]$, $\mu_Y = E[Y]$, 分散 $\sigma_X{}^2 = V[X] = E[(X - \mu_X)^2]$, $\sigma_Y{}^2 = V[Y] = E[(Y - \mu_Y)^2]$, それに共分散 $\sigma_{XY} = C[X,\ Y] = E[(X - \mu_X)(Y - \mu_Y)]$ を，基本事項として次に示す。離散型の場合の Σ 計算が，連続型ではすべて $\int$ の積分計算に変わるだけなので，覚えやすいと思う。

期待値・分散・共分散

(Ⅰ) 期待値

$$\begin{cases} X\text{ の期待値 } \mu_X = E[X] = \int_{-\infty}^{\infty} x \cdot f_X(x)\,dx = \int_{-\infty}^{\infty}\int_{-\infty}^{\infty} x \cdot f_{XY}(x,y)\,dxdy \\ Y\text{ の期待値 } \mu_Y = E[Y] = \int_{-\infty}^{\infty} y \cdot f_Y(y)\,dy = \int_{-\infty}^{\infty}\int_{-\infty}^{\infty} y \cdot f_{XY}(x,y)\,dxdy \end{cases}$$

$f_X(x) = \int_{-\infty}^{\infty} f_{XY}(x,y)\,dy$, $f_Y(y) = \int_{-\infty}^{\infty} f_{XY}(x,y)\,dx$

(Ⅱ) 分散

$$\begin{cases} X\text{ の分散 } \sigma_X{}^2 = V[X] = E[(X-\mu_X)^2] \\ \qquad = \int_{-\infty}^{\infty}\int_{-\infty}^{\infty} (x-\mu_X)^2 f_{XY}(x,y)\,dxdy = E[X^2]-E[X]^2 \\ Y\text{ の分散 } \sigma_Y{}^2 = V[Y] = E[(Y-\mu_Y)^2] \\ \qquad = \int_{-\infty}^{\infty}\int_{-\infty}^{\infty} (y-\mu_Y)^2 f_{XY}(x,y)\,dxdy = E[Y^2]-E[Y]^2 \end{cases}$$

(Ⅲ) 共分散

$$X\text{ と }Y\text{ の共分散 } \sigma_{XY} = C[X,Y] = E[(X-\mu_X)(Y-\mu_Y)]$$
$$= \int_{-\infty}^{\infty}\int_{-\infty}^{\infty} (x-\mu_X)(y-\mu_Y) f_{XY}(x,y)\,dxdy$$
$$= E[XY]-E[X]\cdot E[Y]$$

(Ⅰ)の期待値については問題ないね。そのままだからね。それでは，(Ⅱ)の $\sigma_Y{}^2 = E[Y^2]-E[Y]^2$，および(Ⅲ)の $\sigma_{XY} = E[XY]-E[X]\cdot E[Y]$ となることを示しておこう。

(Ⅱ) $\sigma_Y{}^2 = V[Y] = E[(Y-\mu_Y)^2] = \int_{-\infty}^{\infty}\int_{-\infty}^{\infty} (y-\mu_Y)^2 f_{XY}(x,y)\,dxdy$

$$= \int_{-\infty}^{\infty}\int_{-\infty}^{\infty} (y^2 - 2y\mu_Y + \mu_Y{}^2) f_{XY}(x,y)\,dxdy$$

（μ_Y：定数，$\mu_Y{}^2$：定数）

$$= \int_{-\infty}^{\infty}\int_{-\infty}^{\infty} y^2 \cdot f_{XY}(x,y)\,dxdy - 2\mu_Y \int_{-\infty}^{\infty}\int_{-\infty}^{\infty} y f_{XY}(x,y)\,dxdy + \mu_Y{}^2 \int_{-\infty}^{\infty}\int_{-\infty}^{\infty} f_{XY}(x,y)\,dxdy$$

（$E[Y^2]$，$E[Y]=\mu_Y$，1）

$$= E[Y^2] - 2\mu_Y{}^2 + \mu_Y{}^2 = E[Y^2] - \mu_Y{}^2 = E[Y^2] - E[Y]^2$$ となる。

(Ⅲ) $\sigma_{XY} = C[X, Y] = E[(X-\mu_X)(Y-\mu_Y)] = \int_{-\infty}^{\infty}\int_{-\infty}^{\infty}(x-\mu_X)(y-\mu_Y)f_{XY}(x, y)\,dxdy$

定数　定数　定数

$$= \int_{-\infty}^{\infty}\int_{-\infty}^{\infty}(xy - \mu_X y - \mu_Y x + \mu_X\mu_Y)f_{XY}(x, y)\,dxdy$$

$$= \underbrace{\int_{-\infty}^{\infty}\int_{-\infty}^{\infty} xyf_{XY}(x, y)\,dxdy}_{E[XY]} - \mu_X \underbrace{\int_{-\infty}^{\infty}\int_{-\infty}^{\infty} yf_{XY}(x, y)\,dxdy}_{\mu_Y}$$

$$- \mu_Y \underbrace{\int_{-\infty}^{\infty}\int_{-\infty}^{\infty} xf_{XY}(x, y)\,dxdy}_{\mu_X} + \mu_X\mu_Y \underbrace{\int_{-\infty}^{\infty}\int_{-\infty}^{\infty} f_{XY}(x, y)\,dxdy}_{1}$$

$$= E[XY] - \mu_X\mu_Y - \mu_X\mu_Y + \mu_X\mu_Y$$

$= E[XY] - \mu_X\mu_Y = E[XY] - E[X]\cdot E[Y]$　も成り立つ。

次の期待値と分散の性質についても，離散型確率分布のときと同様に成り立つ。

期待値と分散の性質

(1) $E[aX + bY + c] = aE[X] + bE[Y] + c$ ← 期待値の演算の線形性

(2) $V[aX + bY + c] = a^2V[X] + 2ab\cdot C[X, Y] + b^2V[Y]$

証明は簡単だから，自分でやってみてごらん。

● 確率変数の独立の定義も同様だ！

2 つの連続型の確率変数 X と Y の独立の定義は，次の通りだ。

確率変数 X と Y の独立

2 つの連続型の確率変数 X と Y が従う確率分布の確率密度 $f_{XY}(x, y)$ が，$f_{XY}(x, y) = f_X(x)\cdot f_Y(y)$ となるとき，この確率変数 X と Y は独立であるという。

そして，X と Y が独立のとき次の公式が成り立つのも，離散型のときと同様だ。

X と Y が独立のときの公式

2つの連続型確率変数 X と Y が独立のとき，以下の公式が成り立つ。

(ⅰ) $E[XY]=E[X]\cdot E[Y]$　　(ⅱ) $\sigma_{XY}=C[X, Y]=0$

(ⅲ) $V[aX+bY+c]=a^2V[X]+b^2V[Y]$　(a, b, c: 定数)

(ⅰ) $E[XY]=\int_{-\infty}^{\infty}\int_{-\infty}^{\infty} xyf_{XY}(x, y)\,dxdy$

$f_{XY}(x, y) = f_X(x)\cdot f_Y(y)$ ($\because$ X と Y は独立)

$$=\int_{-\infty}^{\infty}\int_{-\infty}^{\infty} xf_X(x)\cdot yf_Y(y)\,dxdy$$

$$=\int_{-\infty}^{\infty} xf_X(x)\,dx\cdot\int_{-\infty}^{\infty} yf_Y(y)\,dy=E[X]\cdot E[Y]$$

これから，(ⅱ) $\sigma_{XY}=C[X, Y]=E[XY]-E[X]\cdot E[Y]=0$ が成り立つことがわかる。さらにこれから，(ⅲ) の

$$V[aX+bY+c]=a^2V[X]+2ab\underbrace{C[X, Y]}_{0}+b^2V[Y]$$

$$=a^2V[X]+b^2V[Y]$$ も導ける。

● 多変数問題も離散型分布と同様だ！

n 個の独立な連続型の確率変数 $X_1, X_2, \cdots, X_n$ について，次の公式が成り立つことも，離散型確率変数のときと同様だよ。

多変数の和の期待値と分散

n 個の独立な連続型の確率変数 $X_1, X_2, \cdots, X_n$ について，次の公式が成り立つ。($a_1, a_2, \cdots, a_n$: 定数)　(これは，変数が独立でなくても成り立つ。)

(1) $E[a_1X_1+a_2X_2+\cdots+a_nX_n]=a_1E[X_1]+a_2E[X_2]+\cdots+a_nE[X_n]$

(2) $V[a_1X_1+a_2X_2+\cdots+a_nX_n]=a_1^2V[X_1]+a_2^2V[X_2]+\cdots+a_n^2V[X_n]$

さらに，独立な連続型の確率変数 $X_1, X_2, \cdots, X_n$ の相加平均 $\overline{X}=\dfrac{X_1+X_2+\cdots+X_n}{n}$ について，その期待値と分散の公式も，離散型のものと同様になる。

$\overline{X}$ の期待値と分散

$$E[\overline{X}] = \frac{1}{n}\{E[X_1] + E[X_2] + \cdots + E[X_n]\}$$

$$V[\overline{X}] = \frac{1}{n^2}\{V[X_1] + V[X_2] + \cdots + V[X_n]\}$$

ここで，$E[X_1] = E[X_2] = \cdots = E[X_n] = \mu$，$V[X_1] = V[X_2] = \cdots = V[X_n] = \sigma^2$

（$X_1, X_2, \cdots, X_n$ が，すべて同一の期待値 μ と分散 σ^2 をもった分布に従う場合だね。）

のとき，$E[\overline{X}] = \mu$，$V[\overline{X}] = \dfrac{\sigma^2}{n}$ となることも，離散型と同様だ。これまでの結果をみて，連続型確率分布は離散型のものと変わり映えがしないと思っていない？ でも，いよいよこれから，連続型確率分布独特のテーマに入っていくんだよ。まず，**2** つの確率変数を変数変換して，新たな **2** つの確率変数を作るとき，その確率密度がどのように変化するか？ 詳しく調べてみることにしよう。

● 確率変数の変換と確率密度の変化にチャレンジしよう！

一般に，**2** 変数関数 $g(x, y)$ の領域 A における重積分：

$\iint_A g(x, y)\,dxdy$ について，$x = x(u, v)$, $y = y(u, v)$，すなわち x と y が共に新たな **2** 変数 u と v の関数として表されたとしよう。このとき，xy 座標平面上の領域 A での重積分は，uv 座標平面上では領域 B での重積分に変わるものとする。以上より，この重積分は次のように変形できる。

$$\iint_A g(x, y)\,dxdy = \iint_B g(x(u, v), y(u, v))|J|\,dudv$$

ここで，J は"**ヤコビアン**"と呼び，

$$J = \begin{vmatrix} \dfrac{\partial x}{\partial u} & \dfrac{\partial x}{\partial v} \\ \dfrac{\partial y}{\partial u} & \dfrac{\partial y}{\partial v} \end{vmatrix} = \frac{\partial x}{\partial u}\cdot\frac{\partial y}{\partial v} - \frac{\partial x}{\partial v}\cdot\frac{\partial y}{\partial u}$$ のことだった。

（この知識が欠けている人は，**「微分積分キャンパス・ゼミ」（マセマ）**で勉強することを勧める。確率統計に微分積分の知識は必要不可欠だからだ。）

ここで**1**つ，変数変換による重積分の重要な例題をやっておこう。

(1) $\displaystyle\int_{-\infty}^{\infty} e^{-x^2}dx$ を求めよ。

(1) この積分値を求めるために，次の重積分を考える。

$$\int_{-\infty}^{\infty}\int_{-\infty}^{\infty} e^{-x^2-y^2}dxdy$$

(x, y) を極座標 (r, θ) に変換！

ここで，$x = r\cos\theta,\ y = r\sin\theta$ とおくと，r と θ の積分区間は，

$r : 0 \to \infty$，$\theta : 0 \to 2\pi$ となる。

また，$J = \begin{vmatrix} \dfrac{\partial x}{\partial r} & \dfrac{\partial x}{\partial \theta} \\ \dfrac{\partial y}{\partial r} & \dfrac{\partial y}{\partial \theta} \end{vmatrix} = \begin{vmatrix} \cos\theta & -r\sin\theta \\ \sin\theta & r\cos\theta \end{vmatrix} = r\cos^2\theta + r\sin^2\theta$

$= r(\cos^2\theta + \sin^2\theta) = r$

以上より，$-(x^2+y^2) = -(r^2\cos^2\theta + r^2\sin^2\theta) = -r^2$

$$\int_{-\infty}^{\infty}\int_{-\infty}^{\infty} e^{-x^2-y^2}dxdy = \int_0^{2\pi}\int_0^{\infty} e^{-r^2}|J|drd\theta$$

$|r| = r$

$$= \int_0^{2\pi}\left(\int_0^{\infty} re^{-r^2}dr\right)d\theta = \frac{1}{2}\int_0^{2\pi} 1d\theta = \frac{1}{2}[\theta]_0^{2\pi} = \pi$$

$$\lim_{a\to\infty}\left[-\frac{1}{2}e^{-r^2}\right]_0^a = \lim_{a\to\infty}\left(-\frac{1}{2}e^{-a^2} + \frac{1}{2}\right) = \frac{1}{2}$$

($-\frac{1}{2}e^{-a^2} \to 0$)

ここで，$\displaystyle\int_{-\infty}^{\infty}\int_{-\infty}^{\infty} e^{-x^2-y^2}dxdy = \int_{-\infty}^{\infty} e^{-x^2}dx \cdot \int_{-\infty}^{\infty} e^{-y^2}dy = \left(\int_{-\infty}^{\infty} e^{-x^2}dx\right)^2$

$\displaystyle\int_{-\infty}^{\infty} e^{-y^2}dy = \int_{-\infty}^{\infty} e^{-x^2}dx$ ← 積分変数の文字は何でもいい

以上より，$\displaystyle\left(\int_{-\infty}^{\infty} e^{-x^2}dx\right)^2 = \pi$ だから

$$\int_{-\infty}^{\infty} e^{-x^2}dx = \sqrt{\pi} \quad \left(\because \int_{-\infty}^{\infty} e^{-x^2}dx \geqq 0\right)$$ ……………………………(答)

それでは，この重積分の知識を利用しよう。連続型の **2** つの確率変数 X, Y の確率密度を $f_{XY}(x, y)$ とおく。
ここで，$x = x(u, v)$, $y = y(u, v)$ によって，X と Y を新たな確率変数 U, V に変換することにする。このとき，U, V の確率密度 $f_{UV}(u, v)$ がどのようになるかを調べてみる。

一般に $f_{XY}(x, y)$ は，領域 A でのみ，ある **0** 以外の関数として定義され，それ以外の領域では，**0** と定義されることが多い。そして，この領域 A には無限領域も含ませることにすると，一般論と考えていいんだね。
また，xy 座標平面上の領域 A は，uv 座標平面上の領域 B に写されるものとする。以上から，

$$\iint_B f_{UV}(u, v)\,dudv = \iint_A f_{XY}(x, y)\,dxdy \quad [= 1 \text{ (全確率)}] \quad \cdots ①$$

と表される。①の右辺を u, v での積分に変換すると，

$$\iint_A f_{XY}(x, y)\,dxdy = \iint_B f_{XY}(x(u, v), y(u, v))|J|\,dudv \quad \cdots\cdots\cdots ②$$

ヤコビアン

①，②より

$$\iint_B \boxed{f_{UV}(u, v)}\,dudv = \iint_B \boxed{f_{XY}(x(u, v), y(u, v))|J|}\,dudv$$

よって，求める U, V の確率密度 $f_{UV}(u, v)$ は

$f_{UV}(u, v) = f_{XY}(x(u, v), y(u, v))|J|$ となる。

$\left(\text{ただし，} J = \dfrac{\partial x}{\partial u}\cdot\dfrac{\partial y}{\partial v} - \dfrac{\partial x}{\partial v}\cdot\dfrac{\partial y}{\partial u}\right)$

$$J = \begin{vmatrix} \dfrac{\partial x}{\partial u} & \dfrac{\partial x}{\partial v} \\ \dfrac{\partial y}{\partial u} & \dfrac{\partial y}{\partial v} \end{vmatrix}$$

● たたみ込み積分の公式はこれだ！

独立な **2** つの連続型確率変数 X, Y が，確率密度 $f_{XY}(x, y)$ で表される確率分布に従うものとする。X と Y は独立なので，

$f_{XY}(x, y) = f_X(x)\cdot f_Y(y)$ ……① と変形できる。

ここで，新たな確率変数 T を，$T = X + Y$ ……② で定義するとき，確率変数 T の確率密度 $f_T(t)$ がどうなるかについて考えてみよう。

2 つの変数 X, Y が，**1** つの変数 T に集約される。(たたみ込まれる)

まず，t を定数と考えると，②より $x+y=t$ …②′ となり，これをみたす
（変数）（まず定数扱い）
x と y からなる確率密度 $f_{XY}(x, y)=f_X(x)f_Y(y)$ …① の集計，すなわち定積分をとったものが求める T の確率密度 $f_T(t)$ になるんだよ。そして，その後 t を変数と考えて動かせば，$f_T(t)$ がある分布を描く。これが確率密度関数 $f_T(t)$ になるんだね。

以上より，②′を変形して，$y=t-x$ …②″ とおき，これを①に代入し，さらに x で区間 $(-\infty, \infty)$ で積分したものが，求める確率密度 $f_T(t)$ となる。

$$\therefore \quad f_T(t)=\int_{-\infty}^{\infty} f_X(x)\cdot f_Y(t-x)\,dx \quad \cdots\cdots③$$

（x で積分して，$x+y=t$ となるものの集計をとった！）

（2 変数の確率密度 $f_X(x)f_Y(y)$ は，2 重積分して確率となるので，1 回の積分ではこれは確率密度だ！）

③の右辺を，**“たたみ込み積分”**，**“コンボリューション積分”**，または**“合成積”**という。

（②′を $x=t-y$ として，これを①に代入して，y で積分して $f_T(t)=\int_{-\infty}^{\infty} f_X(t-y)f_Y(y)\,dy$ としてもいい。）

③式の図形的な意味を図 4 に示す。

（ⅰ）まず，t を定数と考える。

XYZ 座標空間上にある確率密度（曲面）$f_{XY}(x, y)=f_X(x)\cdot f_Y(y)$ を平面 $x+y=t$ で切ってできる曲線が $f_X(x)f_Y(t-x)$ のことである。

（ⅱ）これを x で積分するということは，曲線 $f_X(x)\cdot f_Y(t-x)$ と XY 平面とで挟まれた図形を ZX 平面へ正射影したものの面積を求めることに他ならない。そして，これが $f_T(t)$ のことだ。

$$\therefore f_T(t)=\int_{-\infty}^{\infty} f_X(x)f_Y(t-x)\,dx$$

（ⅲ）後は，T 軸を別にとって，t を変数とみて確率密度 $f_T(t)$ のグラフが描ける。

図 4　たたみ込み積分のイメージ

（ⅰ）

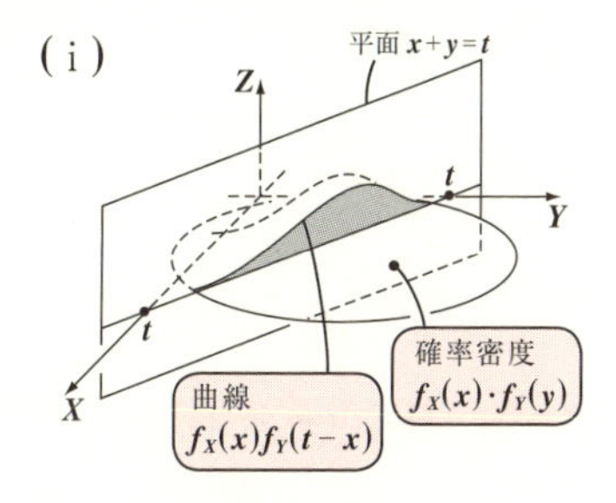

（ⅱ）

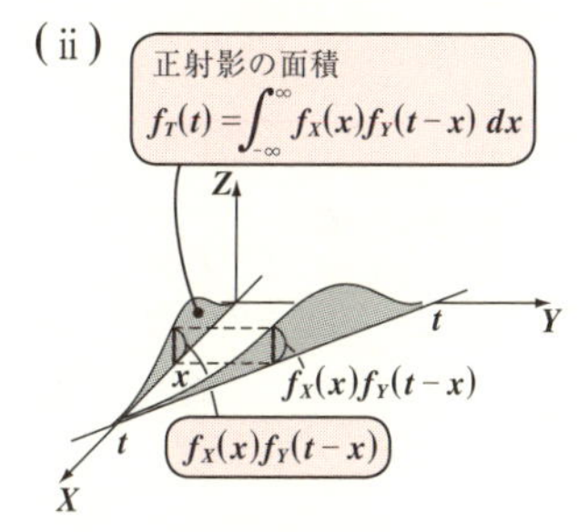

（ⅲ）

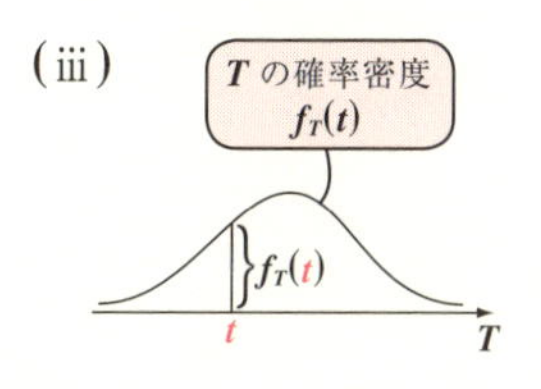

演習問題 8　● 確率変数の変換と確率密度の変化 ●

2 つの連続な確率変数 X, Y は，次の確率密度 $f_{XY}(x, y)$ に従う。

$$f_{XY}(x, y)=\begin{cases} c\cdot\dfrac{x+y}{2}\sin\left(\dfrac{x-y}{2}\right) & \left(0\leqq\dfrac{x+y}{2}\leqq 1,\ 0\leqq\dfrac{x-y}{2}\leqq\pi \text{ のとき}\right) \\ 0 & (\text{それ以外の } (x, y) \text{ のとき}) \end{cases}$$

ここで，$U=\dfrac{X+Y}{2}$，$V=\dfrac{X-Y}{2}$ により，新たな確率変数 U, V を定義する。このとき，U, V の確率密度 $f_{UV}(u, v)$ を求めよ。

ヒント！ 確率密度の変換公式 $\iint_B f_{UV}(u, v)\,dudv=\iint_A f_{XY}(x, y)\,dxdy$ $=\iint_B f_{XY}(x(u, v), y(u, v))|J|\,dudv$ を利用して解く。

解答＆解説

$u=\dfrac{x+y}{2}$ …①，$v=\dfrac{x-y}{2}$ …② より

①＋②から，$x=u+v$ ……③ ← $x=x(u, v)$ の形を作った！

①－②から，$y=u-v$ ……④ ← $y=y(u, v)$ の形を作った！

また，$0\leqq\dfrac{x+y}{2}\leqq 1$，$0\leqq\dfrac{x-y}{2}\leqq\pi$ を，xy 座標上の領域 A とおき，

$0\leqq u\leqq 1$，$0\leqq v\leqq\pi$ を，uv 座標上の領域 B とおく。

③，④より，$\dfrac{\partial x}{\partial u}=1$，$\dfrac{\partial x}{\partial v}=1$，$\dfrac{\partial y}{\partial u}=1$，$\dfrac{\partial y}{\partial v}=-1$ より

（x は $(u+v)$，y は $(u-v)$）

ヤコビアン $J=\begin{vmatrix}\dfrac{\partial x}{\partial u} & \dfrac{\partial x}{\partial v} \\ \dfrac{\partial y}{\partial u} & \dfrac{\partial y}{\partial v}\end{vmatrix}=\begin{vmatrix}1 & 1 \\ 1 & -1\end{vmatrix}=1\times(-1)-1\cdot 1=-2$

以上より，新たな確率変数 U, V の確率密度 $f_{UV}(u, v)$ を求める。

$$\iint_B f_{UV}(u,v)\,dudv = \iint_A f_{XY}(x,y)\,dxdy$$

x, y から u, v への積分に変換！

$$= \iint_B f_{XY}(\underbrace{x(u,v)}_{u+v},\ \underbrace{y(u,v)}_{u-v})\,\underbrace{|J|}_{|-2|=2}\,dudv$$

$$= \iint_B c\cdot \underbrace{u}_{\frac{x+y}{2}}\sin \underbrace{v}_{\frac{x-y}{2}}\cdot 2\,dudv \quad [=1\ (\text{全確率})]$$

以上より，$f_{UV}(u,v)=2cu\sin v$ ……⑤ $(0\leqq u\leqq 1,\ 0\leqq v\leqq \pi)$

$f_{UV}(u,v)$ は密度関数の必要条件 $\iint_B f_{UV}(u,v)\,dudv=1$ をみたす。

$$\therefore \int_0^{\pi}\int_0^1 f_{UV}(u,v)\,dudv = \int_0^{\pi}\int_0^1 2cu\sin v\,dudv$$

$$= 2c\int_0^1 u\,du\int_0^{\pi}\sin v\,dv = 2c\left[\frac{1}{2}u^2\right]_0^1[-\cos v]_0^{\pi}$$

$$= 2c\cdot\frac{1}{2}\cdot 1^2\cdot(1+1) = \boxed{2c=1}\ (\text{全確率})$$

$$\therefore c=\frac{1}{2} \quad ……⑥$$

⑥を⑤に代入して，求める 2 変数 U, V の確率密度 $f_{UV}(u,v)$ は，

$$f_{UV}(u,v)=\begin{cases} u\sin v & (0\leqq u\leqq 1,\ 0\leqq v\leqq \pi\ \text{のとき}) \\ 0 & (\text{それ以外の}\ (u,v)\ \text{のとき}) \end{cases} \quad ……………………(\text{答})$$

参考

最終結果から，$0\leqq u\leqq 1,\ 0\leqq v\leqq \pi$ のとき，$f_{UV}(u,v)=f_U(u)\cdot f_V(v)$ として，$f_U(u)=u$，$f_V(v)=\sin v$ と分解できると思う？ 答は，ノーだね。確率密度 $\int_0^1 f_U(u)\,du=1$，$\int_0^{\pi} f_V(v)\,dv=1$ をみたすために，$f_U(u)=2u$，$f_V(v)=\frac{1}{2}\sin v$ でないといけない。気を付けよう！

2 つの独立な連続型確率変数 X, Y は，次の確率密度 $f_{XY}(x, y)$ に従う。

$$f_{XY}(x, y) = \begin{cases} \frac{1}{9} & (0 \leqq x \leqq 3,\ 0 \leqq y \leqq 3 \text{ のとき}) \\ 0 & (\text{それ以外の } (x, y) \text{ のとき}) \end{cases}$$

ここで，$T = X + Y$ により，新たな確率変数 T を定義する。このとき，T の確率密度 $f_T(t)$ を求めよ。

ヒント！ X と Y は独立より，$f_{XY}(x, y) = f_X(x) \cdot f_Y(y)$ と変形できる。後はたたみ込み積分の公式：$f_T(t) = \int_{-\infty}^{\infty} f_X(x) f_Y(t-x)\,dx$ より $f_T(t)$ が求まる。ただし，実際の積分計算では，積分区間に着目して，2 通りの場合分けが必要となる。

解答＆解説

X と Y は独立より，$f_{XY}(x, y) = f_X(x) \cdot f_Y(y)$ ……① と変形できる。

$0 \leqq x \leqq 3,\ 0 \leqq y \leqq 3$ のとき，

$\int_0^3 f_X(x)\,dx = \int_0^3 f_Y(y)\,dy = 1$ も考慮に入れて，

$$f_X(x) = \frac{1}{3},\quad f_Y(y) = \frac{1}{3} \text{ となる。}$$

この面積が，$f_X(x) = \int_{-\infty}^{\infty} f_{XY}(x, y)\,dy = \frac{1}{3}$

たたみ込み積分の実質的な x の積分区間は，(i) $0 \leqq t \leqq 3$ のとき，$0 \leqq x \leqq t$ に，また，(ii) $3 \leqq t \leqq 6$ のとき，$t-3 \leqq x \leqq 3$ になる。

(i) $0 \leqq t \leqq 3$ のとき

$$f_T(t) = \int_{-\infty}^{\infty} f_X(x) \cdot f_Y(t-x)\,dx$$

$$= \underbrace{\int_{-\infty}^{0} 0\,dx}_{0} + \int_0^t \underbrace{f_X(x)}_{\frac{1}{3}} \underbrace{f_Y(t-x)}_{\frac{1}{3}}\,dx + \underbrace{\int_t^{\infty} 0\,dx}_{0}$$

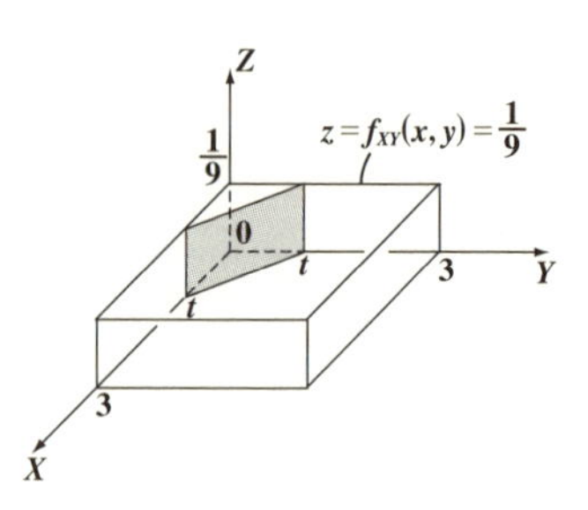

$$f_T(t) = \int_0^t \frac{1}{9}\,dx = \frac{1}{9}[x]_0^t$$

$$= \frac{1}{9}t$$

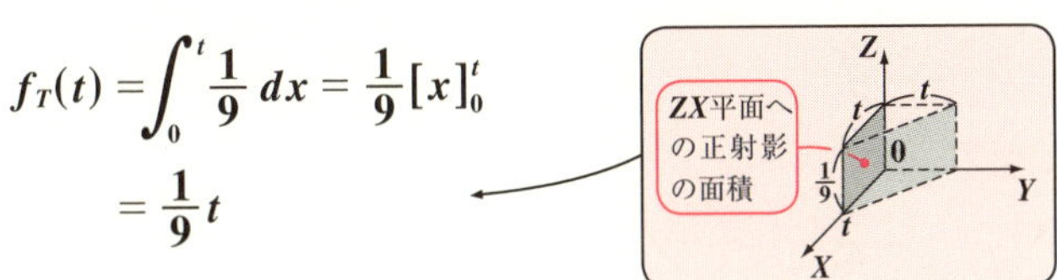

(ⅱ) $3 \leqq t \leqq 6$ のとき

$$f_T(t) = \int_{-\infty}^{\infty} f_X(x) f_Y(t-x)\,dx$$

$$= \int_{-\infty}^{t-3} 0\,dx + \int_{t-3}^{3} f_X(x) f_Y(t-x)\,dx + \int_3^{\infty} 0\,dx$$

($\int_{-\infty}^{t-3} 0\,dx = 0$, $f_X(x) = \frac{1}{3}$, $f_Y(t-x) = \frac{1}{3}$, $\int_3^{\infty} 0\,dx = 0$)

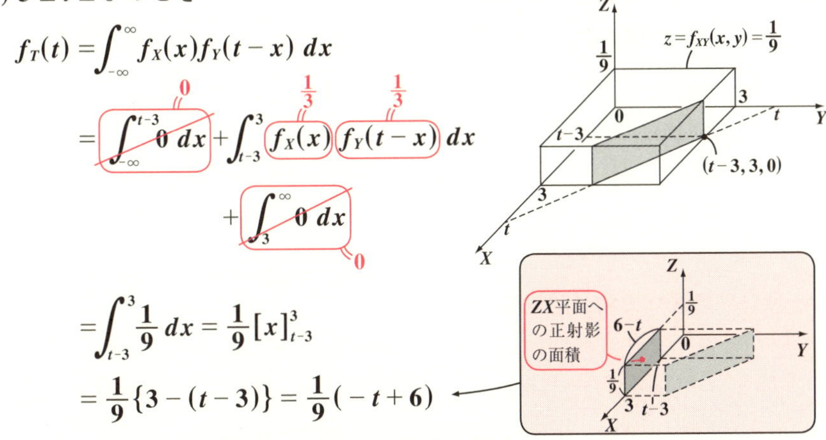

$$= \int_{t-3}^{3} \frac{1}{9}\,dx = \frac{1}{9}[x]_{t-3}^{3}$$

$$= \frac{1}{9}\{3-(t-3)\} = \frac{1}{9}(-t+6)$$

以上(ⅰ)(ⅱ)より，求める T の確率密度 $f_T(t)$ は，

$$f_T(t) = \begin{cases} \frac{1}{9}t & (0 \leqq t \leqq 3) \\ \frac{1}{9}(-t+6) & (3 \leqq t \leqq 6) \\ 0 & (t < 0,\ 6 < t) \end{cases}$$ ……………………………………(答)

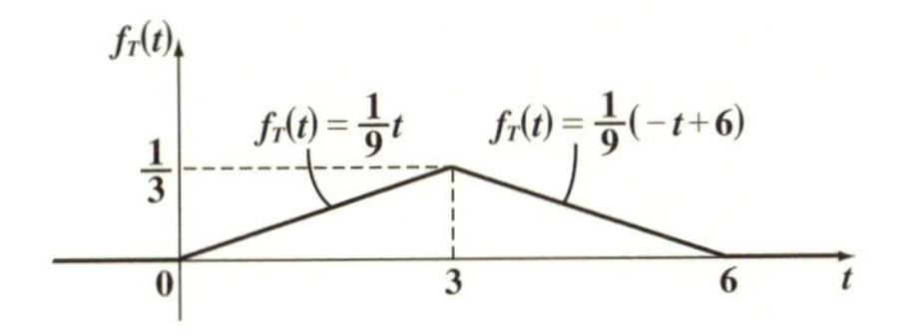

講義3 ● 2変数の確率分布　公式エッセンス

1. 確率関数 P_{ij} の性質

（ⅰ）$0 \leqq P_{ij} \leqq 1$　　（ⅱ）$\sum_{j=1}^{n}\sum_{i=1}^{m} P_{ij} = 1$（全確率）

2. 期待値と分散の性質

(1) $E[aX+bY+c] = aE[X]+bE[Y]+c$ ←（期待値の演算の線形性）

(2) $V[aX+bY+c] = a^2V[X]+2ab\cdot C[X,Y]+b^2V[Y]$

3. X と Y が独立のときの公式

（ⅰ）$E[XY] = E[X]\cdot E[Y]$　　（ⅱ）$\sigma_{XY} = C[X,Y] = 0$

（ⅲ）$V[aX+bY+c] = a^2V[X]+b^2V[Y]$　（a, b, c; 定数）

4. 独立な多変数の和の期待値と分散

（これは，変数が独立でなくても成り立つ）

(1) $E[a_1X_1+a_2X_2+\cdots+a_nX_n] = a_1E[X_1]+a_2E[X_2]+\cdots+a_nE[X_n]$

(2) $V[a_1X_1+a_2X_2+\cdots+a_nX_n] = a_1{}^2V[X_1]+a_2{}^2V[X_2]+\cdots+a_n{}^2V[X_n]$

5. $\overline{X}$ の期待値と分散（ただし，$X_1, X_2, \cdots, X_n$ は互いに独立）

$$E[\overline{X}] = \frac{1}{n}\{E[X_1]+E[X_2]+\cdots+E[X_n]\}$$ ←（これは，$X_1, X_2, \cdots, X_n$ が独立でなくても成り立つ）

$$V[\overline{X}] = \frac{1}{n^2}\{V[X_1]+V[X_2]+\cdots+V[X_n]\}$$

6. 確率密度 $f_{XY}(x,y)$ の性質

（ⅰ）$f_{XY}(x,y) \geqq 0$　　（ⅱ）$\int_{-\infty}^{\infty}\int_{-\infty}^{\infty} f_{XY}(x,y)\,dxdy = 1$（全確率）

（$f_{XY}(x,y) > 1$ のときもあり得るので，$f_{XY}(x,y) \leqq 1$ の条件は存在しない。）

7. 確率変数の変換と確率密度の変化

$$\iint_B f_{UV}(u,v)\,dudv = \iint_B f_{XY}(x(u,v),\,y(u,v))|J|\,dudv$$

$$\left(\text{ヤコビアン } J = \frac{\partial x}{\partial u}\cdot\frac{\partial y}{\partial v} - \frac{\partial x}{\partial v}\cdot\frac{\partial y}{\partial u}\right)$$

8. たたみ込み積分（合成積）

確率密度 $f_{XY}(x,y)$ に従う独立な2つの連続型確率変数 X, Y について，新たな確率変数 T を $T = X+Y$ で定めるとき，T の確率密度:

$$f_T(t) = \int_{-\infty}^{\infty} f_X(x)\cdot f_Y(t-x)\,dx$$

ポアソン分布と正規分布

- ポアソン分布（離散型）
- 正規分布（連続型）
- 大数の法則
- 中心極限定理

§1. ポアソン分布（離散型）

離散型1変数の確率関数の典型的なものとして，二項分布があった。実は，この二項分布を基にして，さまざまな確率関数や確率密度が産み出されていくんだよ。今回は，その最初の例として，"**ポアソン分布**"を学習する。さらに，ポアソン分布のモーメント母関数を求めて，その期待値と分散も計算してみよう。

● 二項分布からポアソン分布へ！

二項分布 $P_B(x) = {}_n\mathrm{C}_x\, p^x q^{n-x}$ $(x = 0, 1, \cdots, n)$ から，**ポアソン分布** $P_P(x) = e^{-\mu}\dfrac{\mu^x}{x!}$ $(x = 0, 1, 2, \cdots)$ を導くことが出来る。（これらは，いずれも離散型の確率関数）この導出のプロセスを簡単にまとめて下に示すから，まず頭に入れよう。

二項分布→ポアソン分布

二項分布（離散型）		ポアソン分布（離散型）
（$B(n, p)$ と表す。）	$\xrightarrow{\ \ }$ $\mu = np$（一定） $\begin{cases} n \to \infty \\ p \to 0 \end{cases}$	（$P_o(\mu)$ と表す。）
・確率関数		・確率関数
$P_B(x) = {}_n\mathrm{C}_x\, p^x q^{n-x}$ $(x = 0, 1, \cdots, n)$		$P_P(x) = e^{-\mu} \cdot \dfrac{\mu^x}{x!}$ $(x = 0, 1, 2, \cdots)$
・モーメント母関数		・モーメント母関数
$M_B(\theta) = (pe^\theta + q)^n$		$M_P(\theta) = e^{-\mu} \cdot e^{\mu \cdot e^\theta}$
・期待値と分散		・期待値と分散
$\begin{cases} E_B[X] = np\ [= \mu] \\ V_B[X] = npq \end{cases}$		$\begin{cases} E_P[X] = \mu \\ V_P[X] = \mu \end{cases}$

これだけじゃ，何のことかわからないって？いいよ。これから詳しく解説するからね。

まず，二項分布の復習から始めよう。ある試行を $\mathbf{1}$ 回行って，ある事象 A の起こる確率を p，起こらない確率を q とおく。$(p+q=1)$　ここで，この試行を n 回行って，そのうち x 回だけ事象 A の起こる確率が，${}_n\mathrm{C}_x p^x q^{n-x}$ だった。そして，確率変数 X を $X=x$ $(x=0,1,2,\cdots,n)$ とおくことにより，二項分布の確率関数 $P_B(x)$ が

$P_B(x)={}_n\mathrm{C}_x p^x q^{n-x}$ $(x=0,1,\cdots,n)$ と定義できたんだね。

そして，このモーメント母関数 $M_B(\theta)$ は，

$M_B(\theta)=E[e^{\theta X}]=\sum_{x=0}^{n} e^{\theta x}\cdot P_B(x)=(pe^{\theta}+q)^n$ で表され，

この期待値 μ と分散 σ^2 は，モーメント母関数の微分係数を使って，

$$\begin{cases}\mu=E_B[X]=M_B{}'(0)=np \\ \sigma^2=E_B[X^2]-E_B[X]^2=M_B{}''(0)-M_B{}'(0)^2=npq\end{cases}$$ と求められた。

これまでのところは，大丈夫？　大丈夫でない人は，講義 $\mathbf{1}$ を復習することだ。そして，この二項分布 $B(n,p)$：$P_B(x)$ に対して，

期待値 $\underset{\text{一定}}{\mu}=\underset{\infty}{n}\,\underset{0}{p}$ を一定に保って，$n\to\infty$，$p\to 0$ としていくとポアソン分布 $P_P(x)=e^{-\mu}\cdot\dfrac{\mu^x}{x!}$　$(\mu$：定数$)$ になる。

（この μ が，ポアソン分布の期待値でもあり，分散にもなる！）

これは，$p\to 0$ だから，事象 A がごくまれにしか起こらない確率分布を表す。つまり，ポアソンの"ポ"は「ポツン，ポツンとしか起こらない」の"ポ"だと覚えておくといい。そして，ポアソン分布は，$P_o(\mu)$ とも表す。

それでは，$\mu=np=$ 一定，$n\to\infty$，$p\to 0$　$(q\to 1\quad\because p+q=1)$ の条件の下，二項分布の確率関数 $P_B(x)$ を変形して，ポアソン分布 $P_P(x)$ を導いてみよう。

$$P_B(x)={}_n\mathrm{C}_x p^x q^{n-x}=\frac{n!}{x!\,(n-x)!}\,p^x\cdot(1-p)^{n-x}$$

（$\dfrac{n!}{(n-x)!}=n(n-1)(n-2)\cdot\cdots\cdots\cdot(n-x+1)$，$p=\dfrac{\mu}{n}$）

$$=\frac{n(n-1)(n-2)\cdot\cdots\cdots\cdot(n-x+1)}{x!}\left(\frac{\mu}{n}\right)^x\left(1-\frac{\mu}{n}\right)^{n-x}$$

x 項の積の 1 項 1 項から n をくくり出す。

$$P_B(x) = \frac{n(n-1)(n-2)\cdot\cdots\cdots\cdot(n-x+1)}{x!}\cdot\left(\frac{\mu}{n}\right)^x\left(1-\frac{\mu}{n}\right)^{n-x}$$

ここで，n は∞の超大きな数になること，そして，μ と x はある定数であることに注意してさらに変形を進める。

$$P_B(x) = \frac{n^x\cdot 1\left(1-\frac{1}{n}\right)\cdot\left(1-\frac{2}{n}\right)\cdot\cdots\cdots\cdot\left(1-\frac{x-1}{n}\right)}{x!}\cdot\frac{\mu^x}{n^x}\cdot\left(1-\frac{\mu}{n}\right)^n\cdot\left(1-\frac{\mu}{n}\right)^{-x}$$

$$=\left(1-\frac{1}{n}\right)\cdot\left(1-\frac{2}{n}\right)\cdot\cdots\cdots\cdot\left(1-\frac{x-1}{n}\right)\cdot\frac{\mu^x}{x!}\cdot\left\{\left(1+\frac{1}{-\frac{n}{\mu}}\right)^{-\frac{n}{\mu}}\right\}^{-\mu}\cdot\left(1-\frac{\mu}{n}\right)^{-x}$$

（$\frac{1}{n}\to 0$，$\frac{2}{n}\to 0$，$\frac{x-1}{n}\to 0$，$-\frac{n}{\mu}=\theta$，$\frac{\mu}{n}\to 0$，$1^{-x}=1$）

$-\frac{n}{\mu}=\theta$ とおくと，
$n\to\infty$ のとき，$\theta\to-\infty$
$\lim_{\theta\to\pm\infty}\left(1+\frac{1}{\theta}\right)^\theta = e$ より，
これは，$e^{-\mu}$ に収束する。

ここで，$n\to\infty$ にすると，二項分布 $P_B(x)$ は，ポアソン分布 $P_P(x)$ へと変化していくことがわかるはずだ。

以上より，$n\to\infty$ のとき，

$$\lim_{n\to\infty}P_B(x)=(1-0)\cdot(1-0)\cdot\cdots\cdots\cdot(1-0)\cdot\frac{\mu^x}{x!}\cdot e^{-\mu}\cdot 1 = e^{-\mu}\cdot\frac{\mu^x}{x!}\quad[=P_P(x)]$$

これから，ポアソン分布 $P_o(\mu)$ の離散型確率関数 $P_P(x)$ が，

$$P_P(x) = e^{-\mu}\cdot\frac{\mu^x}{x!}\quad(x=0,1,2,\cdots)$$

と導かれる。

$n\to\infty$ のため，変数 x は∞に大きくできる。

この $P_P(x)$ が，確率関数の必要条件 $\sum_{x=0}^{\infty}P_P(x)=1$（全確率）をみたすことも確認しておこう。

$$\sum_{x=0}^{\infty}P_P(x)=\sum_{x=0}^{\infty}e^{-\mu}\cdot\frac{\mu^x}{x!}=e^{-\mu}\sum_{x=0}^{\infty}\frac{\mu^x}{x!}$$

（$e^{-\mu}$：定数）

$$=e^{-\mu}\cdot\left(1+\frac{\mu^1}{1!}+\frac{\mu^2}{2!}+\frac{\mu^3}{3!}+\cdots\cdots\right)$$

（$1=\frac{\mu^0}{0!}$，括弧内 $=e^\mu$）

e^x のマクローリン展開：
$e^x = 1+\frac{x}{1!}+\frac{x^2}{2!}+\frac{x^3}{3!}+\cdots\cdots$
を使った！

$$=e^{-\mu}\cdot e^{\mu}=e^0=1$$（全確率）となって OK だね。

● ポアソン分布のモーメント母関数を求めよう！

それでは，ポアソン分布の期待値（平均）$E_P[X]$ と分散 $V_P[X]$ を求めるために，このモーメント母関数（積率母関数）$M_P(\theta)$ を求めることにしよう。

定数

$$M_P(\theta) = E[e^{\theta X}] = \sum_{x=0}^{\infty} e^{\theta x} \cdot P_P(x) = \sum_{x=0}^{\infty} e^{\theta x} \cdot e^{-\mu} \cdot \frac{\mu^x}{x!}$$

$$= e^{-\mu} \sum_{x=0}^{\infty} \frac{(\mu e^{\theta})^x}{x!}$$

$$= e^{-\mu}\left\{1 + \frac{\mu e^{\theta}}{1!} + \frac{(\mu e^{\theta})^2}{2!} + \frac{(\mu e^{\theta})^3}{3!} + \cdots\cdots\right\}$$

（$1 = \frac{(\mu e^{\theta})^0}{0!}$，$\{\cdots\} = e^{\mu e^{\theta}}$）

e^x のマクローリン展開：
$e^x = 1 + \frac{x}{1!} + \frac{x^2}{2!} + \frac{x^3}{3!} + \cdots\cdots$
を使った！

$\therefore\ M_P(\theta) = e^{-\mu} \cdot e^{\mu e^{\theta}}$ ……①が導けた。

①を θ で微分して，

合成関数の微分　　定数

$$M_P{}'(\theta) = e^{-\mu} \cdot e^{\mu e^{\theta}} \cdot (\mu e^{\theta})' = e^{-\mu} \cdot e^{\mu e^{\theta}} \cdot \mu e^{\theta} = \mu e^{-\mu} \cdot e^{\mu e^{\theta} + \theta}$$

これをさらに θ で微分して，

$$M_P{}''(\theta) = \mu \cdot e^{-\mu} \cdot e^{\mu e^{\theta} + \theta} \cdot (\mu e^{\theta} + \theta)' = \mu e^{-\mu} e^{\mu e^{\theta} + \theta}(\mu e^{\theta} + 1)$$

よって，$M_P{}'(0) = \mu \cdot e^{-\mu} \cdot e^{\mu e^0 + 0} = \mu e^{-\mu} \cdot e^{\mu} = \mu$　$[= E_P[X]]$

$$M_P{}''(0) = \mu \cdot e^{-\mu} \cdot e^{\mu e^0 + 0}(\mu e^0 + 1)$$

$$= \mu \cdot e^{-\mu} \cdot e^{\mu}(\mu + 1) = \mu^2 + \mu \quad [= E_P[X^2]]$$

以上より，ポアソン分布 $P_P(x) = e^{-\mu} \cdot \frac{\mu^x}{x!}$ の期待値 $E_P[X]$ および分散 $V_P[X]$ は，

$$\begin{cases} E_P[X] = M_P{}'(0) = \mu \\ V_P[X] = E_P[X^2] - E_P[X]^2 = M_P{}''(0) - M_P{}'(0)^2 = \mu^2 + \mu - \mu^2 = \mu \end{cases}$$

となって，期待値，分散共に同じ μ となる珍しい分布なんだね。
そして，このポアソン分布は，この定数 μ が与えられれば，分布の形が決まるので，$P_o(\mu)$ とも表すんだよ。

それでは，$\mu = 1, 3, 10$ のときのポアソン分布の確率関数 $P_P(x)$ のグラフを図1に示す。$P_P(x)$ は，離散型の確率関数なので，$x = 0, 1, 2, \cdots\cdots$ の離散的な値に対してのみ値をもつが，図1のグラフでは，それらの値を表わす点を実線で結んで示した。

$\mu = 10$ のように μ の値が大きくなると，キレイなすり鉢型のグラフになっていくことがわかると思う。

図1 $\mu = 1, 3, 10$ のときのポアソン分布

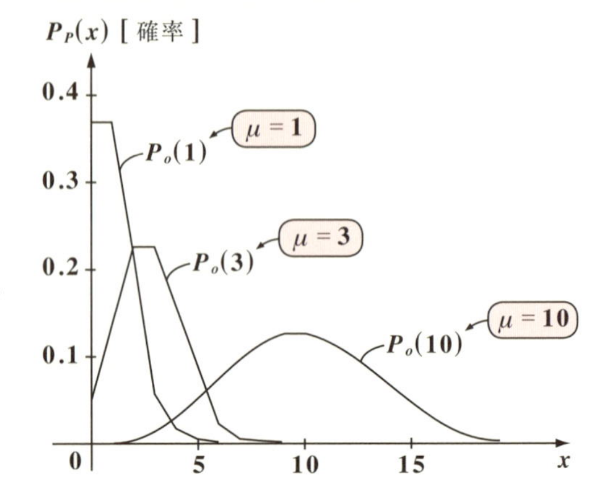

ここで，「確率変数 X が，確率分布に従う」という表現の意味についても説明しておこう。確率関数(確率関数の各値を実線で結んだもの)または確率密度のグラフの例を図2に示す。この図2からわかるように，確率変数 X の実現値が，(i) 頻繁に出やすいところ，(ii) あまりよく出ないところ，そして，(iii) まったく出る可能性のないところが，確率分布によって規定されてしまうんだね。つまり，「確率変数 X は，確率分布に従って」出やすいところ，出にくいところが決まるということだ。

図2 確率分布と確率変数

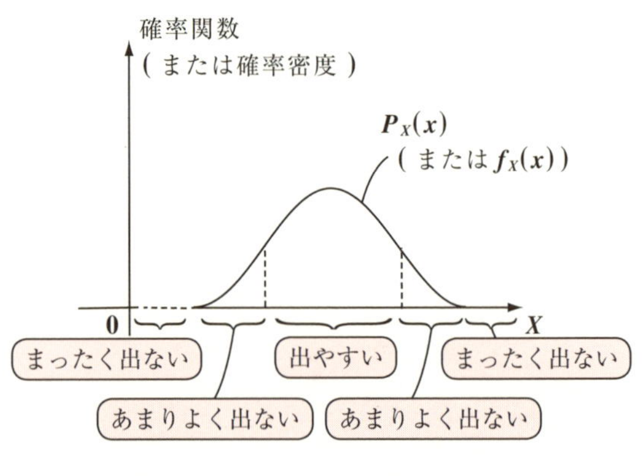

それでは，ここで具体的なポアソン分布の例題を解いておこう。

(1) B 先生の携帯には，1 日平均 2 件のメールが入ってくる。この 1 日に入ってくるメールの件数を確率変数 X とし，これが，平均 $\mu = 2$ のポアソン分布 $P_o(2)$ に従うものとする。
(ⅰ) $P_o(2)$ の確率関数 $P_P(x)$ を示せ。
(ⅱ) 1 日に入ってくるメールが，3 件以上となる確率を求めよ。

(1)(ⅰ) ポアソン分布 $P_o(\mu)$ の確率関数 $P_P(x)$ は $P_P(x) = e^{-\mu} \cdot \frac{\mu^x}{x!}$ より，

$\mu = 2$ のポアソン分布 $P_o(2)$ の確率関数 $P_P(x)$ は，

$P_P(x) = e^{-2} \cdot \frac{2^x}{x!}$ ……………………………………(答)

(ⅱ) 1 日のメール件数 X が 3 以上となる確率 $P(X \geqq 3)$ は，全確率 1 から余事象の確率 $P(X \leqq 2)$ を引いて求める。
$P(X \leqq 2)$ は，$X = 0, 1, 2$ となるときの確率の総和より，
求める確率 $P(X \geqq 3)$ は，

$P(X \geqq 3) = \underbrace{1}_{\text{全確率}} - \underbrace{P(X \leqq 2)}_{\text{余事象の確率}}$

$= 1 - \{P_P(0) + P_P(1) + P_P(2)\}$

$= 1 - \left(e^{-2} \cdot \underbrace{\frac{2^0}{0!}}_{1} + e^{-2} \cdot \underbrace{\frac{2^1}{1!}}_{2} + e^{-2} \cdot \underbrace{\frac{2^2}{2!}}_{2}\right)$

$= 1 - e^{-2}(1 + 2 + 2) = 1 - \frac{5}{e^2}$ ……………………(答)

(この値を実際に計算して，たとえば，
$P(X \geqq 3) = 0.3233$ （小数第 5 位を四捨五入した）………(答)
としてもよい。)

演習問題 10	● ポアソン分布と確率 (Ⅰ) ●

ある地方では，**1** 年間に平均 **3** 回台風が通過する。この **1** 年間に台風が通過する回数を確率変数 X とし，これが平均 $\mu = 3$ のポアソン分布 $P_o(3)$ に従うものとする。このとき，この地方に **5** 回以上台風が通過する確率を求めよ。

ヒント！ ポアソン分布 $P_o(\mu)$ の確率関数 $P_P(x) = e^{-\mu} \cdot \frac{\mu^x}{x!}$ を使って，求める確率を，$P(X \geqq 5) = 1 - \{P_P(0) + P_P(1) + \cdots\cdots + P_P(4)\}$ により求める。

解答＆解説

$\mu = 3$ より，ポアソン分布 $P_o(3)$ の確率関数 $P_P(x)$ は，

$$P_P(x) = e^{-3} \cdot \frac{3^x}{x!} \quad (x = 0, 1, 2, \cdots) \quad \text{となる。}$$

ここで，この地方に **1** 年間に **5** 回以上台風が通過する確率 $P(X \geqq 5)$ は，余事象の確率 $P(X \leqq 4)$ を用いて，次のように求められる。

$$P(X \geqq 5) = \underbrace{1}_{\text{全確率}} - \underbrace{P(X \leqq 4)}_{\text{余事象の確率}}$$

$$= 1 - \{P_P(0) + P_P(1) + P_P(2) + P_P(3) + P_P(4)\}$$

$$= 1 - \left(e^{-3} \cdot \underbrace{\frac{3^0}{0!}}_{1} + e^{-3} \cdot \underbrace{\frac{3^1}{1!}}_{3} + e^{-3} \cdot \underbrace{\frac{3^2}{2!}}_{\frac{9}{2}} + e^{-3} \cdot \underbrace{\frac{3^3}{3!}}_{\frac{9}{2}} + e^{-3} \cdot \underbrace{\frac{3^4}{4!}}_{\frac{27}{8}}\right)$$

$$= 1 - e^{-3}\left(1 + 3 + \frac{9}{2} + \frac{9}{2} + \frac{27}{8}\right)$$

$$= 1 - \frac{131}{8e^3} \quad \cdots\cdots\cdots\cdots (\text{答})$$

（これを実際に計算して，たとえば，

$P(X \geqq 5) = 0.1847$ （小数第 **5** 位を四捨五入した） ……………(答)

としてもよい。）

実践問題 10	● ポアソン分布と確率（Ⅱ）●

M 出版社の掲示板に，1 日平均 4 件の書き込みがある。この 1 日に書き込まれる件数を確率変数 X とし，これが平均 $\mu=4$ のポアソン分布 $P_o(4)$ に従うものとする。このとき，この掲示板に 3 件以上の書き込みがある確率を求めよ。

ヒント！ $P(X\geqq 3)=1-P(X\leqq 2)=1-\{P_P(0)+P_P(1)+P_P(2)\}$ により求める。

解答＆解説

$\mu=4$ より，ポアソン分布 $P_o(4)$ の確率関数 $P_P(x)$ は，

$P_P(x)=$ (ア) $\quad (x=0,\ 1,\ 2,\ \cdots)$ となる。

ここで，この掲示板に 1 日 3 件以上の書き込みがある確率 $P(X\geqq 3)$ は，余事象の確率 $P(X\leqq 2)$ を用いて，次のように求められる。

$P(X\geqq 3)=1-P(X\leqq 2)$

（1：全確率，$P(X\leqq 2)$：余事象の確率）

$=1-\{$ (イ) $\}$

$$=1-\left(e^{-4}\cdot\frac{4^0}{0!}+e^{-4}\cdot\frac{4^1}{1!}+e^{-4}\cdot\frac{4^2}{2!}\right)$$

（$\frac{4^0}{0!}=1$，$\frac{4^1}{1!}=4$，$\frac{4^2}{2!}=8$）

$=1-e^{-4}(1+4+8)$

$=$ (ウ) ……………………………………………………(答)

（これを実際に計算して，たとえば，
$P(X\geqq 3)=0.7619$ （小数第 5 位を四捨五入した）………………(答)
としてもよい。）

解答 (ア) $e^{-4}\cdot\frac{4^x}{x!}$ (イ) $P_P(0)+P_P(1)+P_P(2)$ (ウ) $1-\frac{13}{e^4}$

§2. 正規分布（連続型）

さァ，これから，確率統計の中で最も重要な働きをする連続型の確率分布：“**正規分布**”の解説に入ろう。この正規分布もまた，二項分布から導くことができる。そして，この正規分布はこの後詳しく解説する“**大数の法則**”や“**中心極限定理**”の証明にも威力を発揮する。また，正規分布を標準化して，“**標準正規分布**”にする手法をマスターすると，数表を使って様々な実用的な計算もできるようになるんだよ。今回もまた，内容が非常に豊富だけれど，親切に教えるから，シッカリついてらっしゃい。

● まず，e^{-x^2} の無限積分から始めよう！

$y = e^{-x^2}$ とおいて，この関数のグラフを図1に示す。これは，いかにも確率分布（確率密度）を表しているように見えるだろう。でも，この無限積分の結果は，P77に示したように，

図1　$y = e^{-x^2}$ のグラフ

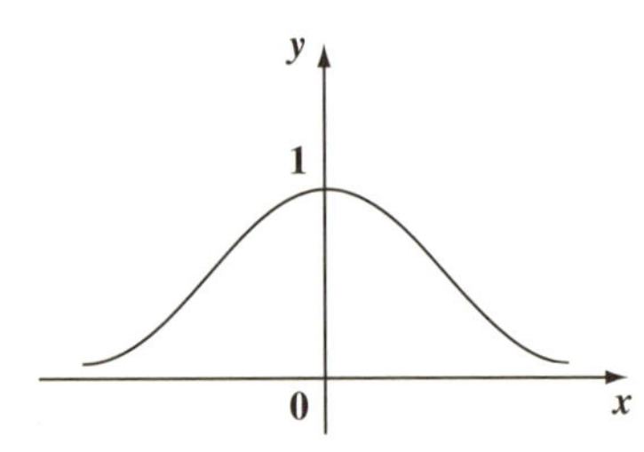

$\int_{-\infty}^{\infty} e^{-x^2}dx = \sqrt{\pi}$ ……①　なので，両辺を $\sqrt{\pi}$ で割って

$\frac{1}{\sqrt{\pi}}\int_{-\infty}^{\infty} e^{-x^2}dx = 1$（全確率）とすることにより，

$\frac{1}{\sqrt{\pi}}e^{-x^2}$ を，1つの確率密度と考えることができる。

しかし，確率統計では，この形ではなく，$c \cdot e^{-\frac{z^2}{2}}$（$c$：正の定数）の形の確率密度を特に重要視する。$f(z) = c \cdot e^{-\frac{z^2}{2}}$ とおいて，実際に，この定数 c の値を求めてみよう。①の x に対して $x = \frac{z}{\sqrt{2}}$ と置換すればいいんだね。

①の左辺について，$x = \frac{z}{\sqrt{2}}$ とおくと，$\frac{dx}{dz} = \frac{1}{\sqrt{2}}$

また，x：$-\infty \to \infty$ のとき，z：$-\infty \to \infty$　となる。

以上より，①の積分変数 x を z に変換して，

$$\int_{-\infty}^{\infty} e^{-x^2}dx = \int_{-\infty}^{\infty} e^{-\left(\frac{z}{\sqrt{2}}\right)^2} \underbrace{\frac{dx}{dz}}_{\frac{1}{\sqrt{2}}} dz = \boxed{\frac{1}{\sqrt{2}}\int_{-\infty}^{\infty} e^{-\frac{z^2}{2}}dz = \sqrt{\pi}}$$

$\therefore \int_{-\infty}^{\infty} e^{-\frac{z^2}{2}}dz = \sqrt{2\pi}$ ……②となる。この②の結果は非常に重要なので覚えておこう。積分計算を行って，$\int_{-\infty}^{\infty} e^{-\frac{t^2}{2}}dt$ や $\int_{-\infty}^{\infty} e^{-\frac{u^2}{2}}du$ などの形が出

文字はなんでもかまわない。

てきたら，それを $\sqrt{2\pi}$ とおいて，計算をゲームオーバーにできるからだ。
また，②の両辺を $\sqrt{2\pi}$ で割ると，

$\frac{1}{\sqrt{2\pi}}\int_{-\infty}^{\infty} e^{-\frac{z^2}{2}}dz = 1$（全確率）となるので，

$f(z) = \frac{1}{\sqrt{2\pi}}e^{-\frac{z^2}{2}}$ とおくと，これは"**標準正規分布**"と呼ばれる最も重要な確率密度の1つになるんだよ。つまり，定数 $c = \frac{1}{\sqrt{2\pi}}$ ということだったんだね。以上を基本事項として，まとめておく。

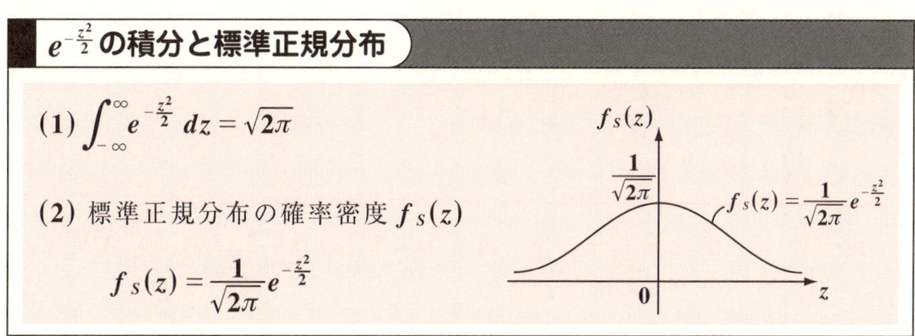

$e^{-\frac{z^2}{2}}$ の積分と標準正規分布

(1) $\int_{-\infty}^{\infty} e^{-\frac{z^2}{2}}dz = \sqrt{2\pi}$

(2) 標準正規分布の確率密度 $f_S(z)$

$$f_S(z) = \frac{1}{\sqrt{2\pi}}e^{-\frac{z^2}{2}}$$

この"**標準正規分布**"は，正規分布の中でも特に，期待値(平均) **0**，分散(標準偏差) **1** の確率分布のことで，これは，理論面でも，実用面でも非常に重要な役割を演じる。正規分布の話をする前に，いきなりこの標準正規分布が出てきたので，みんなビックリしているかも知れないね。もちろん，これから，正規分布そのものについて詳しく解説していくよ。でもまた，この標準正規分布に話が戻ってくるから，シッカリ覚えておいてくれ。

● 二項分布から正規分布へ！

二項分布 $B(n,\ p)$：$P_B(x) = {}_n\mathrm{C}_x\, p^x q^{n-x}$　$(x = 0,\ 1,\ 2,\ \cdots\cdots,\ n)$ は，離散型の確率分布だけれど，n を大きくしていくと，近似的に x を連続型

> ポアソン分布にするとき，μ を一定にして，$n \to \infty$ としたので $p \to 0$ となったが，正規分布にするときは，n を大きくするだけで，p の値は一定のままでいい。

の確率変数と考えられるようになり，最終的には，"**正規分布**"(***normal distribution***) と呼ばれる連続型の確率分布になる。この正規分布は，その期待値 (平均) μ と分散 σ^2 を使って，$N(\mu,\ \sigma^2)$ と表す。この変形のプロセスを下にまとめて示す。

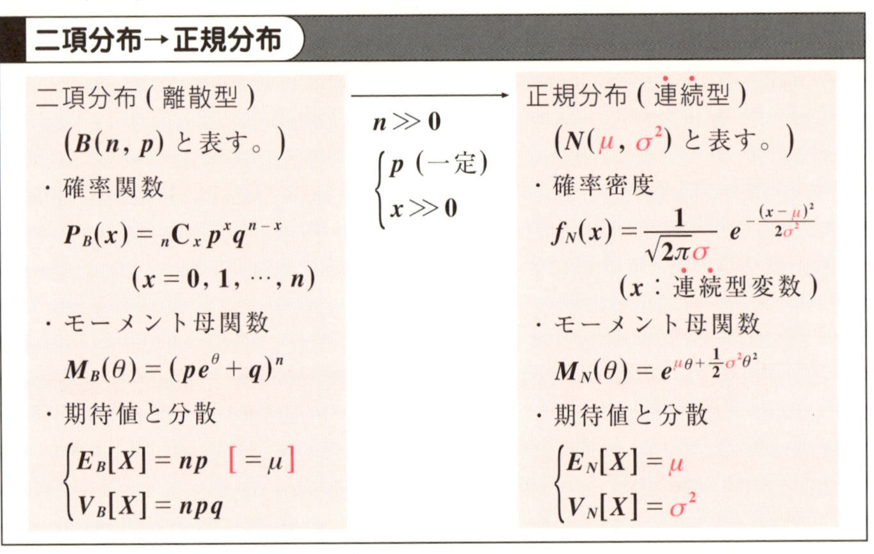

二項分布→正規分布

二項分布 (離散型)
$(B(n,\ p)$ と表す。$)$
・確率関数
$$P_B(x) = {}_n\mathrm{C}_x\, p^x q^{n-x}$$
$(x = 0,\ 1,\ \cdots,\ n)$
・モーメント母関数
$$M_B(\theta) = (pe^\theta + q)^n$$
・期待値と分散
$$\begin{cases} E_B[X] = np \quad [= \mu] \\ V_B[X] = npq \end{cases}$$

$\longrightarrow$
$n \gg 0$
$\begin{cases} p\ (一定) \\ x \gg 0 \end{cases}$

正規分布 (連続型)
$(N(\mu,\ \sigma^2)$ と表す。$)$
・確率密度
$$f_N(x) = \frac{1}{\sqrt{2\pi}\sigma} e^{-\frac{(x-\mu)^2}{2\sigma^2}}$$
$(x$：連続型変数$)$
・モーメント母関数
$$M_N(\theta) = e^{\mu\theta + \frac{1}{2}\sigma^2\theta^2}$$
・期待値と分散
$$\begin{cases} E_N[X] = \mu \\ V_N[X] = \sigma^2 \end{cases}$$

二項分布で，たとえば $p = \dfrac{1}{3}$ と固定してから，$n = 5,\ 10,\ 50,\ 100$ と変化させたときのグラフを図 2 に示す。

図 2　二項分布 $B(n,\ p)$

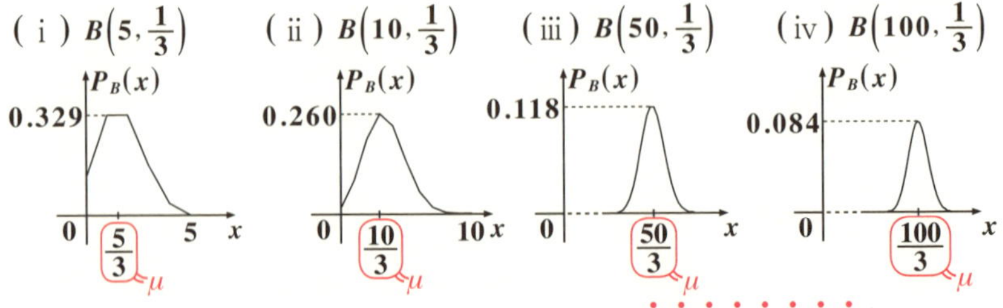

$(x = 0,\ 1,\ 2,\ \cdots\cdots$ に対応する各点を実線で結んだもの)

図2から，n を 50，100，……と大きくしていくにつれて，キレイなすり鉢型の確率分布の形に近づいていくのがわかるはずだ。今回は，$n \to \infty$ のように極限的に n を大きくしていくわけではないが，n を 100，1000，10000 などと十分大きくしていく場合を考える。これを $n \gg 0$ のように表現する。ここで，図2の(iii)(iv)から類推してわかるように，$n \gg 0$ と n を大きくすると，$\mu = np$ の付近に分布が集中していること，すなわち $n \gg 0$ とすると，対象となる x も $x \gg 0$ となることに気を付けよう。

それでは，二項分布 $B(n, p)$ で，$n \gg 0$ としたとき，これが正規分布 $N(\mu, \sigma^2)$ の確率密度 $f_N(x) = \frac{1}{\sqrt{2\pi}\sigma} e^{-\frac{(x-\mu)^2}{2\sigma^2}}$ （x は連続型の変数）に近づいていくことを示すことにしよう。

$n \gg 0$ のとき，$x \gg 0$ （x は，$\mu = np$ の付近に存在する）

ここで，二項分布の確率関数 $P_B(x) = {}_n\mathrm{C}_x\, p^x q^{n-x}\ (>0)$ （$x = 0, 1, \cdots, n$）の自然対数をとったものを，新たに $g(x)$ とおく。

$$g(x) = \log P_B(x) = \log\left\{ \frac{n!}{x!(n-x)!} p^x \cdot (1-p)^{n-x} \right\} \qquad (p+q=1)$$

$$g(x) = \underbrace{\log n!}_{\text{定数}} - \log x! - \log(n-x)! + x\underbrace{\log p}_{\text{定数}} + (n-x)\underbrace{\log(1-p)}_{\text{定数}} \quad \cdots\cdots①$$

ここで，x は1ずつ変化するとびとびの離散値をとるのだが，$h(x) = \log x!$ は，$x \gg 0$ （x は十分大きな自然数）より，x が1だけ増加しても，ほんのわずかしか変化しない。

よって，離散値をとる $h(x) = \log x!$ の $[x, x+\Delta x]$ （$\Delta x = 1$）における平均変化率を，その x （これはある十分大きな自然数）における微分係数とみることができて，それを $h'(x)$ で表わすと，

$$h'(x) \fallingdotseq \frac{h(x) - h(x-\Delta x)}{\Delta x} = \frac{h(x) - h(x-1)}{1} \quad (\Delta x = 1)$$

$$= \log x! - \log(x-1)! = \log\frac{x!}{(x-1)!} = \log x \text{ となる。}$$

$\therefore\ (\log x!)' \fallingdotseq \log x \quad \cdots\cdots②$ （$x \gg 0$ のとき）

合成関数の微分法

よって，$\{\log(n-x)!\}' \fallingdotseq \{\log(n-x)\}\cdot(n-x)' = -\log(n-x)$ ……③ となる。以上より，①の $g(x)$ の x における微分係数は，

$$g'(x) = -\underbrace{(\log x!)'}_{\log x\ (②より)} - \underbrace{\{\log(n-x)!\}'}_{-\log(n-x)\ (③より)} + \log p - \log(1-p)$$

$$g'(x) = -\log x + \log(n-x) + \underbrace{\log p}_{定数} - \underbrace{\log(1-p)}_{定数} \quad \cdots\cdots ④$$

$$\therefore g'(x) = \log\frac{p(n-x)}{(1-p)x}$$

ここで，x を連続型変数とみると，

$g'(x)=0$ のとき，

$$\log\frac{p(n-x)}{(1-p)x} = 0 \qquad \frac{p(n-x)}{(1-p)x} = 1$$

$$np - px = (1-p)x$$

$$\therefore x = np \quad [=\mu]$$

よって，$x = np = \mu$ のとき，$g'(\mu) = 0$ ……⑤

となり，$x = np$ で $P_B(x)$ は極大値をとる。

$g(x)$

$g(x) = \log P_B(x)$

減少

増加

0　1　$P_B(x)$

自然対数は単調増加関数より，

$\begin{cases} P_B(x) が増加 \Longleftrightarrow g(x) が増加 \\ P_B(x) が減少 \Longleftrightarrow g(x) が減少 \end{cases}$

となる。

これと図2より，$g'(x)=0$ となる x で，$P_B(x)$ は極大となる。

④をさらに x で微分して，

$$g''(x) = -\frac{1}{x} + \frac{-1}{n-x} = -\frac{n}{x(n-x)}$$

この x に μ を代入して，

$$g''(\mu) = -\frac{n}{\underbrace{\mu}_{np}(n-\underbrace{\mu}_{np})} = -\frac{n}{np(n-np)} = -\frac{1}{np(\underbrace{1-p}_{q})} = -\frac{1}{\underbrace{npq}_{\sigma^2}} = -\frac{1}{\sigma^2}$$

……⑥

$g'(\mu)=0$ ……⑤， $g''(\mu)=-\dfrac{1}{\sigma^2}$ ……⑥ より，$g(x)$ を $x=\mu$ のまわりにテイラー展開すると，

$$g(x)=g(\mu)+\frac{\overset{0}{g'(\mu)}}{1!}\cdot(x-\mu)+\frac{\overset{-\frac{1}{\sigma^2}}{g''(\mu)}}{2!}\cdot(x-\mu)^2+\underbrace{\frac{g^{(3)}(\mu)}{3!}\cdot(x-\mu)^3+\cdots\cdots}_{\fallingdotseq 0}$$

$x\fallingdotseq\mu$ より，$k=3, 4, \cdots\cdots$ のとき，$\dfrac{(x-\mu)^k}{k!}\fallingdotseq 0$ と近似できる！

$$g(x)\fallingdotseq g(\mu)-\frac{1}{2\sigma^2}(x-\mu)^2 \cdots\cdots ⑦$$

ここで，$g(x)=\log P_B(x)$ より，⑦は，

$$\log P_B(x)\fallingdotseq\log\underbrace{P_B(\mu)}_{c\,(\text{ある定数})}+\log e^{-\frac{(x-\mu)^2}{2\sigma^2}}=\log\underbrace{c\cdot e^{-\frac{(x-\mu)^2}{2\sigma^2}}}_{f_N(x)}$$

以上より，$n\gg 0$ すなわち $x\gg 0$ のとき，二項分布の確率関数 $P_B(x)$ は，正規分布の確率密度 $f_N(x)=c\cdot e^{-\frac{(x-\mu)^2}{2\sigma^2}}$ に近づく。

ここで，確率密度であるための必要十分条件 $\int_{-\infty}^{\infty}f_N(x)dx=1$ から，c の値を求めておこう。

$$c\cdot\int_{-\infty}^{\infty}e^{-\frac{(x-\mu)^2}{2\sigma^2}}dx=1$$

ここで，$z=\dfrac{x-\mu}{\sigma}$ とおくと，$x:-\infty\to\infty$ のとき，$z:-\infty\to\infty$

$dz=\dfrac{1}{\sigma}dx$ より，$dx=\sigma dz$

以上より，

$$c\cdot\int_{-\infty}^{\infty}e^{-\frac{z^2}{2}}\sigma dz=1 \qquad c\sigma\underbrace{\int_{-\infty}^{\infty}e^{-\frac{z^2}{2}}dz}_{\sqrt{2\pi}}=1$$

P95 参照

ゲームオーバー

$\sqrt{2\pi}\sigma\cdot c=1$ より，$c=\dfrac{1}{\sqrt{2\pi}\sigma}$ となる。

以上より，正規分布 $N(\mu, \sigma^2)$ の確率密度 $f_N(x)$ は

$$f_N(x)=\frac{1}{\sqrt{2\pi}\sigma}e^{-\frac{(x-\mu)^2}{2\sigma^2}}$$

となる。少し複雑そうだけど，最も重要な確率密度なので，シッカリ覚えよう。

● 正規分布のモーメント母関数を求めよう！

それでは，正規分布 $f_N(x)$ のモーメント母関数 $M_N(\theta)$ を求めて，この分布の期待値（平均）が μ，分散が σ^2 となることを確かめておこう。

$$M_N(\theta)=E[e^{\theta X}]=\int_{-\infty}^{\infty}e^{\theta x}f_N(x)dx=\frac{1}{\sqrt{2\pi}\sigma}\int_{-\infty}^{\infty}e^{\theta x}\cdot e^{-\frac{(x-\mu)^2}{2\sigma^2}}dx$$

定数

$$=\frac{1}{\sqrt{2\pi}\sigma}\int_{-\infty}^{\infty}e^{-\frac{(x-\mu)^2}{2\sigma^2}+\theta x}dx$$

これを変形して，$-\frac{(\cdots\cdots)^2}{2\sigma^2}+○○$ の形にもち込む。

$$\text{指数部}=-\frac{(x-\mu)^2}{2\sigma^2}+\theta x=-\frac{1}{2\sigma^2}(x^2-2\mu x+\mu^2-2\sigma^2\theta x)$$

$$=-\frac{1}{2\sigma^2}\{x^2-2(\mu+\sigma^2\theta)x+(\mu+\sigma^2\theta)^2\}+\frac{1}{2\sigma^2}(\mu+\sigma^2\theta)^2-\frac{\mu^2}{2\sigma^2}$$

2で割って2乗

$$=-\frac{1}{2\sigma^2}\{x-(\mu+\sigma^2\theta)\}^2+\frac{2\mu\sigma^2\theta+\sigma^4\theta^2}{2\sigma^2}$$

μ'

$$=-\frac{(x-\mu')^2}{2\sigma^2}+\mu\theta+\frac{\sigma^2}{2}\theta^2\quad(\text{ただし，}\mu'=\mu+\sigma^2\theta)$$

よって，

$$M_N(\theta)=\frac{1}{\sqrt{2\pi}\sigma}\int_{-\infty}^{\infty}e^{-\frac{(x-\mu')^2}{2\sigma^2}+\mu\theta+\frac{\sigma^2}{2}\theta^2}dx$$

$$=\frac{1}{\sqrt{2\pi}\sigma}\cdot e^{\mu\theta+\frac{\sigma^2}{2}\theta^2}\underbrace{\int_{-\infty}^{\infty}e^{-\frac{(x-\mu')^2}{2\sigma^2}}dx}_{㋐}\quad\cdots\cdots①$$

ここで，㋐ $\int_{-\infty}^{\infty}e^{-\frac{(x-\mu')^2}{2\sigma^2}}dx$ について，$t=\frac{x-\mu'}{\sigma}$ とおくと，

x：$-\infty\to\infty$ のとき，t：$-\infty\to\infty$　また，$\sigma dt=dx$ より，

$$㋐\int_{-\infty}^{\infty}e^{-\frac{(x-\mu')^2}{2\sigma^2}}dx=\int_{-\infty}^{\infty}e^{-\frac{t^2}{2}}\cdot\sigma\,dt=\sigma\int_{-\infty}^{\infty}e^{-\frac{t^2}{2}}dt=\sqrt{2\pi}\sigma$$

$\sqrt{2\pi}$ ← ゲームオーバー

㋐を①に代入して，$M_N(\theta)=\frac{1}{\sqrt{2\pi}\sigma}e^{\mu\theta+\frac{\sigma^2}{2}\theta^2}\cdot\underbrace{\sqrt{2\pi}\sigma}_{㋐}$

∴正規分布 $N(\mu,\sigma^2)$ のモーメント母関数は，$M_N(\theta)=e^{\mu\theta+\frac{\sigma^2}{2}\theta^2}$ となる。

(ⅰ) $M_N(\theta)$ を θ で微分して，　合成関数の微分

$$M_N{}'(\theta) = e^{\mu\theta + \frac{\sigma^2}{2}\theta^2} \cdot \left(\mu\theta + \frac{\sigma^2}{2}\theta^2\right)' = (\mu + \sigma^2\theta)e^{\mu\theta + \frac{\sigma^2}{2}\theta^2}$$

(ⅱ) $M_N{}'(\theta)$ をさらに θ で微分して，　公式：$(f\cdot g)' = f'\cdot g + f\cdot g'$

$$M_N{}''(\theta) = \sigma^2 \cdot e^{\mu\theta + \frac{\sigma^2}{2}\theta^2} + (\mu + \sigma^2\theta) \cdot e^{\mu\theta + \frac{\sigma^2}{2}\theta^2}\left(\mu\theta + \frac{\sigma^2}{2}\theta^2\right)'$$

$$= \{\sigma^2 + (\mu + \sigma^2\theta)^2\}e^{\mu\theta + \frac{\sigma^2}{2}\theta^2}$$

よって，正規分布 $N(\mu, \sigma^2)$ の期待値 $E_N[X]$ と分散 $V_N[X]$ は，

$$E_N[X] = M_N{}'(0) = (\mu + \sigma^2 \cdot 0)e^{\mu 0 + \frac{\sigma^2}{2}0^2} = \mu \cdot e^0 = \mu \quad \text{および}$$

$$V_N[X] = M_N{}''(0) - \underbrace{M_N{}'(0)^2}_{\mu^2} = (\sigma^2 + \mu^2) \cdot \underbrace{e^0}_{1} - \mu^2 = \sigma^2 \quad \text{となる。}$$

この期待値 μ と分散 σ^2 が与えられると正規分布は定まるので，$N(\mu, \sigma^2)$ と表すんだよ。

ここで，ある分布の期待値と分散が，それぞれ同じ μ, σ^2 であったとしても，それは正規分布とは限らない。しかし，モーメント母関数 $M(\theta)$ と確率分布（確率関数または確率密度）は1対1に対応するので，もし，$M(\theta) = e^{\mu\theta + \frac{\sigma^2}{2}\theta^2}$ が与えられたとすると，それは確率密度 $f_N(x) = \frac{1}{\sqrt{2\pi}\sigma}e^{-\frac{(x-\mu)^2}{2\sigma^2}}$ の分布を表すことになる。これを基本事項として下にまとめておく。

確率分布とモーメント母関数

確率密度 確率関数	1対1対応 ←→	モーメント母関数

● 再び，標準正規分布に戻ろう！

正規分布に限らず，平均 μ，分散 σ^2 の確率分布に従う確率変数 X が与えられたとき，新たに確率変数 Z を $Z = \frac{X - \mu}{\sigma}$ と定義すると，Z は，平均0，分散1の確率分布に従うことになる。この変数変換を **“標準化”** といい，正規分布の場合，この変数の標準化を行うと，**“標準正規分布”** (*standard normal distribution*) $f_S(z) = \frac{1}{\sqrt{2\pi}}e^{-\frac{z^2}{2}}$ になる。

標準正規分布

正規分布 $f_N(x) = \dfrac{1}{\sqrt{2\pi}\sigma} e^{-\frac{(x-\mu)^2}{2\sigma^2}}$ $\xrightarrow[z=\frac{x-\mu}{\sigma}]{\text{標準化}}$ 標準正規分布 $f_S(z) = \dfrac{1}{\sqrt{2\pi}} e^{-\frac{z^2}{2}}$

それでは，実際に間違いないか，調べてみよう。

$z = \dfrac{x-\mu}{\sigma}$ とおくと，$x = \sigma z + \mu$　　$x : -\infty \to \infty$ のとき，$z : -\infty \to \infty$

また，$\dfrac{dx}{dz} = \sigma$ となる。以上より，

$$\int_{-\infty}^{\infty} f_S(z)dz = \int_{-\infty}^{\infty} f_N(x)dx = \int_{-\infty}^{\infty} f_N(\sigma z + \mu) \cdot \frac{dx}{dz} dz \quad [=1\ (\text{全確率})]$$

$\dfrac{dx}{dz} = \sigma$

$f_N(\sigma z + \mu) = \dfrac{1}{\sqrt{2\pi}\sigma} e^{-\frac{(\sigma z+\mu-\mu)^2}{2\sigma^2}} = \dfrac{1}{\sqrt{2\pi}\sigma} e^{-\frac{z^2}{2}}$

よって，標準正規分布の確率密度 $f_S(z)$ は，

$$f_S(z) = f_N(\sigma z + \mu) \cdot \frac{dx}{dz} = \frac{1}{\sqrt{2\pi}\sigma} e^{-\frac{z^2}{2}} \cdot \sigma = \frac{1}{\sqrt{2\pi}} e^{-\frac{z^2}{2}}$$ となる。

標準正規分布のモーメント母関数 $M_S(\theta)$ も求めておこう。

$$M_S(\theta) = E[e^{\theta Z}] = \int_{-\infty}^{\infty} e^{\theta z} \cdot f_S(z)dz = \frac{1}{\sqrt{2\pi}} \int_{-\infty}^{\infty} e^{\theta z} \cdot e^{-\frac{z^2}{2}} dz$$

$$= \frac{1}{\sqrt{2\pi}} \int_{-\infty}^{\infty} e^{-\frac{1}{2}(z^2 - 2\theta z + \theta^2) + \frac{\theta^2}{2}} dz = \frac{1}{\sqrt{2\pi}} e^{\frac{\theta^2}{2}} \int_{-\infty}^{\infty} e^{-\frac{(z-\theta)^2}{2}} dz$$

$z - \theta = t$ とおくと，$\displaystyle\int_{-\infty}^{\infty} e^{-\frac{t^2}{2}} dt = \sqrt{2\pi}$

$$= \frac{1}{\sqrt{2\pi}} e^{\frac{\theta^2}{2}} \cdot \sqrt{2\pi} = e^{\frac{\theta^2}{2}}$$

これは，$M_N(\theta) = e^{\mu\theta + \frac{\sigma^2}{2}\theta^2}$ の $\mu = 0$，$\sigma = 1$ に対応している。

$M_S{}'(\theta) = \theta \cdot e^{\frac{\theta^2}{2}}$　　$M_S{}''(\theta) = e^{\frac{\theta^2}{2}} + \theta^2 e^{\frac{\theta^2}{2}} = (\theta^2 + 1)e^{\frac{\theta^2}{2}}$

∴期待値 $E_S[Z] = M_S{}'(0) = 0$　$[=\mu]$

分散 $V_S[Z] = M_S{}''(0) - M_S{}'(0)^2 = 1 - 0^2 = 1$　$[=\sigma^2]$ と，結果が導けた！

従って，$\mu = 0$，$\sigma^2 = 1$ となるので，標準正規分布は，$N(0,\ 1)$ と表す。

これで，標準正規分布 $N(0,\ 1)$ の確率密度は，$f_S(z) = \dfrac{1}{\sqrt{2\pi}} e^{-\frac{z^2}{2}}$ であり，

モーメント母関数は $M_S(\theta) = e^{\frac{\theta^2}{2}}$ となることも大丈夫だね。

● 標準正規分布表を利用しよう！

一般に，正規分布 $N(\mu,\ \sigma^2)$ に従う確率変数 X はすべて，$Z=\dfrac{X-\mu}{\sigma}$ と Z に変換することにより，標準正規分布 $N(0,\ 1)$ にもち込むことができる。よって，この標準正規分布の確率密度 $f_S(x)=\dfrac{1}{\sqrt{2\pi}}e^{-\frac{x^2}{2}}$ を区間 $[z,\ \infty)$ で積分した関数

$$\phi(z)=\int_z^{\infty}f_S(x)dx \quad (z \geqq 0) \quad [\text{図3参照}]$$

の数表を作っておくと，さまざまな正規分布の確率計算に役に立つ。この標準正規分布表は，P225 に示している。

それでは，例題で実際に練習してみよう。

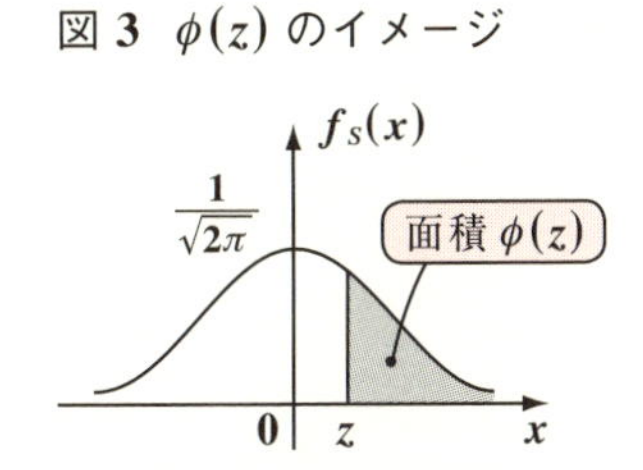

図3 $\phi(z)$ のイメージ

(1) 正規分布 $N(2,\ 3)$ に従う確率変数 X に対して P225 の標準正規分布表を用いて，(ⅰ) 確率 $P(X \geqq 3)$，および (ⅱ) 確率 $P(X \geqq 1)$ を求めよ。

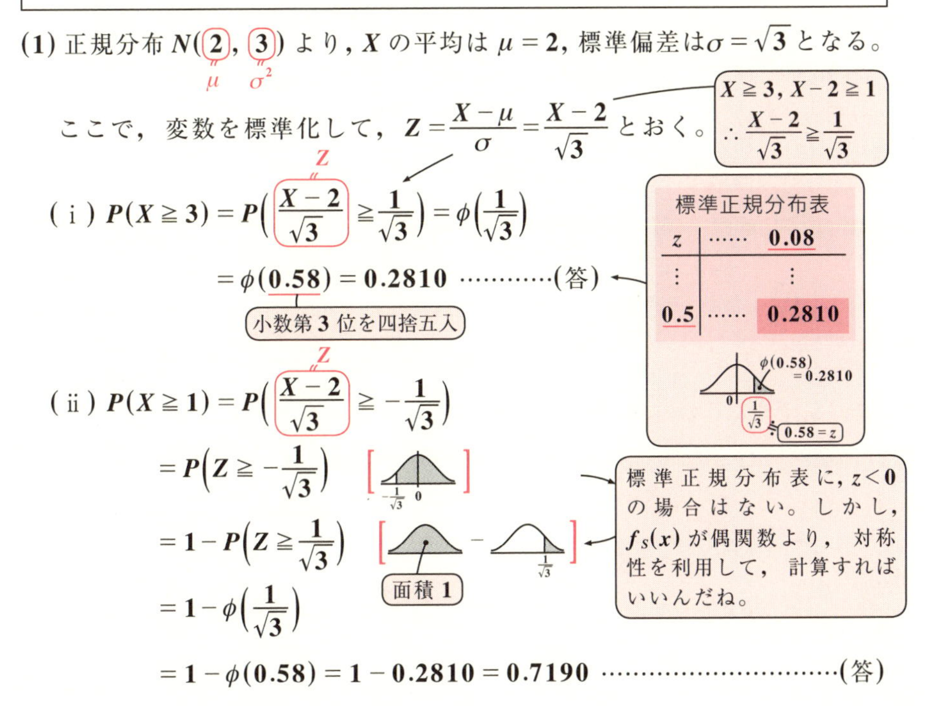

(1) 正規分布 $N(\underset{\mu}{2},\ \underset{\sigma^2}{3})$ より，X の平均は $\mu=2$，標準偏差は $\sigma=\sqrt{3}$ となる。

ここで，変数を標準化して，$Z=\dfrac{X-\mu}{\sigma}=\dfrac{X-2}{\sqrt{3}}$ とおく。

(ⅰ) $P(X \geqq 3)=P\left(\dfrac{X-2}{\sqrt{3}} \geqq \dfrac{1}{\sqrt{3}}\right)=\phi\left(\dfrac{1}{\sqrt{3}}\right)$

$=\phi(0.58)=0.2810$ …………(答)

(ⅱ) $P(X \geqq 1)=P\left(\dfrac{X-2}{\sqrt{3}} \geqq -\dfrac{1}{\sqrt{3}}\right)$

$=P\left(Z \geqq -\dfrac{1}{\sqrt{3}}\right)$

$=1-P\left(Z \geqq \dfrac{1}{\sqrt{3}}\right)$

$=1-\phi\left(\dfrac{1}{\sqrt{3}}\right)$

$=1-\phi(0.58)=1-0.2810=0.7190$ ……………………………(答)

● 正規分布と誤差関数の関係も押さえておこう！

正規分布 $N(\mu, \sigma^2)$ や標準正規分布 $N(0, 1)$ と似て非なる関数として，理工書では時々顔を出す“**誤差関数**”(*error function*) $erf(x)$ と，“**余誤差関数**” $erfc(x)$ についても解説しておこう。

まず，これらの関数 $erf(x)$ と $erfc(x)$ の定義を下に示そう。

誤差関数と余誤差関数の定義

(Ⅰ) 誤差関数の $erf(x)$ は，次式で定義される。

$$erf(x) = \frac{2}{\sqrt{\pi}} \int_0^x e^{-u^2} du \quad \cdots\cdots (*a)$$

これに対して，

(Ⅱ) 余誤差関数の $erfc(x)$ は，次式で定義される。

$$erfc(x) = \frac{2}{\sqrt{\pi}} \int_x^\infty e^{-u^2} du \quad \cdots\cdots (*a)'$$

この誤差関数や余誤差関数は，ガウスが測定誤差を評価するために導き出したものなんだ。ン？$(*a)$ や $(*a)'$ の積分に何故係数 $\frac{2}{\sqrt{\pi}}$ がかかっているのか，気になるって？

それは無限積分 $\int_0^\infty e^{-x^2} dx = \frac{\sqrt{\pi}}{2} \quad \cdots\cdots (*b)$ となるからなんだ。

$\int_{-\infty}^\infty e^{-x^2} dx$ の積分結果が，$\int_{-\infty}^\infty e^{-x^2} dx = \sqrt{\pi}$ となることは，**P77** で既に解説した。ここで，$y = e^{-x^2}$ は，偶関数なので，右図に示すようなすり鉢型の y 軸に関して左右対称なグラフとなるので，$(*b)$ が成り立つことが分かるはずだ。

$y = e^{-x^2}$　$\int_0^\infty e^{-x^2} dx = \frac{\sqrt{\pi}}{2}$

よって，$(*b)$ の両辺に $\frac{2}{\sqrt{\pi}}$ $(\fallingdotseq 1.13)$ をかけると，

$\frac{2}{\sqrt{\pi}} \int_0^\infty e^{-x^2} dx = 1 \quad \cdots\cdots (*b)'$ となって，曲線 $y = \frac{2}{\sqrt{\pi}} e^{-x^2}$ $(0 \leqq x < \infty)$ と

x 軸とで挟まれる図形の面積が 1 となって，正規化されるんだね。

ここで，変数を x から u に変えて，関数 $y=\frac{2}{\sqrt{\pi}}e^{-u^2}$ を，積分区間 $0 \leqq u \leqq x$ で積分したものが誤差関数 $erf(x)$ で，

$$erf(x)=\frac{2}{\sqrt{\pi}}\int_0^x e^{-u^2}du \quad \cdots\cdots(*a)$$

となる。これは，図 4 に示すように，$0 \leqq u \leqq x$ において，曲線 $y=\frac{2}{\sqrt{\pi}}e^{-u^2}$ と u 軸とで挟まれる図形の面積に等しい。よって，x の値を変化させると，$erf(x)$ の値も変化し，

図 4　誤差関数 $erf(x)$

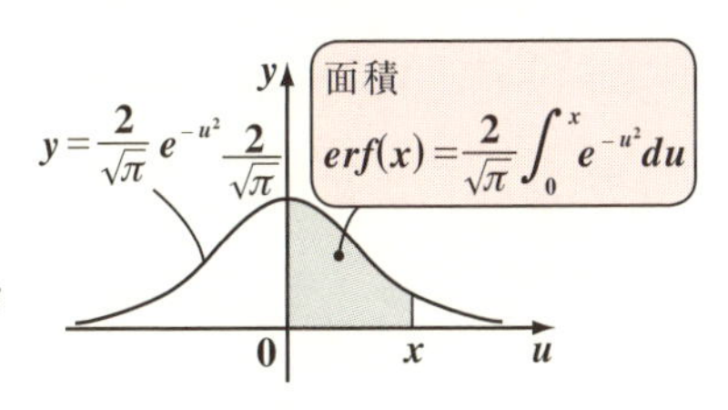

・$x=0$ のとき，$erf(0)=0$　　・$\lim_{x\to\infty} erf(x)=1$　となる。

これ以外の x の値のときの $erf(x)$ の値については，下の表 1 の関数表を利用して求めればいい。この表から，理論的には，$x\to\infty$ のとき $erf(x)\to 1$ となるのだけれど，実際にはこの有効数字で見ると，$x=3.6$ の時点で既に $erf(x)=1$ となってしまうのが分かると思う。

表 1　誤差関数 $erf(x)$ の関数表

x	$erf(x)$	x	$erf(x)$	x	$erf(x)$	x	$erf(x)$
0.00	0.000000	0.50	0.520500	1.00	0.842701	2.0	0.995322
0.05	0.056372	0.55	0.563323	1.1	0.880205	2.2	0.998137
0.10	0.112463	0.60	0.603856	1.2	0.910314	2.4	0.999311
0.15	0.167996	0.65	0.642029	1.3	0.934008	2.6	0.999764
0.20	0.222703	0.70	0.677801	1.4	0.952285	2.8	0.999925
0.25	0.276326	0.75	0.711156	1.5	0.966105	3.0	0.999978
0.30	0.328627	0.80	0.742101	1.6	0.976348	3.2	0.999994
0.35	0.379382	0.85	0.770668	1.7	0.983790	3.4	0.999998
0.40	0.428392	0.90	0.796908	1.8	0.989091	3.6	1.000000
0.45	0.475482	0.95	0.820891	1.9	0.992790	…	…………

誤差関数 $erf(x)$ に対して，“**余誤差関数**” $erfc(x)$ は，

$$erfc(x) = \frac{2}{\sqrt{\pi}} \int_x^{\infty} e^{-u^2} du \quad \cdots\cdots(*a)'$$

で定義されるので，これは図 **5** に示すように，$x \leqq u < \infty$ の範囲で，曲線 $y = \frac{2}{\sqrt{\pi}} e^{-u^2}$ と u 軸とで挟まれる図形の面積になる。そして，当然：$erf(x) + erfc(x) = 1$　も成り立つんだね。

図 **5**　余誤差関数 $erfc(x)$

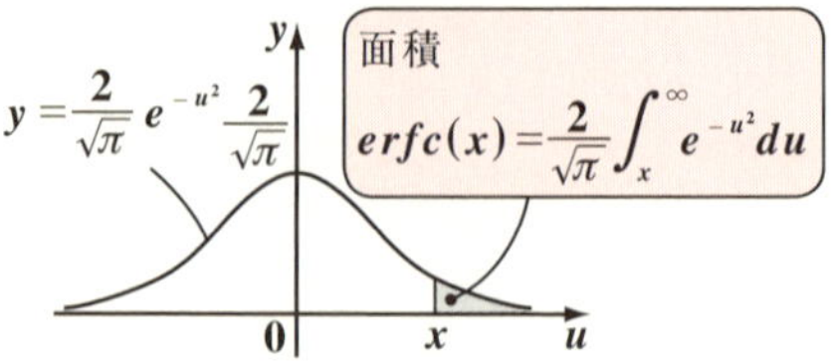

$y = \frac{2}{\sqrt{\pi}} e^{-u^2}$　$\frac{2}{\sqrt{\pi}}$

面積 $erfc(x) = \frac{2}{\sqrt{\pi}} \int_x^{\infty} e^{-u^2} du$

この誤差関数 $erf(x)$ や余誤差関数 $erfc(x)$ は偏微分方程式の解法でも出てくる重要な関数なので，頭に入れておくといいよ。

では，この誤差関数 $erf(x) = \int_0^x \frac{2}{\sqrt{\pi}} e^{-u^2} du$ や余誤差関数 $erfc(x)$ の被積分関数を $f_e(x) = \frac{2}{\sqrt{\pi}} e^{-x^2}$ とおいて，これを，標準正規分布 $f_S(x)$ や正規分布 $f_N(x)$ と比較してみることにしよう。

（$\frac{2}{\sqrt{\pi}} e^{-u^2} = f_e(u)$）

（独立変数を u から x に戻した。）

まず，$f_e(x)$ は，確率密度にはなり得ないことは分かるね。誤差関数の性質として，

$\int_0^{\infty} f_e(u) du = \frac{2}{\sqrt{\pi}} \int_0^{\infty} e^{-u^2} du = 1$ だった。ということは，e^{-u^2} は偶関数より

$$\int_{-\infty}^{\infty} f_e(u) du = \frac{2}{\sqrt{\pi}} \int_{-\infty}^{\infty} e^{-u^2} du = 2$$

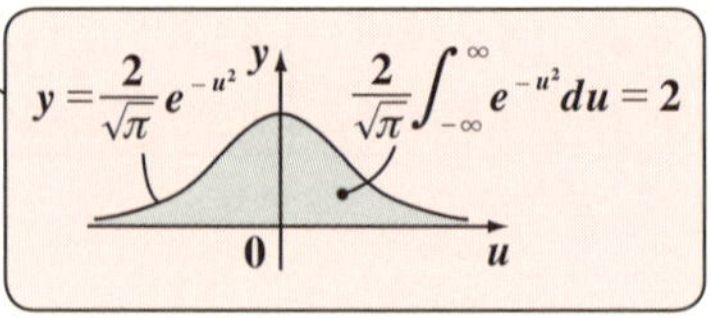

となるからだ。よって，この両辺を **2** で割ると

$y = \frac{2}{\sqrt{\pi}} e^{-u^2}$　$\frac{2}{\sqrt{\pi}} \int_{-\infty}^{\infty} e^{-u^2} du = 2$

$\int_{-\infty}^{\infty} \frac{1}{2} f_e(u) du = 1$ （全確率）となるので，

$\frac{1}{2}f_e(x) = \frac{1}{\sqrt{\pi}}e^{-x^2}$ は，確率密度となり得るんだね。よってこれと，$f_S(x)$ や $f_N(x)$ を比較してみることにしよう。

（i）$\frac{1}{2}f_e(x) = \frac{1}{\sqrt{\pi}}e^{-x^2}$ について，$x = \frac{z}{\sqrt{2}}$ とおくと，

x：$-\infty \to \infty$ のとき，z：$-\infty \to \infty$，$dx = \frac{1}{\sqrt{2}}dz$ より

$$\int_{-\infty}^{\infty}\frac{1}{2}f_e(x)dx = \int_{-\infty}^{\infty}\frac{1}{\sqrt{\pi}}e^{-x^2}dx = \int_{-\infty}^{\infty}\underbrace{\frac{1}{\sqrt{\pi}}e^{-\left(\frac{z}{\sqrt{2}}\right)^2}\frac{1}{\sqrt{2}}}_{f_S(z)=\frac{1}{\sqrt{2\pi}}e^{-\frac{z^2}{2}}}dz$$ となって，

標準正規分布の確率密度 $f_S(z) = \frac{1}{\sqrt{2\pi}}e^{-\frac{z^2}{2}}$ が導けるんだね。また，

（ii）$\frac{1}{2}f_e(x) = \frac{1}{\sqrt{\pi}}e^{-x^2}$ について，$x = \frac{t-\mu}{\sqrt{2}\sigma}$ $(\mu > 0,\ \sigma > 0)$ とおくと，

x：$-\infty \to \infty$ のとき，t：$-\infty \to \infty$，$dx = \frac{1}{\sqrt{2}\sigma}dt$ より

$$\int_{-\infty}^{\infty}\frac{1}{2}f_e(x)dx = \int_{-\infty}^{\infty}\frac{1}{\sqrt{\pi}}e^{-x^2}dx = \int_{-\infty}^{\infty}\underbrace{\frac{1}{\sqrt{\pi}}e^{-\left(\frac{t-\mu}{\sqrt{2}\sigma}\right)^2}\frac{1}{\sqrt{2}\sigma}}_{f_N(t)=\frac{1}{\sqrt{2\pi}\sigma}e^{-\frac{(t-\mu)^2}{2\sigma^2}}}dt$$ となって，

正規分布の確率密度 $f_N(x) = \frac{1}{\sqrt{2\pi}\sigma}e^{-\frac{(x-\mu)^2}{2\sigma^2}}$ も導けるんだね。

変数を t から x に戻して，示した。

このように，誤差関数 $erf(x)$ や余誤差関数 $erfc(x)$ は，標準正規分布 $N(0,\ 1)$ や正規分布 $N(\mu,\ \sigma^2)$ とは直接関係があるわけではないけれど，その被積分関数 $f_e(x)$ を 2 で割ったものは，標準正規分布や正規分布の確率密度に変換できることが分かったんだね。それぞれ，混乱しないように，区別して使い分けてほしい。

演習問題 11 ● 正規分布と確率計算（Ⅰ）●

確率変数 X が，モーメント母関数 $M(\theta)=e^{2\theta+3\theta^2}$ の正規分布 $N(\mu,\ \sigma^2)$ に従うとき，平均 μ と分散 σ^2 を求めよ。また，P225 の標準正規分布表を用いて，確率 $P(1\leqq X\leqq 5)$ を求めよ。

ヒント！ 正規分布 $N(\mu,\ \sigma^2)$ のモーメント母関数 $M(\theta)=e^{\mu\theta+\frac{\sigma^2}{2}\theta^2}$ から，θ と σ^2 を求める。$P(1\leqq X\leqq 5)$ は，X を標準化して，標準正規分布表を使って求める。

解答＆解説

正規分布 $N(\mu,\ \sigma^2)$ のモーメント母関数 $M(\theta)=e^{\mu\theta+\frac{\sigma^2}{2}\theta^2}=e^{\boxed{2}\theta+\boxed{3}\theta^2}$（$\mu$ ＝ 2，$\frac{\sigma^2}{2}$ ＝ 3）

より，指数部の係数を比較して，平均 $\mu=2$，分散 $\sigma^2=6$ ……………………（答）

新たに確率変数 Z を $Z=\dfrac{X-\mu}{\sigma}=\dfrac{X-2}{\sqrt{6}}$ と定義すると，（X の標準化）

$1\leqq X\leqq 5$ のとき，$-\dfrac{1}{\sqrt{6}}\leqq Z\leqq\dfrac{3}{\sqrt{6}}$ となる。

（$1\leqq X\leqq 5$ より，$-1\leqq X-2\leqq 3$
$-\dfrac{1}{\sqrt{6}}\leqq\dfrac{X-2}{\sqrt{6}}\leqq\dfrac{3}{\sqrt{6}}$，$-\dfrac{1}{\sqrt{6}}\leqq Z\leqq\dfrac{3}{\sqrt{6}}$）

∴ 求める確率は，

$$P(1\leqq X\leqq 5)=P\left(-\frac{1}{\sqrt{6}}\leqq Z\leqq\frac{3}{\sqrt{6}}\right)$$

$$=1-\phi\left(\frac{3}{\sqrt{6}}\right)-\phi\left(\frac{1}{\sqrt{6}}\right)$$

（1：全確率，$\frac{3}{\sqrt{6}}\fallingdotseq 1.22$，$\frac{1}{\sqrt{6}}\fallingdotseq 0.41$）

$$=1-\phi(1.22)-\phi(0.41)$$

$$=1-0.1112-0.3409$$

$$=0.5479 \text{ ……………（答）}$$

標準正規分布表

z	……	0.02	z	……	0.01
⋮		⋮	⋮		⋮
1.2	……	0.1112	0.4	……	0.3409

実践問題 11　● 正規分布と確率計算（Ⅱ）●

確率変数 X が，モーメント母関数 $M(\theta)=e^{\theta+\theta^2}$ の正規分布 $N(\mu,\ \sigma^2)$ に従うとき，平均 μ と分散 σ^2 を求めよ。また，P225 の標準正規分布表を用いて，確率 $P(0 \leqq X \leqq 2)$ を求めよ。

ヒント！ 正規分布のモーメント母関数 $M(\theta)=e^{\mu\theta+\frac{\sigma^2}{2}\theta^2}=e^{\theta+\theta^2}$ から，μ と σ^2 を求める。$P(0 \leqq X \leqq 2)$ は，対称性に注意して標準正規分布表を利用して求めればいい。

解答＆解説

正規分布 $N(\mu,\ \sigma^2)$ のモーメント母関数 $M(\theta)=e^{\mu\theta+\frac{\sigma^2}{2}\theta^2}=e^{1\theta+1\theta^2}$ より，（μ = 1，$\frac{\sigma^2}{2}$ = 1）

指数部の係数を比較して，平均 $\mu=$ (ア)，分散 $\sigma^2=$ (イ) ……………(答)

新たに確率変数 Z を $Z=\dfrac{X-\mu}{\sigma}=\dfrac{X-1}{\sqrt{2}}$ と定義すると，

$0 \leqq X \leqq 2$ のとき，$-$(ウ)$\leqq Z \leqq$(ウ) となる。

（$0 \leqq X \leqq 2$ より，$-1 \leqq X-1 \leqq 1$
$-\dfrac{1}{\sqrt{2}} \leqq \dfrac{X-1}{\sqrt{2}} \leqq \dfrac{1}{\sqrt{2}}$，$-\dfrac{1}{\sqrt{2}} \leqq Z \leqq \dfrac{1}{\sqrt{2}}$）

∴求める確率は，

$P(0 \leqq X \leqq 2)=P\left(-\text{(ウ)} \leqq Z \leqq \text{(ウ)}\right)$　［$-\frac{1}{\sqrt{2}}$，$\frac{1}{\sqrt{2}}$］

$=1-2\phi\left(\dfrac{1}{\sqrt{2}}\right)$　［ $-\ 2\times$ $\frac{1}{\sqrt{2}}$ ］

（1：全確率，$\frac{1}{\sqrt{2}}$ ≒ 0.71）

$=1-2\phi(0.71)$

$=1-2\times$ (エ)

$=$ (オ) ……………(答)

標準正規分布表

z	……	0.01
⋮		⋮
0.7	……	0.2389

解答　(ア) 1　(イ) 2　(ウ) $\dfrac{1}{\sqrt{2}}$　(エ) 0.2389　(オ) 0.5222

§3. 中心極限定理

前節では，正規分布，標準正規分布について詳しく勉強したので，今回はこれらを応用して，**“大数の法則”**，**“中心極限定理”**の解説に入る。大数の法則については，将棋の駒の例で，その意味を話したけれど，今回は正規分布を利用して数学的にキッチリ証明しようと思う。また，中心極限定理も，正規分布の重要性を示す最重要定理の**1**つだ。この証明はかなり難しいんだけれど，理論好きな教官が試験で出題してくる可能性もあるので，シッカリ勉強しておくといい。難しい内容だけれど，またわかりやすく教えるから，心配はいらないよ。

● 大数の法則を証明しよう！

ある試行を**1**回行って事象Aの起こる確率pが数学的にわからなくても，この試行をn回行い，そのうちx回だけ事象Aが起こったとき，$\frac{x}{n}$を計算する。そして，このnを無限に大きくしていったとき，それは，確率pに限りなく近づく。すなわち，$\lim_{n\to\infty}\frac{x}{n}=p$が**“大数の法則”**と呼ばれるものだったんだね。図**1**に，将棋の駒を投げる場合の例をまた示しておいた。このことを，数学的にキチンと証明してみることにしよう。

図**1**　大数の法則

まず，n回この試行を行って，事象Aの起こる回数xは，二項分布に従う。よって，

$$P_B(x)={}_n\mathrm{C}_x\,p^xq^{n-x}\qquad(p+q=1)$$

この平均が$\mu=np$，分散が$\sigma^2=npq$となるのも大丈夫だね。

そして，n をどんどん大きくしていくと，二項分布は連続型の正規分布

$N(\mu, \sigma^2)$ になる。この確率密度 $f_X(x)$ は，

$$f_X(x) = \frac{1}{\sqrt{2\pi}\sigma} e^{-\frac{(x-\mu)^2}{2\sigma^2}} \quad (\mu = np,\ \sigma^2 = npq) \text{ となる。}$$

ここで，新たな確率変数 $\overline{X}$ を $\overline{X} = \frac{X}{n}$ と定義して，$\overline{X}$ が従う確率密度

そして，$\lim_{n\to\infty}\overline{x} = \lim_{n\to\infty}\frac{x}{n} = p$ を示せればいいんだね。

$f_{\overline{X}}(\overline{x})$ を求めてみよう。

$\overline{x} = \frac{x}{n}$ より，$x = n\overline{x}$ だから，x：$-\infty \to \infty$ のとき，$\overline{x}$：$-\infty \to \infty$

また，$\frac{dx}{d\overline{x}} = n$ となる。以上より，

$$\int_{-\infty}^{\infty} f_{\overline{X}}(\overline{x})d\overline{x} = \int_{-\infty}^{\infty} f_X(x)dx = \int_{-\infty}^{\infty} f_X(n\overline{x})\underbrace{\frac{dx}{d\overline{x}}}_{n} d\overline{x}$$

$$\therefore f_{\overline{X}}(\overline{x}) = n \cdot f_X(n\overline{x}) = n \cdot \frac{1}{\sqrt{2\pi}\sigma} e^{-\frac{(n\overline{x}-\mu)^2}{2\sigma^2}}$$

ここで，$\mu = np$，$\sigma^2 = npq\ (\sigma = \sqrt{npq})$ を代入して，

$$f_{\overline{X}}(\overline{x}) = \frac{n}{\sqrt{2\pi}\sqrt{npq}} e^{-\frac{(n\overline{x}-np)^2}{2npq}}$$

分子・分母を n^2 で割る！

$$= \frac{1}{\sqrt{2\pi}\underbrace{\sqrt{\frac{pq}{n}}}_{\sigma_{\overline{X}}}} e^{-\frac{(\overline{x}-\overbrace{p}^{\mu_{\overline{X}}})^2}{2\cdot\underbrace{\frac{pq}{n}}_{\sigma_{\overline{X}}^2}}}$$

正規分布

$$f_N(x) = \frac{1}{\sqrt{2\pi}\sigma} e^{-\frac{(x-\mu)^2}{2\sigma^2}}$$

よって，確率変数 $\overline{X}$ は，平均 $\mu_{\overline{X}} = p$，分散 $\sigma_{\overline{X}}^2 = \frac{pq}{n}$ の正規分布 $N\left(p, \frac{pq}{n}\right)$

に従う。ここでさらに，n を大きくして，$n \to \infty$ にすると，

$$\lim_{n\to\infty}\sigma_{\overline{X}}^2 = \lim_{n\to\infty}\frac{pq}{n} = 0$$ となって，分散が 0 の分布に近づく。

（pq：定数，$n \to \infty$）

このことを，図2に示す。図2(ⅰ)で，$n \gg 0$ のとき，$\overline{X}$ は p を平均とする分散 $\dfrac{pq}{n}$ の正規分布に従う。ここで，$n \to \infty$ にすると，分散が限りなく 0 に近づいて，図2(ⅱ)のようなパルス(これを“δ 関数”という)状の分布になる。つまり，$\overline{X}$ は p 以外の値をとらなくなってしまう。これから，

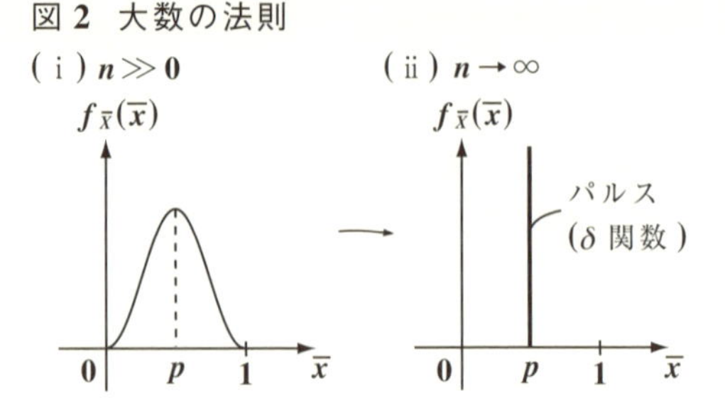

図2 大数の法則

“デルタ”と読む

$\lim\limits_{n\to\infty}\overline{x} = \lim\limits_{n\to\infty}\dfrac{x}{n} = p$ となって，大数の法則が導けた！ どう？ 面白かっただろう。

● 中心極限定理に挑戦だ！

さァ，“**中心極限定理**”の解説に入ろう。まず，この定理を基本事項としてまとめて下に示す。

中心極限定理

互いに独立な確率変数 $X_1, X_2, \cdots\cdots, X_n$ が平均 μ，分散 σ^2 の同一の確率分布(確率密度)に従うとき，$\overline{X} = \dfrac{X_1 + X_2 + \cdots\cdots + X_n}{n}$ とおく。

ここで，さらに確率変数 Z を $Z = \dfrac{\overline{X} - \mu}{\dfrac{\sigma}{\sqrt{n}}}$ で定義すると，

Z は，$n \to \infty$ のとき，標準正規分布 $N(0, 1)$ に従う。

これは，$n \to \infty$ のとき，$\overline{X}$ が正規分布 $N\left(\mu, \dfrac{\sigma^2}{n}\right)$ に従うので，それを標準化した確率変数 $Z = \dfrac{\overline{X} - \mu}{\dfrac{\sigma}{\sqrt{n}}}$ は，標準正規分布 $N(0, 1)$ に従うものと考えていい。

この中心極限定理の面白さは，独立なそれぞれの確率変数 $X_1, X_2, \cdots\cdots, X_n$ の従う同一の確率分布は，正規分布でなくてもよく，何でもいいと言っているんだよ。しかし，それらの分布から取り出された n 個の変数の相加平均 $\overline{X}$ は，$n \to \infty$ のとき正規分布 $N\left(\mu, \dfrac{\sigma^2}{n}\right)$ に従う。

すなわち，これを標準化した確率変数 $Z = \dfrac{\overline{X} - \mu}{\dfrac{\sigma}{\sqrt{n}}}$ は，標準正規分布 $N(0, 1)$ に従う，と言ってるんだね。

この証明にチャレンジしよう。

図3　中心極限定理のイメージ

平均 μ，分散 σ^2 をもつ同一の分布
（正規分布でなくてもいい！）

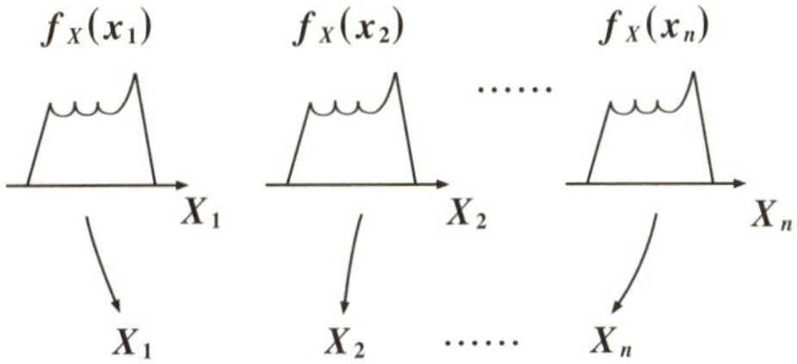

$f_X(x_1)$　$f_X(x_2)$　……　$f_X(x_n)$

X_1　X_2　X_n

X_1　X_2　……　X_n

$\overline{X} = \dfrac{X_1 + X_2 + \cdots\cdots + X_n}{n}$ とおくと，
$n \to \infty$ のとき，$\overline{X}$ は $N\left(\mu, \dfrac{\sigma^2}{n}\right)$，
すなわち Z は $N(0, 1)$ に従う。

互いに独立な確率変数 $X_1, X_2, \cdots\cdots, X_n$ は，平均 μ，分散 σ^2 の同一の確率密度 $f_X(x)$ に従うものとすると，

$$\begin{cases} E[X_1] = E[X_2] = \cdots\cdots = E[X_n] = \mu \\ V[X_1] = V[X_2] = \cdots\cdots = V[X_n] = \sigma^2 \end{cases}$$

となる。

ここで，$\overline{X} = \dfrac{X_1 + X_2 + \cdots\cdots + X_n}{n}$ とおくと，

期待値の演算の線形性

$$\begin{cases} E[\overline{X}] = \dfrac{1}{n}\left\{E[X_1] + E[X_2] + \cdots\cdots + E[X_n]\right\} = \dfrac{1}{n} \cdot n\mu = \mu \\ V[\overline{X}] = \dfrac{1}{n^2}\left\{V[X_1] + V[X_2] + \cdots\cdots + V[X_n]\right\} = \dfrac{1}{n^2} \cdot n\sigma^2 = \dfrac{\sigma^2}{n} \end{cases}$$

（$\because X_1, X_2, \cdots\cdots, X_n$ は互いに独立）

ここで，$X_i\ (i = 1, 2, \cdots\cdots, n)$ のモーメント母関数を $M_X(\theta)$ とおくと，

$$M_X(\theta) = E[e^{\theta X_i}] = \int_{-\infty}^{\infty} e^{\theta x_i} f_X(x_i)\,dx_i \quad (i = 1, 2, \cdots\cdots, n)$$

次に，$\overline{X}$ のモーメント母関数を $M_{\overline{X}}(\theta)$ とおくと，

$$M_{\overline{X}}(\theta)=E[e^{\theta\overline{X}}]=\int_{-\infty}^{\infty}\int_{-\infty}^{\infty}\cdots\int_{-\infty}^{\infty}e^{\theta\overline{x}}f_{\overline{X}}(x_1,\ x_2,\ \cdots,\ x_n)dx_1dx_2\cdots dx_n$$

$e^{\frac{\theta}{n}(x_1+x_2+\cdots\cdots+x_n)}=e^{\frac{\theta}{n}x_1}\cdot e^{\frac{\theta}{n}x_2}\cdot\cdots\cdots\cdot e^{\frac{\theta}{n}x_n}$

$f_X(x_1)\cdot f_X(x_2)\cdot\cdots\cdots\cdot f_X(x_n)$
（$\because X_1,\ X_2,\ \cdots,\ X_n$ は互いに独立）

$$=\int_{-\infty}^{\infty}\int_{-\infty}^{\infty}\cdots\int_{-\infty}^{\infty}e^{\frac{\theta}{n}x_1}\cdot e^{\frac{\theta}{n}x_2}\cdot\cdots\cdot e^{\frac{\theta}{n}x_n}\cdot f_X(x_1)\cdot f_X(x_2)\cdot\cdots\cdot f_X(x_n)dx_1dx_2\cdots dx_n$$

$$=\int_{-\infty}^{\infty}e^{\frac{\theta}{n}x_1}\cdot f_X(x_1)dx_1\cdot\int_{-\infty}^{\infty}e^{\frac{\theta}{n}x_2}\cdot f_X(x_2)dx_2\cdot\cdots\cdot\int_{-\infty}^{\infty}e^{\frac{\theta}{n}x_n}\cdot f_X(x_n)dx_n$$

$M_X\left(\frac{\theta}{n}\right)$　$M_X\left(\frac{\theta}{n}\right)$　$M_X\left(\frac{\theta}{n}\right)$

積分変数 $x_1,\ x_2,\ \cdots\cdots,\ x_n$ が何であれ，どれも同じ $M_X\left(\frac{\theta}{n}\right)$ になる。

$$=M_X\left(\frac{\theta}{n}\right)\cdot M_X\left(\frac{\theta}{n}\right)\cdot\cdots\cdots\cdot M_X\left(\frac{\theta}{n}\right)=\left\{M_X\left(\frac{\theta}{n}\right)\right\}^n$$

$\therefore\ M_{\overline{X}}(\theta)=\left\{M_X\left(\frac{\theta}{n}\right)\right\}^n$ ……① となる。

ここで，$Z=\dfrac{\overline{X}-\mu}{\frac{\sigma}{\sqrt{n}}}=\dfrac{\sqrt{n}}{\sigma}\overline{X}-\dfrac{\sqrt{n}}{\sigma}\mu$ ……②　とおいて，Z の確率密度 $f_Z(z)$ を調べてみよう。

確率変数の標準化

$\overline{x}=\dfrac{\sigma}{\sqrt{n}}z+\mu$，$\overline{x}$：$-\infty\to\infty$ のとき，z：$-\infty\to\infty$　また，$\dfrac{d\overline{x}}{dz}=\dfrac{\sigma}{\sqrt{n}}$ …③

以上より，

$$\int_{-\infty}^{\infty}f_Z(z)dz=\int_{-\infty}^{\infty}f_{\overline{X}}(\overline{x})d\overline{x}=\int_{-\infty}^{\infty}f_{\overline{X}}\left(\frac{\sigma}{\sqrt{n}}z+\mu\right)\cdot\frac{d\overline{x}}{dz}dz$$

（$\dfrac{d\overline{x}}{dz}=\dfrac{\sigma}{\sqrt{n}}$）

$\therefore\ f_Z(z)=\dfrac{\sigma}{\sqrt{n}}f_{\overline{X}}\left(\dfrac{\sigma}{\sqrt{n}}z+\mu\right)=\dfrac{\sigma}{\sqrt{n}}f_{\overline{X}}(\overline{x})$ ……④

方針

Z のモーメント母関数 $M_Z(\theta)$ が，$M_Z(\theta)=e^{\frac{\theta^2}{2}}=e^{\boxed{0}\cdot\theta+\frac{\boxed{1}}{2}\theta^2}$ となることを示せれば，Z は標準正規分布 $N(0,\ 1)$ に従うことがわかって，証明が終了する。

（$\boxed{0}=\mu$，$\boxed{1}=\sigma^2$）

ここで，Z のモーメント母関数 $M_Z(\theta)$ を求めると，

$$M_Z(\theta)=E[e^{\theta Z}]=\int_{-\infty}^{\infty}e^{\theta Z}f_Z(z)dz$$

$e^{\theta\left(\frac{\sqrt{n}}{\sigma}\bar{x}-\frac{\sqrt{n}}{\sigma}\mu\right)}$（②より）　$\frac{\sigma}{\sqrt{n}}f_{\bar{X}}(\bar{x})$（④より）

$\frac{\sqrt{n}}{\sigma}$（③より）

$$=\int_{-\infty}^{\infty}e^{\frac{\sqrt{n}\theta}{\sigma}\bar{x}}\cdot e^{-\frac{\sqrt{n}\theta}{\sigma}\mu}\cdot\frac{\sigma}{\sqrt{n}}\cdot f_{\bar{X}}(\bar{x})\frac{dz}{d\bar{x}}\cdot d\bar{x}$$

$\bar{x}$ での積分に切り替えた！

$$=e^{-\frac{\sqrt{n}\theta}{\sigma}\mu}\int_{-\infty}^{\infty}e^{\frac{\sqrt{n}\theta}{\sigma}\bar{x}}\cdot f_{\bar{X}}(\bar{x})d\bar{x}$$

$M_{\bar{X}}(\theta)=\int_{-\infty}^{\infty}e^{\theta\bar{x}}f_{\bar{X}}(\bar{x})d\bar{x}$ の θ に $\frac{\sqrt{n}\,\theta}{\sigma}$ が代入されたもの

$$=e^{-\frac{\sqrt{n}}{\sigma}\mu\theta}\,M_{\bar{X}}\left(\frac{\sqrt{n}}{\sigma}\theta\right)$$

$M_{\bar{X}}(\theta)=\left\{M_X\left(\frac{\theta}{n}\right)\right\}^n$ ……① の θ に $\frac{\sqrt{n}}{\sigma}\theta$ が代入されたもの

$$=e^{-\frac{\sqrt{n}}{\sigma}\mu\theta}\left\{M_X\left(\frac{\sqrt{n}}{n\sigma}\,\theta\right)\right\}^n$$

$$\therefore\ M_Z(\theta)=e^{-\frac{\sqrt{n}}{\sigma}\mu\theta}\left\{M_X\left(\frac{\theta}{\sqrt{n}\sigma}\right)\right\}^n\ \cdots\cdots⑤$$

⑤の両辺は正より，この両辺の自然対数をとると，

$$\log M_Z(\theta)=\log\left[e^{-\frac{\sqrt{n}}{\sigma}\mu\theta}\cdot\left\{M_X\left(\frac{\theta}{\sqrt{n}\sigma}\right)\right\}^n\right]$$

$$=-\frac{\sqrt{n}}{\sigma}\mu\theta+n\log M_X\left(\frac{\theta}{\sqrt{n}\sigma}\right)$$

$$M_X\left(\frac{\theta}{\sqrt{n}\,\sigma}\right)=E\left[e^{\frac{\theta}{\sqrt{n}\sigma}X}\right]=\int_{-\infty}^{\infty}e^{\frac{\theta}{\sqrt{n}\sigma}x}f_X(x)dx$$

$e^u=1+\frac{u}{1!}+\frac{u^2}{2!}+\frac{u^3}{3!}+\cdots\cdots$

$$=\int_{-\infty}^{\infty}\left\{1+\frac{1}{1!}\frac{\theta}{\sqrt{n}\,\sigma}x+\frac{1}{2!}\left(\frac{\theta}{\sqrt{n}\,\sigma}\right)^2x^2+\frac{1}{3!}\left(\frac{\theta}{\sqrt{n}\,\sigma}\right)^3x^3+\cdots\cdots\right\}f_X(x)dx$$

$$=1+\frac{\theta}{\sqrt{n}\,\sigma}E[X]+\frac{\theta^2}{2n\sigma^2}E[X^2]+\frac{\theta^3}{6n\sqrt{n}\,\sigma^3}E[X^3]+\cdots\cdots$$

$$\log M_Z(\theta) = -\frac{\sqrt{n}}{\sigma}\mu\theta + n\log\left\{1 + \underbrace{\frac{\theta}{\sqrt{n}\sigma}E[X] + \frac{\theta^2}{2n\sigma^2}E[X^2] + \frac{\theta^3}{6n\sqrt{n}\sigma^3}E[X^3] + \cdots\cdots}_{t\text{とみる}}\right\}$$

$\log(1+t)$ のマクローリン展開：$\log(1+t) = t - \frac{1}{2}t^2 + \frac{1}{3}t^3 - \frac{1}{4}t^4 + \cdots\cdots$ を使う！

$$= -\frac{\sqrt{n}}{\sigma}\mu\theta + n\left\{\underbrace{\left(\frac{\theta}{\sqrt{n}\sigma}E[X] + \frac{\theta^2}{2n\sigma^2}E[X^2] + \cdots\cdots\right)}_{t}\right.$$

$$-\frac{1}{2}\underbrace{\left(\frac{\theta}{\sqrt{n}\sigma}E[X] + \frac{\theta^2}{2n\sigma^2}E[X^2] + \cdots\cdots\right)^2}_{t^2}$$

$$\left. + \frac{1}{3}\underbrace{\left(\frac{\theta}{\sqrt{n}\sigma}E[X] + \frac{\theta^2}{2n\sigma^2}E[X^2] + \cdots\cdots\right)^3}_{t^3} - \cdots\cdots\right\}$$

注意

{　}内の $t - \frac{1}{2}t^2 + \frac{1}{3}t^3 - \cdots\cdots$ には，n がかかり，最終的には $n \to \infty$ とするので，t の中の $\frac{\theta}{\sqrt{n}\sigma}E[X] + \frac{\theta^2}{2n\sigma^2}E[X^2]$ と，$-\frac{1}{2}t^2$ の t^2 を展開したものの中の $\frac{\theta^2}{n\sigma^2}E[X]^2$ のみを考えればいい。他のものは，$\frac{\bigcirc}{n\sqrt{n}}$，$\frac{\triangle}{n^2}$，$\frac{\square}{n^2\sqrt{n}}$，…… となるので，$n$ をかけても $n \to \infty$ とすれば，すべて 0 に収束して無視できる項ばかりだからだ。

よって，

$$\log M_Z(\theta) = -\frac{\sqrt{n}}{\sigma}\mu\theta + n\left\{\frac{\theta}{\sqrt{n}\sigma}E[X] + \frac{\theta^2}{2n\sigma^2}E[X^2] - \frac{1}{2}\cdot\frac{\theta^2}{n\sigma^2}E[X]^2 + \cdots\cdots\right\}$$

$$= -\frac{\sqrt{n}}{\sigma}\mu\theta + \frac{\sqrt{n}}{\sigma}\theta\underbrace{E[X]}_{\mu} + \frac{\theta^2}{2\sigma^2}\underbrace{E[X^2]}_{\sigma^2+\mu^2} - \frac{\theta^2}{2\sigma^2}\underbrace{E[X]^2}_{\mu^2} + \cdots\cdots$$

$\because \sigma^2 = E[X^2] - \mu^2$

$n \to \infty$ のとき，これ以降は 0 に収束して，無視できる。

$\therefore$ $n \to \infty$ のとき，

$$\log M_Z(\theta) \to -\frac{\sqrt{n}}{\sigma}\mu\theta + \frac{\sqrt{n}}{\sigma}\mu\theta + \frac{\theta^2}{2\sigma^2}(\sigma^2 + \mu^2) - \frac{\theta^2}{2\sigma^2}\mu^2 = \frac{\theta^2}{2}$$

以上より，$n \to \infty$ のとき，

$\log M_Z(\theta) \to \frac{\theta^2}{2}$ から，$M_Z(\theta) \to e^{\frac{\theta^2}{2}}$ ← これは，標準正規分布 $N(0,\ 1)$ のモーメント母関数

$\therefore Z = \dfrac{\overline{X} - \mu}{\frac{\sigma}{\sqrt{n}}}$ は，標準正規分布 $N(0,\ 1)$ に従う。

よって，$\overline{X} = \dfrac{X_1 + X_2 + \cdots\cdots + X_n}{n}$ は，正規分布 $N\left(\mu,\ \dfrac{\sigma^2}{n}\right)$ に従う。

以上で，中心極限定理の証明が出来た！ フ～，疲れたって？ 確かに大変な証明だったからね。1回で理解しようとせず，何回でも繰り返し練習してみることが，マスターするための一番のコツだ。頑張ってくれ。

最後に，この証明の後半の山場となった，$\log(1+t)$ のマクローリン展開を復習しておこう。$f(t) = \log(1+t)$ とおくと，

$$f^{(1)}(t) = \frac{1}{1+t} = (1+t)^{-1}, \quad f^{(2)}(t) = -(1+t)^{-2} = -1!(1+t)^{-2},$$

$$f^{(3)}(t) = 2(1+t)^{-3} = 2!(1+t)^{-3}, \quad f^{(4)}(t) = -3!(1+t)^{-4}, \cdots\cdots$$

$$f^{(n)}(t) = (-1)^{n-1} \cdot (n-1)!(1+t)^{-n}$$

以上より，$f(t) = \log(1+t)$ をマクローリン展開すると，

$$f(t) = \log(1+t) = \underbrace{f(0)}_{\log 1 = 0} + \underbrace{\frac{f^{(1)}(0)}{1!}}_{\frac{1}{1!} = 1} t + \underbrace{\frac{f^{(2)}(0)}{2!}}_{\frac{-1!}{2!} = -\frac{1}{2}} t^2 + \underbrace{\frac{f^{(3)}(0)}{3!}}_{\frac{2!}{3!} = \frac{1}{3}} t^3 + \cdots\cdots + \underbrace{\frac{f^{(n)}(0)}{n!}}_{\frac{(-1)^{n-1} \cdot (n-1)!}{n!} = \frac{(-1)^{n-1}}{n}} t^n + \cdots\cdots$$

$$= t - \frac{1}{2}t^2 + \frac{1}{3}t^3 - \cdots\cdots + \frac{(-1)^{n-1}}{n} t^n + \cdots\cdots$$

となる。ここで，この収束半径 $R = 1$ より，$-1 < t < 1$ となる。

演習問題 12 ● 正規分布 $N(\mu, \sigma^2)$ に従う独立な確率変数群 ●

互いに独立な n 個の確率変数 $X_1, X_2, \cdots\cdots, X_n$ がすべて同一の正規分布 $N(\mu, \sigma^2)$ に従うとき，確率変数 $\overline{X} = \dfrac{X_1 + X_2 + \cdots\cdots + X_n}{n}$ が正規分布 $N\left(\mu, \dfrac{\sigma^2}{n}\right)$ に従うことを示せ。

レクチャー

中心極限定理と，今回の演習問題 12 の違いがわかるように，下に対比して示しておこう。

中心極限定理

平均 μ，分散 σ^2 のある同一の分布
（正規分布とは限らない）

X_1 X_2 …… X_n

X_1 X_2 …… X_n

$\overline{X} = \dfrac{X_1 + X_2 + \cdots\cdots + X_n}{n}$ とおくと，

$n \to \infty$ のとき，$\overline{X}$ は
正規分布 $N\left(\mu, \dfrac{\sigma^2}{n}\right)$ に従う。

演習問題 12

同一の正規分布
$N(\mu, \sigma^2)$

X_1 X_2 …… X_n

X_1 X_2 …… X_n

$\overline{X} = \dfrac{X_1 + X_2 + \cdots\cdots + X_n}{n}$ とおくと，

$\overline{X}$ は正規分布 $N\left(\mu, \dfrac{\sigma^2}{n}\right)$ に従う。

（n は有限なある定数のまま）

注意

中心極限定理で，本当に $n \to \infty$ とすると，分散 $\dfrac{\sigma^2}{n} \to 0$ となるので，$\overline{X}$ は正規分布というよりも，パルス（δ 関数）になってしまう。つまり，大数の法則と一緒になってしまうんだね。だから，ここでは，「$n \to \infty$」は，本当は，$n \gg 0$，つまり「n を十分大きな数にすると」位の意味に受けとった方がいいと思う。

ヒント！ 一般に，正規分布 $N(\mu, \sigma^2)$ のモーメント母関数 $M(\theta)$ は $M(\theta) = e^{\mu\theta + \frac{\sigma^2}{2}\theta^2}$ なので，$\overline{X}$ が正規分布 $N\left(\mu, \frac{\sigma^2}{n}\right)$ に従うことを示したかったら，このモーメント母関数 $M_{\overline{X}}(\theta)$ が，$M_{\overline{X}}(\theta) = e^{\mu\theta + \frac{1}{2}\cdot\frac{\sigma^2}{n}\theta^2}$ となることを示せばいいんだね。なぜならモーメント母関数と確率密度は 1 対 1 に対応するからだ。

解答＆解説

互いに独立な n 個の変数 $X_1, X_2, \cdots\cdots, X_n$ が，正規分布 $N(\mu, \sigma^2)$ に従うので，その確率密度 $f_X(x_i)$ とモーメント母関数 $M_X(\theta)$ は，

$$\begin{cases} f_X(x_i) = \dfrac{1}{\sqrt{2\pi}\sigma} e^{-\frac{(x_i-\mu)^2}{2\sigma^2}} \quad (i = 1, 2, \cdots\cdots, n) \\ M_X(\theta) = e^{\mu\theta + \frac{\sigma^2}{2}\theta^2} \cdots\cdots ① \end{cases}$$

となる。

ここで，確率変数 $\overline{X} = \dfrac{X_1 + X_2 + \cdots\cdots + X_n}{n}$ のモーメント母関数 $M_{\overline{X}}(\theta)$ を調べる。

$$M_{\overline{X}}(\theta) = E[e^{\theta\overline{X}}] = \int_{-\infty}^{\infty}\int_{-\infty}^{\infty}\cdots\int_{-\infty}^{\infty} e^{\theta\overline{x}} f_{\overline{X}}(x_1, x_2, \cdots, x_n)dx_1 dx_2 \cdots dx_n$$

$e^{\frac{\theta}{n}(x_1+x_2+\cdots\cdots+x_n)} = e^{\frac{\theta}{n}x_1} \cdot e^{\frac{\theta}{n}x_2} \cdot \cdots\cdots \cdot e^{\frac{\theta}{n}x_n}$

$f_X(x_1) \cdot f_X(x_2) \cdot \cdots\cdots \cdot f_X(x_n)$
（∵ $X_1, X_2, \cdots, X_n$ は互いに独立）

$$= \int_{-\infty}^{\infty} e^{\frac{\theta}{n}x_1} \cdot f_X(x_1)dx_1 \cdot \int_{-\infty}^{\infty} e^{\frac{\theta}{n}x_2} \cdot f_X(x_2)dx_2 \cdot \cdots\cdots \cdot \int_{-\infty}^{\infty} e^{\frac{\theta}{n}x_n} \cdot f_X(x_n)dx_n$$

（各積分 $= M_X\left(\frac{\theta}{n}\right)$）

$$= \left\{M_X\left(\frac{\theta}{n}\right)\right\}^n = \left\{e^{\mu\cdot\frac{\theta}{n} + \frac{\sigma^2}{2}\cdot\left(\frac{\theta}{n}\right)^2}\right\}^n = e^{n\left(\mu\cdot\frac{\theta}{n} + \frac{1}{2}\cdot\frac{\sigma^2}{n^2}\theta^2\right)}$$

①の θ に $\frac{\theta}{n}$ を代入したもの

平均　分散

$\therefore M_{\overline{X}}(\theta) = e^{\mu\theta + \frac{1}{2}\cdot\frac{\sigma^2}{n}\theta^2}$ より，確率変数 $\overline{X}$ は，正規分布 $N\left(\mu, \frac{\sigma^2}{n}\right)$ に従う。

……(終)

講義 4 ● ポアソン分布と正規分布　公式エッセンス

1. 二項分布→ポアソン分布

二項分布 (離散型)
($B(n, p)$ と表す。)

・確率関数
$$P_B(x) = {}_nC_x p^x q^{n-x} \quad (x = 0, 1, \cdots, n)$$

・モーメント母関数
$$M_B(\theta) = (pe^\theta + q)^n$$

・期待値と分散
$$\begin{cases} E_B[X] = np \ [= \mu] \\ V_B[X] = npq \end{cases}$$

$\xrightarrow{\mu = np \text{ (一定)}}$ $\begin{cases} n \to \infty \\ p \to 0 \end{cases}$

ポアソン分布 (離散型)
($P_o(\mu)$ と表す。)

・確率関数
$$P_P(x) = e^{-\mu} \cdot \frac{\mu^x}{x!} \quad (x = 0, 1, 2, \cdots)$$

・モーメント母関数
$$M_P(\theta) = e^{-\mu} \cdot e^{\mu \cdot e^\theta}$$

・期待値と分散
$$\begin{cases} E_P[X] = \mu \\ V_P[X] = \mu \end{cases}$$

2. 二項分布→正規分布

二項分布 (離散型)
($B(n, p)$ と表す。)

・確率関数
$$P_B(x) = {}_nC_x p^x q^{n-x} \quad (x = 0, 1, \cdots, n)$$

・モーメント母関数
$$M_B(\theta) = (pe^\theta + q)^n$$

・期待値と分散
$$\begin{cases} E_B[X] = np \ [= \mu] \\ V_B[X] = npq \end{cases}$$

$\xrightarrow{n \gg 0}$ $\begin{cases} p \text{ (一定)} \\ x \gg 0 \end{cases}$

正規分布 (連続型)
($N(\mu, \sigma^2)$ と表す。)

・確率密度
$$f_N(x) = \frac{1}{\sqrt{2\pi}\sigma} e^{-\frac{(x-\mu)^2}{2\sigma^2}} \quad (x : \text{連続型変数})$$

・モーメント母関数
$$M_N(\theta) = e^{\mu\theta + \frac{1}{2}\sigma^2\theta^2}$$

・期待値と分散
$$\begin{cases} E_N[X] = \mu \\ V_N[X] = \sigma^2 \end{cases}$$

3. 中心極限定理

互いに独立な確率変数 $X_1, X_2, \cdots\cdots, X_n$ が平均 μ，分散 σ^2 の同一の確率分布 (確率密度) に従うとき，$\overline{X} = \dfrac{X_1 + X_2 + \cdots\cdots + X_n}{n}$ とおく。

ここで，さらに確率変数 Z を $Z = \dfrac{\overline{X} - \mu}{\frac{\sigma}{\sqrt{n}}}$ で定義すると，

Z は，$n \to \infty$ のとき，標準正規分布 $N(0, 1)$ に従う。

χ^2分布, t分布, F分布

- ガンマ関数とベータ関数
- χ^2 分布（カイ 2 乗分布）
- t 分布（スチューデント分布）
- F 分布（フィッシャー分布）

§1. χ^2 分布

後に勉強する“**推定**”や“**検定**”では，正規分布だけでなく，χ^2 分布，（“カイ2乗”と読む）t 分布，F 分布も使われる。今回は，この中の χ^2 分布について詳しく解説する。

この節も理論的な解説が多くて大変だと思うけれど，ていねいに教えるから，シッカリついてらっしゃい。

それではまず，これら3つの分布の中に登場する**ガンマ関数**と**ベータ関数**の解説から始めることにしよう。

● ガンマ関数・ベータ関数から始めよう！

まず，**ガンマ関数**の定義とその性質を下に示す。

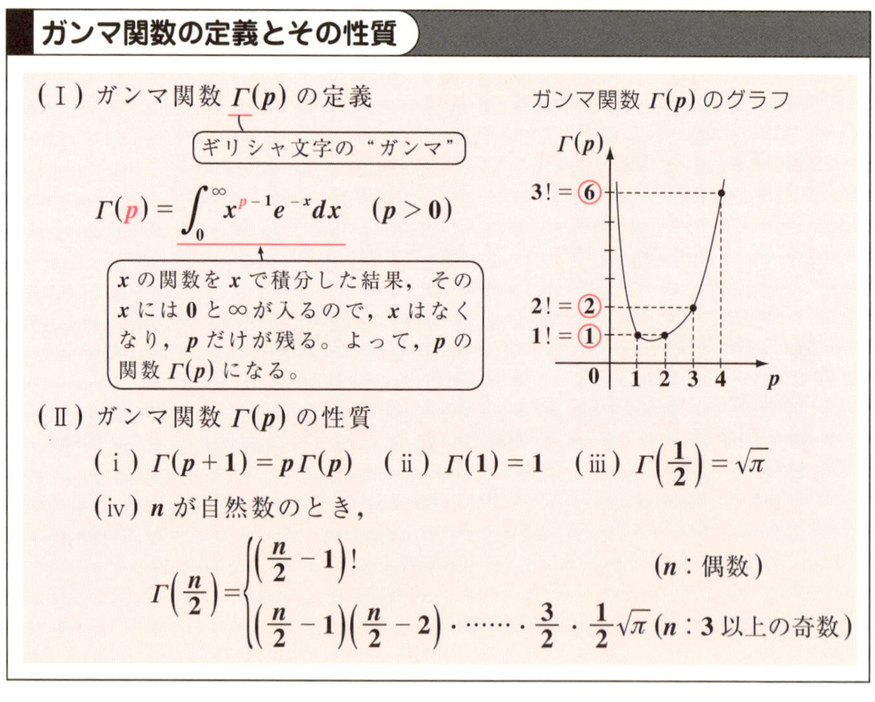

ガンマ関数の定義とその性質

(Ⅰ) ガンマ関数 $\Gamma(p)$ の定義（ギリシャ文字の“ガンマ”）

$$\Gamma(p) = \int_0^\infty x^{p-1}e^{-x}dx \quad (p>0)$$

x の関数を x で積分した結果，その x には 0 と ∞ が入るので，x はなくなり，p だけが残る。よって，p の関数 $\Gamma(p)$ になる。

ガンマ関数 $\Gamma(p)$ のグラフ

(Ⅱ) ガンマ関数 $\Gamma(p)$ の性質

(i) $\Gamma(p+1) = p\Gamma(p)$　(ii) $\Gamma(1)=1$　(iii) $\Gamma\left(\frac{1}{2}\right)=\sqrt{\pi}$

(iv) n が自然数のとき，

$$\Gamma\left(\frac{n}{2}\right)=\begin{cases}\left(\frac{n}{2}-1\right)! & (n:\text{偶数})\\ \left(\frac{n}{2}-1\right)\left(\frac{n}{2}-2\right)\cdot\cdots\cdots\cdot\frac{3}{2}\cdot\frac{1}{2}\sqrt{\pi} & (n:3\text{以上の奇数})\end{cases}$$

それでは，このガンマ関数に慣れるために，(Ⅱ)の性質を証明してみよう。

(ⅰ) $\Gamma(p+1)=\int_0^\infty x^{\overset{(p+1)-1}{p}}e^{-x}dx=\int_0^\infty x^p(-e^{-x})'dx$ ← 部分積分法を使った！

$=\lim_{a\to\infty}[-x^pe^{-x}]_0^a-\int_0^\infty px^{p-1}\cdot(-e^{-x})dx=p\Gamma(p)$

(ⅱ) $\Gamma(1)=\int_0^\infty \overset{1}{x^0}e^{-x}dx=\lim_{a\to\infty}[-e^{-x}]_0^a=\lim_{a\to\infty}(1-\overset{0}{e^{-a}})=1$

(ⅲ) $\Gamma\left(\frac{1}{2}\right)=\int_0^\infty x^{-\frac{1}{2}}\cdot e^{-x}dx=\int_0^\infty (t^2)^{-\frac{1}{2}}\cdot e^{-t^2}\cdot 2tdt$

$x=t^2$ $(t\geqq 0)$ とおくと, $x:0\to\infty$ のとき, $t:0\to\infty$, $dx=2tdt$

$=2\int_0^\infty e^{-t^2}dt=2\cdot\frac{1}{2}\sqrt{\pi}=\sqrt{\pi}$ ← $\int_{-\infty}^\infty e^{-x^2}dx=\sqrt{\pi}$ (P77) より, $\int_0^\infty e^{-x^2}dx=\frac{1}{2}\sqrt{\pi}$ だ！

(ⅳ) の性質は, (ⅰ)(ⅱ)(ⅲ) から示せる。

(ⅰ) $\Gamma(p+1)=p\cdot\Gamma(p)$ より,

$\Gamma(p)=(p-1)\Gamma(p-1)=(p-1)(p-2)\Gamma(p-2)=\cdots\cdots$ となる。

よって, $p=$ (2 以上の整数) ならば,

$\Gamma(p)=(p-1)(p-2)\cdot\cdots\cdots\cdot 2\cdot 1\cdot\underset{1\ (ⅱ)より}{\Gamma(1)}=(p-1)!$ となり,

$p=\left(1 以上の整数+\frac{1}{2}\right)$ ならば,

$\Gamma(p)=(p-1)(p-2)\cdot\cdots\cdots\cdot\frac{3}{2}\cdot\frac{1}{2}\cdot\underset{\sqrt{\pi}\ (ⅲ)より}{\Gamma\left(\frac{1}{2}\right)}$

$=(p-1)(p-2)\cdot\cdots\cdots\cdot\frac{3}{2}\cdot\frac{1}{2}\cdot\sqrt{\pi}$ だね。

以上より, 自然数 n に対して, (ⅳ) の性質が成り立つことがわかるはずだ。

$$\Gamma\left(\frac{n}{2}\right)=\begin{cases}\left(\frac{n}{2}-1\right)! & (n:偶数)\\ \left(\frac{n}{2}-1\right)\left(\frac{n}{2}-2\right)\cdot\cdots\cdots\cdot\frac{3}{2}\cdot\frac{1}{2}\cdot\sqrt{\pi} & (n:3 以上の奇数)\end{cases}$$

たとえば, $n=10$ のとき, $\Gamma\left(\frac{10}{2}\right)=\Gamma(5)=4!=24$ となるし,

$n=9$ のとき, $\Gamma\left(\frac{9}{2}\right)=\frac{7}{2}\cdot\frac{5}{2}\cdot\frac{3}{2}\cdot\frac{1}{2}\cdot\sqrt{\pi}=\frac{105\sqrt{\pi}}{16}$ となる。

次に，**ベータ関数**の定義と，その性質も下に示す。

ベータ関数の定義とその性質

(Ⅰ) ベータ関数 $B(p,\,q)$ の定義

$$B(p,\,q)=\int_0^1 x^{p-1}(1-x)^{q-1}dx \quad (p>0,\ q>0)$$

(Ⅱ) ベータ関数 $B(p,\,q)$ の性質

$$B(p,\,q)=\frac{\Gamma(p)\Gamma(q)}{\Gamma(p+q)}$$

(Ⅱ) の証明

置換積分のオンパレードだ！

$$\Gamma(p)\Gamma(q)=\int_0^\infty x^{p-1}e^{-x}dx\cdot\int_0^\infty y^{q-1}e^{-y}dy$$

$x=u^2,\ y=v^2\ (u\geqq 0,\ v\geqq 0)$ とおくと，$dx=2udu,\ dy=2vdv$
$x:0\to\infty$ のとき，$u:0\to\infty$，$y:0\to\infty$ のとき，$v:0\to\infty$

$$=\int_0^\infty u^{2p-2}e^{-u^2}2udu\cdot\int_0^\infty v^{2q-2}e^{-v^2}2vdv$$

$$=4\int_0^\infty\int_0^\infty u^{2p-1}v^{2q-1}e^{-(u^2+v^2)}dudv$$

$u=r\cos\theta,\ v=r\sin\theta$ とおくと， ← 極座標変換
$r:0\to\infty,\ \theta:0\to\frac{\pi}{2}$，ヤコビアンを J とおくと，$|J|=r$

$$=4\int_0^{\frac{\pi}{2}}\int_0^\infty r^{2p-1}\cos^{2p-1}\theta\, r^{2q-1}\sin^{2q-1}\theta\, e^{-r^2}\underbrace{r}_{|J|}\,drd\theta$$

$$=4\int_0^\infty r^{2(p+q)-1}e^{-r^2}dr\ \int_0^{\frac{\pi}{2}}\cos^{2p-1}\theta\sin^{2q-1}\theta d\theta$$

$r^2=t$ とおくと，$2rdr=dt$
$r:0\to\infty$ のとき，$t:0\to\infty$
$\int_0^\infty t^{p+q}\cdot r^{-1}\cdot e^{-t}\cdot\frac{1}{2r}dt$
$=\frac{1}{2}\int_0^\infty t^{(p+q)-1}\cdot e^{-t}dt$

$\cos^2\theta=x$ とおくと，$-2\cos\theta\sin\theta d\theta=dx$
$\theta:0\to\frac{\pi}{2}$ のとき，$x:1\to 0$
$\int_1^0\frac{x^p}{\cos\theta}\cdot\frac{(1-x)^q}{\sin\theta}\cdot\left(-\frac{1}{2}\right)\frac{1}{\cos\theta\sin\theta}dx$
$=\frac{1}{2}\int_0^1 x^{p-1}\cdot(1-x)^{q-1}dx$

$$=4\cdot\frac{1}{2}\int_0^\infty t^{(p+q)-1}e^{-t}dt\cdot\frac{1}{2}\int_0^1 x^{p-1}(1-x)^{q-1}dx$$

$$=4\cdot\frac{1}{2}\cdot\frac{1}{2}\Gamma(p+q)\cdot B(p,\,q)=\Gamma(p+q)\cdot B(p,\,q)$$

$\therefore\ \Gamma(p)\Gamma(q)=\Gamma(p+q)\cdot B(p,\,q)$ より，$B(p,\,q)=\dfrac{\Gamma(p)\Gamma(q)}{\Gamma(p+q)}$ は成り立つ。…(終)

積分計算において，$\int_{-\infty}^{\infty} e^{-\frac{x^2}{2}} dx$ にもち込めれば，$\sqrt{2\pi}$ となって，ゲームオーバーにできた。(P95)　これからは，ガンマ関数やベータ関数を使ったゲームオーバーも可能になる。例題を1つ。

$$\int_0^1 t^{\frac{1}{2}}(1-t)^{-\frac{1}{2}}dt = \int_0^1 t^{\overset{p}{\frac{3}{2}}-1}(1-t)^{\overset{q}{\frac{1}{2}}-1}dt = B\left(\frac{3}{2}, \frac{1}{2}\right) \leftarrow \boxed{\text{ベータ関数}}$$

$$= \frac{\Gamma\left(\frac{3}{2}\right) \cdot \Gamma\left(\frac{1}{2}\right)}{\Gamma\left(\frac{3}{2}+\frac{1}{2}\right)} = \frac{\frac{1}{2} \cdot \Gamma\left(\frac{1}{2}\right) \cdot \Gamma\left(\frac{1}{2}\right)}{\Gamma(2)} = \frac{\frac{1}{2} \cdot \sqrt{\pi} \cdot \sqrt{\pi}}{1 \cdot \underset{\Gamma(1)}{\boxed{1}}} = \frac{\pi}{2}$$ となる。

● χ^2 分布をマスターしよう！

それでは，いよいよ自由度 n の "χ^2 分布" (*chi-square distribution*)
（"カイ2乗分布" と読む）
の確率密度 $c_n(x)$ と，その意味を下に示すことにしよう。

χ^2 分布 (連続型)

互いに独立な n 個の確率変数 Z_1, Z_2, ……, Z_n が標準正規分布に従うとき，確率変数 $X = Z_1^2 + Z_2^2 + \cdots\cdots + Z_n^2$ は自由度 n の χ^2 分布に従う。

・自由度 n の χ^2 分布の確率密度：

$$c_n(x) = \begin{cases} \dfrac{1}{2^{\frac{n}{2}}\Gamma\left(\frac{n}{2}\right)} x^{\frac{n}{2}-1} e^{-\frac{x}{2}} & (x > 0) \\ 0 & (x \leqq 0) \end{cases}$$

・モーメント母関数：

$$M_C(\theta) = (1-2\theta)^{-\frac{n}{2}} \left(\text{ただし，} \theta < \frac{1}{2}\right)$$

・期待値と分散：

$$\begin{cases} E_C[X] = n \\ V_C[X] = 2n \end{cases}$$

標準正規分布 $N(0, 1)$

Z_1　Z_2　……　Z_n

ここで，$Y_1 = Z_1^2$, $Y_2 = Z_2^2$, ……, $Y_n = Z_n^2$ とおき，さらに，$X = Y_1 + Y_2 + \cdots\cdots + Y_n$ とおくと，X は，自由度 n の χ^2 分布

$$c_n(x) = A_n \cdot x^{\frac{n}{2}-1} e^{-\frac{x}{2}}$$

に従う。　(n：自然数)

自由度 $n=1, 2, 3, 5$ のときの χ^2 分布の確率密度 $c_1(x)$, $c_2(x)$, $c_3(x)$, $c_5(x)$ のグラフを図 1 に示す。

χ^2 分布については，いきなり $c_n(x)$ を求めることは難しいので，$c_1(x)$, $c_2(x)$, ……と，順に求めることにしよう。

図 1　χ^2 分布のグラフ

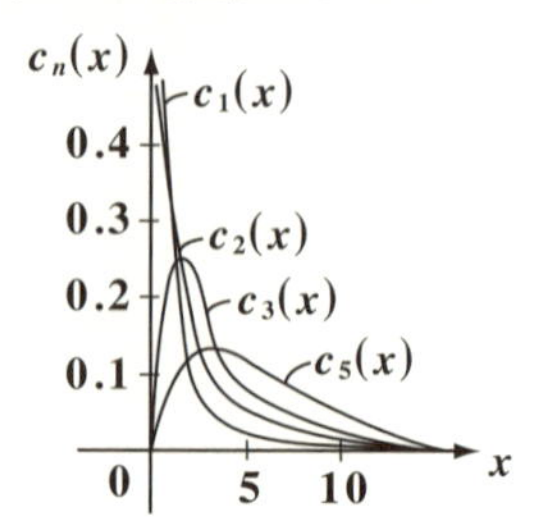

互いに独立な n 個の確率変数 $Z_1, Z_2, \cdots\cdots, Z_n$ はすべて，$N(0, 1)$ に従うので，その確率密度は，

$f(z_i)=\dfrac{1}{\sqrt{2\pi}}e^{-\frac{z_i^2}{2}}$　$(i=1, 2, \cdots\cdots, n)$ となる。

ここで，新たに確率変数 Y_i を $Y_i=Z_i^2$ $(i=1, 2, \cdots\cdots, n)$ で定義し，さらに，$X=Y_1+Y_2+\cdots\cdots+Y_n$ で定義される確率変数 X が，χ^2 分布の確率密度

$c_n(x)=\dfrac{1}{2^{\frac{n}{2}}\Gamma\left(\frac{n}{2}\right)}x^{\frac{n}{2}-1}e^{-\frac{x}{2}}$　$(x>0)$ に従うことを示す。

いきなり，この $c_n(x)$ $(n=1, 2, \cdots\cdots)$ を一般の関数として求めるのは難しいので，ここでは順に $c_1(x)$, $c_2(x)$, $c_3(x)$ を求めて，$c_n(x)$ を類推し，それを数学的帰納法で証明することにする。

(i) $c_1(x)$ を求める。

$f(z_1)=\dfrac{1}{\sqrt{2\pi}}e^{-\frac{z_1^2}{2}}$

$n=1$ より，$x=y_1=z_1^2$ $(\geqq 0)$

> $f(z_1)$ は偶関数より
> $\int_{-\infty}^{\infty}f(z_1)dz_1=2\int_0^{\infty}f(z_1)dz_1$ となる。
> よって，$z_1\geqq 0$ とする。

ここで，$z_1\geqq 0$ として，$z_1=\sqrt{x}$　よって，$dz_1=\dfrac{1}{2}x^{-\frac{1}{2}}dx=\dfrac{1}{2\sqrt{x}}dx$

以上より，$c_1(x)$ を次のように求める。$x\leqq 0$ では $c_n=0$ に注意して，

$$\int_0^{\infty}c_1(x)dx=2\int_0^{\infty}f(z_1)dz_1=2\int_0^{\infty}f(\sqrt{x})\cdot\frac{1}{2\sqrt{x}}dx\quad [=1(全確率)]$$

$$\therefore\ c_1(x)=\frac{1}{\sqrt{x}}f(\sqrt{x})=\frac{1}{\sqrt{x}}\cdot\frac{1}{\sqrt{2\pi}}e^{-\frac{x}{2}}=\frac{1}{\sqrt{2\pi}}x^{-\frac{1}{2}}e^{-\frac{x}{2}}\quad (x>0)\ \cdots\cdots①$$

(ⅱ) $c_2(x)$ を求める。

$x = y_1 + y_2 = z_1{}^2 + z_2{}^2 \quad (y_1 \geqq 0,\ y_2 \geqq 0)$

$y_2 = x - y_1 \geqq 0$ より, $0 \leqq y_1 \leqq x$

$c_2(x)$ を求めるには, y_1 と y_2 の確率密度 $h(y_1, y_2)$ を y_1 で積分して求める。

これは, たたみ込み積分であり, そのイメージを図 2 に示す。(P78 参照)

図 2 たたみ込み積分のイメージ

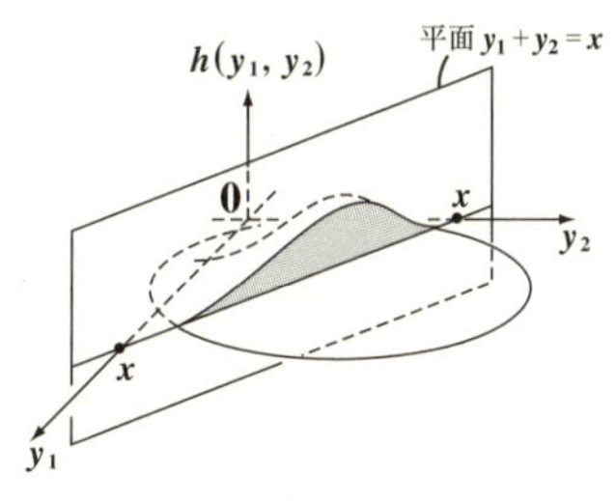

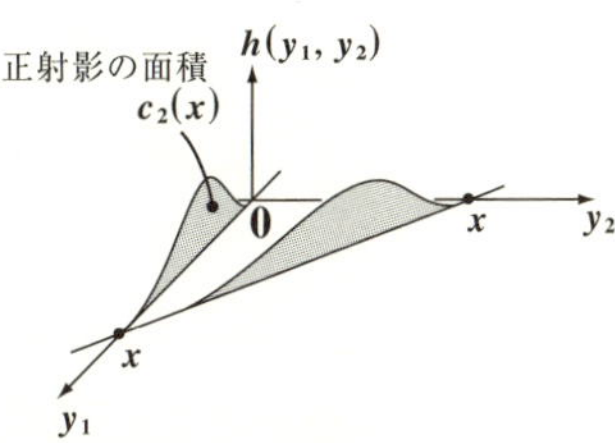

$$c_2(x) = \int_0^x h(y_1, \underset{x-y_1}{y_2})\,dy_1$$

y_1, y_2 の確率密度は (ⅰ) より, それぞれ $c_1(y_1), c_1(y_2)$ で, かつ y_1 と y_2 が独立より, $h(y_1, y_2) = c_1(y_1) \cdot c_1(y_2)$

$$= \int_0^x c_1(y_1) \cdot c_1(x - y_1)\,dy_1$$ ← この積分の時点で, x は定数扱い

$$= \int_0^x \frac{1}{\sqrt{2\pi}}\, y_1{}^{-\frac{1}{2}} e^{-\frac{y_1}{2}} \cdot \frac{1}{\sqrt{2\pi}} (x - y_1)^{-\frac{1}{2}} \cdot e^{-\frac{x-y_1}{2}}\,dy_1 \quad (①より)$$

$$= \frac{1}{2\pi} e^{-\frac{x}{2}} \int_0^x y_1{}^{-\frac{1}{2}} \cdot (x - y_1)^{-\frac{1}{2}}\,dy_1$$

$y_1 = x \cdot u$ とおく。(y_1 から u へ変数変換) $dy_1 = x\,du$
$y_1 : 0 \to x$ のとき, $u : 0 \to 1$

$$= \frac{1}{2\pi} e^{-\frac{x}{2}} \int_0^1 (xu)^{-\frac{1}{2}} (x - xu)^{-\frac{1}{2}} \cdot x\,du$$

$$= \frac{1}{2\pi} e^{-\frac{x}{2}} \int_0^1 u^{-\frac{1}{2}} (1 - u)^{-\frac{1}{2}}\,du$$

ベータ関数が出てきたのでゲームオーバー

$$\int_0^1 u^{\frac{1}{2}-1} (1-u)^{\frac{1}{2}-1}\,du = B\left(\frac{1}{2}, \frac{1}{2}\right) = \frac{\Gamma\left(\frac{1}{2}\right)\Gamma\left(\frac{1}{2}\right)}{\Gamma(1)} = \frac{\sqrt{\pi} \cdot \sqrt{\pi}}{1} = \pi$$

$$\therefore\ c_2(x) = \frac{1}{2} e^{-\frac{x}{2}} \quad (x > 0) \quad \cdots\cdots②$$

(ⅲ) $c_3(x)$ を求める。

$x = y_1 + y_2 + y_3 = z_1{}^2 + z_2{}^2 + z_3{}^2 \quad (y_1 \geqq 0,\ y_2 \geqq 0,\ y_3 \geqq 0)$

ここで, $y = y_1 + y_2$ とおくと, y は $c_2(y)$ に従い, y_3 は $c_1(y_3)$ に従う。

$y \geqq 0,\ y_3 \geqq 0$ より, $y_3 = x - \underset{(y_1+y_2)}{y} \geqq 0 \quad \therefore 0 \leqq y \leqq x$

y, y_3 の確率密度を $h(y, y_3)$ とおくと, $x = y + y_3$ より, $c_3(x)$ もたたみ込み積分で求めることができる。

$$c_3(x) = \int_0^x h(y, y_3)dy$$

$h(y, y_3) = c_2(y)\cdot c_1(y_3) = c_2(y)\cdot c_1(x-y)$ (∵ y と y_3 は独立)

$$= \int_0^x c_2(y)\cdot c_1(x-y)dy \quad \leftarrow \text{たたみ込み積分}$$

$$= \int_0^x \frac{1}{2}e^{-\frac{y}{2}}\cdot\frac{1}{\sqrt{2\pi}}\cdot(x-y)^{-\frac{1}{2}}e^{-\frac{x-y}{2}}dy$$

$c_1(x) = \dfrac{1}{\sqrt{2\pi}}x^{-\frac{1}{2}}e^{-\frac{x}{2}}$

$c_2(x) = \dfrac{1}{2}e^{-\frac{x}{2}}$

$$= \frac{1}{2\sqrt{2\pi}}e^{-\frac{x}{2}}\int_0^x (x-y)^{-\frac{1}{2}}dy$$

$y = x\cdot u$ とおくと, $dy = xdu$, $y: 0\to x$ のとき, $u: 0\to 1$

$$= \frac{1}{2\sqrt{2\pi}}e^{-\frac{x}{2}}\int_0^1 (x-xu)^{-\frac{1}{2}}xdu$$

$$= \frac{1}{2\sqrt{2\pi}}x^{\frac{1}{2}}\cdot e^{-\frac{x}{2}}\int_0^1 (1-u)^{-\frac{1}{2}}du$$

$1-u = v$ とおくと,

$\int_1^0 v^{-\frac{1}{2}}(-1)dv$

$= \int_0^1 v^{-\frac{1}{2}}dv$

$= 2\left[v^{\frac{1}{2}}\right]_0^1 = 2$

$$\therefore c_3(x) = \frac{1}{\sqrt{2\pi}}x^{\frac{1}{2}}e^{-\frac{x}{2}} \quad (x > 0) \cdots\cdots ③$$

以上①, ②, ③より, $c_1(x) = A_1 x^{-\frac{1}{2}}e^{-\frac{x}{2}}$

$c_2(x) = A_2 x^0 e^{-\frac{x}{2}}$

$c_3(x) = A_3 x^{\frac{1}{2}}e^{-\frac{x}{2}} \quad \left(A_1 = \dfrac{1}{\sqrt{2\pi}},\ A_2 = \dfrac{1}{2},\ A_3 = \dfrac{1}{\sqrt{2\pi}}\right)$

以上より, $c_n(x) = A_n\cdot x^{\frac{n}{2}-1}\cdot e^{-\frac{x}{2}} \quad (n = 1, 2, \cdots\cdots)$ と類推できる。

確率密度の必要条件より, $\int_0^\infty c_n(x)dx = A_n\int_0^\infty x^{\frac{n}{2}-1}\cdot e^{-\frac{x}{2}}dx = 1$ (全確率)

$\dfrac{x}{2} = t$ とおくと, $dx = 2dt \quad x: 0\to\infty$ のとき, $t: 0\to\infty$ より,

$$\int_0^\infty (2t)^{\frac{n}{2}-1}\cdot e^{-t}\cdot 2dt = 2^{\frac{n}{2}}\int_0^\infty t^{\frac{n}{2}-1}e^{-t}dt = 2^{\frac{n}{2}}\Gamma\left(\frac{n}{2}\right)$$

$\therefore A_n \cdot 2^{\frac{n}{2}} \Gamma\left(\frac{n}{2}\right) = 1$ より，$A_n = \dfrac{1}{2^{\frac{n}{2}}\Gamma\left(\frac{n}{2}\right)}$

以上より，$c_n(x) = \dfrac{1}{2^{\frac{n}{2}}\Gamma\left(\frac{n}{2}\right)} x^{\frac{n}{2}-1} e^{-\frac{x}{2}} \quad (n = 1, 2, \cdots\cdots)$ と類推できる。

これは，$n = 1$ のとき，$A_1 = \dfrac{1}{2^{\frac{1}{2}}\Gamma\left(\frac{1}{2}\right)} = \dfrac{1}{\sqrt{2\pi}}$ をみたす。

ここで，$c_{n+1}(x) = A_{n+1} x^{\frac{n+1}{2}-1} e^{-\frac{x}{2}}$ となることを示せばよい。← 数学的帰納法

これは，$y = y_1 + y_2 + \cdots\cdots + y_n$ とおいて，$c_{n+1}(x) = \int_0^x h(y, \underbrace{y_{n+1}}_{x-y})dy$ を同様に計算すればいい。簡単にやっておこう。

（$h(y, y_{n+1}) = c_n(y) \cdot c_1(x-y)$）

$$
\begin{aligned}
c_{n+1}(x) &= \int_0^x c_n(y) \cdot c_1(x-y)dy \\
&= \int_0^x A_n y^{\frac{n}{2}-1} e^{-\frac{y}{2}} \cdot \frac{1}{\sqrt{2\pi}} \cdot (x-y)^{-\frac{1}{2}} e^{-\frac{x-y}{2}} dy \\
&= \frac{A_n}{\sqrt{2\pi}} e^{-\frac{x}{2}} \int_0^x y^{\frac{n}{2}-1} (x-y)^{-\frac{1}{2}} dy \qquad \leftarrow y = x \cdot u \text{ とおく。} \\
&= \frac{A_n}{\sqrt{2\pi}} e^{-\frac{x}{2}} \int_0^1 (xu)^{\frac{n}{2}-1} (x-xu)^{-\frac{1}{2}} \cdot x du \\
&= \frac{A_n}{\sqrt{2\pi}} \cdot e^{-\frac{x}{2}} \cdot x^{\frac{n}{2}-\frac{1}{2}} \int_0^1 u^{\frac{n}{2}-1} \cdot (1-u)^{\frac{1}{2}-1} du
\end{aligned}
$$

（$A_n = \dfrac{1}{2^{\frac{n}{2}}\Gamma\left(\frac{n}{2}\right)}$，$B\left(\frac{n}{2}, \frac{1}{2}\right) = \dfrac{\Gamma\left(\frac{n}{2}\right) \cdot \Gamma\left(\frac{1}{2}\right)}{\Gamma\left(\frac{n+1}{2}\right)}$）

$$
= \frac{1}{2^{\frac{n}{2}} \sqrt{2\pi}} \cdot \frac{\Gamma\left(\frac{1}{2}\right)}{\Gamma\left(\frac{n+1}{2}\right)} x^{\frac{n+1}{2}-1} \cdot e^{-\frac{x}{2}} = \frac{1}{2^{\frac{n+1}{2}}\Gamma\left(\frac{n+1}{2}\right)} x^{\frac{n+1}{2}-1} \cdot e^{-\frac{x}{2}}
$$

（$\Gamma\left(\frac{1}{2}\right) = \sqrt{\pi}$）

となって，$n+1$ のときも成り立つ。

以上より，χ^2 分布の確率密度 $c_n(x) = A_n \cdot x^{\frac{n}{2}-1} \cdot e^{-\frac{x}{2}} \quad (x > 0)(n = 1, 2, \cdots\cdots)$ が導けた！

演習問題 13　●χ^2 分布のモーメント母関数●

自由度 n の χ^2 分布のモーメント母関数 $M_C(\theta) = E_C[e^{\theta X}]$ を求めよ。

$\left(\text{ただし，} \theta < \dfrac{1}{2} \text{ とする。}\right)$

ヒント！ 自由度 n の χ^2 分布の確率密度 $c_n(x)$ を用いて，このモーメント母関数は，$M_C(\theta) = E_C[e^{\theta X}] = \int_0^\infty e^{\theta x} c_n(x)dx$ となるんだったね。

解答＆解説

自由度 n の χ^2 分布の確率密度 $c_n(x) = A_n x^{\frac{n}{2}-1} \cdot e^{-\frac{x}{2}}$ $\left(A_n = \dfrac{1}{2^{\frac{n}{2}}\Gamma\left(\frac{n}{2}\right)}\right)$

を用いて，このモーメント母関数 $M_C(\theta)$ は，

$$M_C(\theta) = E_C[e^{\theta X}] = \int_0^\infty e^{\theta x} c_n(x)dx$$

$$= A_n \int_0^\infty e^{\theta x} \cdot x^{\frac{n}{2}-1} e^{-\frac{x}{2}} dx = A_n \int_0^\infty x^{\frac{n}{2}-1} e^{-\left(\frac{1}{2}-\theta\right)x} dx$$

これを t とおいて
ガンマ関数にもち込む

ここで，$\left(\frac{1}{2}-\theta\right)x = t$ とおくと，$x : 0 \to \infty$ のとき，$t : 0 \to \infty$ $\left(\because \theta < \frac{1}{2}\right)$

$\left(\frac{1}{2}-\theta\right)dx = dt$

以上より，

$$M_C(\theta) = A_n \cdot \int_0^\infty \left(\frac{t}{\frac{1}{2}-\theta}\right)^{\frac{n}{2}-1} \cdot e^{-t} \cdot \frac{1}{\frac{1}{2}-\theta} dt$$

ゲームオーバー

$\Gamma\left(\frac{n}{2}\right)$

$$= \frac{1}{2^{\frac{n}{2}}\Gamma\left(\frac{n}{2}\right)} \frac{1}{\left(\frac{1}{2}-\theta\right)^{\frac{n}{2}}} \int_0^\infty t^{\frac{n}{2}-1} \cdot e^{-t} dt$$

$$= \left\{2 \cdot \left(\frac{1}{2}-\theta\right)\right\}^{-\frac{n}{2}} = (1-2\theta)^{-\frac{n}{2}}$$ ……………………(答)

実践問題 13　●χ^2 分布の期待値と分散●

自由度 n の χ^2 分布のモーメント母関数が $M_C(\theta)=(1-2\theta)^{-\frac{n}{2}}$ であることを利用して，この期待値 $E_C[X]$ と分散 $V_C[X]$ を求めよ。

ヒント！ 自由度 n の χ^2 分布の期待値 $E_C[X]$ と分散 $V_C[X]$ は，モーメント母関数 $M_C(\theta)$ の微分係数を用いて，それぞれ $E_C[X]=M_C'(0)$，$V_C[X]=M_C''(0)-M_C'(0)^2$ と計算すればいい。

解答＆解説

自由度 n の χ^2 分布のモーメント母関数 $M_C(\theta)$ は，

$M_C(\theta)=(1-2\theta)^{-\frac{n}{2}}$ である。

(ⅰ) $M_C(\theta)$ を θ で微分して，　合成関数の微分

$$M_C'(\theta)=-\frac{n}{2}(1-2\theta)^{-\frac{n}{2}-1}\cdot(-2)=\boxed{(ア)\quad}$$

(ⅱ) $M_C'(\theta)$ をさらに θ で微分して，　合成関数の微分

$$M_C''(\theta)=n\cdot\left(-\frac{n}{2}-1\right)\cdot(1-2\theta)^{-\frac{n}{2}-2}\cdot(-2)=\boxed{(イ)\quad}$$

以上(ⅰ)(ⅱ)より，求める自由度 n の χ^2 分布の期待値 $E_C[X]$ と分散 $V_C[X]$ は，

$E_C[X]=M_C'(0)=n\cdot(1-0)^{-\frac{n}{2}-1}=\boxed{(ウ)\quad}$ ……………………………(答)

$V_C[X]=M_C''(0)-M_C'(0)^2=n(n+2)\cdot(1-0)^{-\frac{n}{2}-2}-n^2=\boxed{(エ)\quad}$ ………(答)

解答　(ア) $n\cdot(1-2\theta)^{-\frac{n}{2}-1}$　(イ) $n\cdot(n+2)\cdot(1-2\theta)^{-\frac{n}{2}-2}$　(ウ) n　(エ) $2n$

§2. t 分布と F 分布

統計解析の"**推定**"や"**検定**"では，正規分布，χ^2 分布だけでなく，"**t 分布**"や"**F 分布**"も使われる。ここでは，これら2つの分布の確率密度を求めてみることにしよう。今回も，理論的な話が続くけれど，これまで頑張ってきた人なら大丈夫！ すべて，今まで習ってきた内容を使って求められるから，十分理解できるはずだ。今回は，特に演習問題・実践問題は設けなかった。

● t 分布は，標準正規分布とよく似てる！

まず，自由度 n の"**t 分布**"(t-*distribution*) の確率密度 $t_n(x)$ と，その

("ティー分布"と読む)

意味を下に示す。"t 分布"は，"**スチューデント分布**"と呼ばれることもある。

t 分布（連続型）

2つの独立な変数 Y と Z があり，Y は標準正規分布 $N(0, 1)$ に，Z は自由度 n の χ^2 分布に従うものとする。このとき，確率変数 X を

$$X = \frac{Y}{\sqrt{\frac{Z}{n}}}$$ とおくと，X は

自由度 n の t 分布に従う。

・自由度 n の t 分布の確率密度：

$$t_n(x) = \frac{1}{\sqrt{n}B\left(\frac{n}{2}, \frac{1}{2}\right)}\left(\frac{x^2}{n}+1\right)^{-\frac{n+1}{2}}$$

ここで，$X = \frac{Y}{\sqrt{\frac{Z}{n}}}$ とおくと，

X は自由度 n の t 分布

$t_n(x) = K_n\left(\frac{x^2}{n}+1\right)^{-\frac{n+1}{2}}$

に従う。(n：自然数)

それでは，早速この $t_n(x)$ を導いてみることにしよう。

まず，**2** 変数同士の変数変換にするために，新たに確率変数 U を $U=Z$ と定義する。こうすることにより，下に示す **2** 変数同士の変換のイメージがわかると思う。

2 変数 (Y, Z) $\xrightarrow{\text{変換}}$ **2** 変数 (X, U)

・Y は標準正規分布 $N(0, 1)$ に従うので，その確率密度は，

$$f_Y(y) = \frac{1}{\sqrt{2\pi}}e^{-\frac{y^2}{2}} \quad (-\infty < y < \infty) \text{ とおける。}$$

・Z は自由度 n の χ^2 分布に従うので，その確率密度は，

$$f_Z(z) = A_n \cdot z^{\frac{n}{2}-1} \cdot e^{-\frac{z}{2}} \quad (z > 0) \left(A_n = \frac{1}{2^{\frac{n}{2}}\Gamma\left(\frac{n}{2}\right)}\right)$$

まず，**2** つの **2** 変数の確率密度 $f_{YZ}(y, z)$ と $f_{XU}(x, u)$ の関係式から $f_{XU}(x, u)$

（$f_{YZ}(y, z)$ は $f_Y(y)\cdot f_Z(z)$ とできる。（∵ Y と Z は独立））

を求め，さらにその $f_{XU}(x, u)$ を u で積分することにより，X の周辺確率密度として，$t_n(x) = \int_0^\infty f_{XU}(x, u)du$ が求められる。どう？これで大きな方針はつかめただろう？

Y：$-\infty \to \infty$，Z：$0 \to \infty$ の表す領域を D，そして，X と U の表す全領域を E とおくと，

$$\iint_E f_{XU}(x, u)dxdu = \iint_D f_{YZ}(y, z)dydz \; [=1 \text{（全確率）}] \cdots\cdots\cdots ①$$

$$Z = U,\; Y = X\sqrt{\frac{Z}{n}} = \sqrt{\frac{U}{n}}X$$ ← Y と Z を X と U で表した！

よって，ヤコビアン J は，

$$J = \begin{vmatrix} \frac{\partial y}{\partial x} & \frac{\partial y}{\partial u} \\ \frac{\partial z}{\partial x} & \frac{\partial z}{\partial u} \end{vmatrix} = \begin{vmatrix} \sqrt{\frac{u}{n}} & \frac{x}{2\sqrt{n}\sqrt{u}} \\ 0 & 1 \end{vmatrix} = \sqrt{\frac{u}{n}}$$

よって，①の右辺をxとuでの積分に変換すると，

$$\iint_E f_{XU}(x,u)dxdu = \iint_D f_{YZ}(y,z)dydz$$

$$f_Y(y)\cdot f_Z(z) = \frac{1}{\sqrt{2\pi}}e^{-\frac{y^2}{2}}\cdot A_n \cdot z^{\frac{n}{2}-1}\cdot e^{-\frac{z}{2}}$$

$$= \iint_E f_Y\left(\sqrt{\frac{u}{n}}x\right)\cdot f_Z(u)|J|dxdu \cdots\cdots ②$$

$$\left|\sqrt{\frac{u}{n}}\right| = \sqrt{\frac{u}{n}}$$

②の～～部を比較して，

$$f_{XU}(x,u) = \sqrt{\frac{u}{n}}\cdot f_Y\left(\sqrt{\frac{u}{n}}x\right)\cdot f_Z(u)$$

$$= \sqrt{\frac{u}{n}}\cdot\frac{1}{\sqrt{2\pi}}e^{-\frac{ux^2}{2n}}\cdot A_n u^{\frac{n}{2}-1}\cdot e^{-\frac{u}{2}}$$

$$A_n = \frac{1}{2^{\frac{n}{2}}\Gamma\left(\frac{n}{2}\right)}$$

$$= \frac{1}{\sqrt{2n\pi}\,2^{\frac{n}{2}}\Gamma\left(\frac{n}{2}\right)}u^{\frac{n-1}{2}}e^{-\left(\frac{x^2}{n}+1\right)\cdot\frac{u}{2}}$$

この$f_{XU}(x,u)$のXの周辺確率密度$\int_0^\infty f_{XU}(x,u)du$が，求める$t$分布の確率密度$t_n(x)$になる。 P71参照

$$t_n(x) = \int_0^\infty f_{XU}(x,u)du = \frac{1}{\sqrt{2n\pi}\,2^{\frac{n}{2}}\Gamma\left(\frac{n}{2}\right)}\int_0^\infty u^{\frac{n-1}{2}}e^{-\left(\frac{x^2}{n}+1\right)\cdot\frac{u}{2}}du$$

ここで，$r = \left(\frac{x^2}{n}+1\right)\frac{u}{2}$とおくと，$u = \frac{2r}{\frac{x^2}{n}+1}$，$du = \frac{2}{\frac{x^2}{n}+1}dr$

$u : 0 \to \infty$のとき，$r : 0 \to \infty$

$u \to r$の変換より，xは定数扱い！

$$= \frac{1}{\sqrt{2n\pi}\,2^{\frac{n}{2}}\Gamma\left(\frac{n}{2}\right)}\int_0^\infty \left(\frac{2r}{\frac{x^2}{n}+1}\right)^{\frac{n-1}{2}}e^{-r}\cdot\frac{2}{\frac{x^2}{n}+1}dr$$

$$t_n(x)=\frac{1}{\sqrt{2}\cdot\sqrt{n}\,\sqrt{\pi}\,2^{\frac{n}{2}}\cdot\Gamma\left(\frac{n}{2}\right)}\cdot\frac{2^{\frac{n+1}{2}}}{\left(\frac{x^2}{n}+1\right)^{\frac{n+1}{2}}}\int_0^\infty r^{\frac{n+1}{2}-1}\cdot e^{-r}dr$$

$\sqrt{\pi}=\Gamma\left(\frac{1}{2}\right)$　　$\int_0^\infty r^{\frac{n+1}{2}-1}\cdot e^{-r}dr=\Gamma\left(\frac{n+1}{2}\right)$ ← ゲームオーバー

$$=\frac{\Gamma\left(\frac{n}{2}+\frac{1}{2}\right)}{\sqrt{n}\cdot\Gamma\left(\frac{n}{2}\right)\Gamma\left(\frac{1}{2}\right)}\cdot\left(\frac{x^2}{n}+1\right)^{-\frac{n+1}{2}}$$

$$B\left(\frac{n}{2},\frac{1}{2}\right)=\frac{\Gamma\left(\frac{n}{2}\right)\cdot\Gamma\left(\frac{1}{2}\right)}{\Gamma\left(\frac{n}{2}+\frac{1}{2}\right)}$$

$$=\frac{1}{\sqrt{n}\,B\left(\frac{n}{2},\frac{1}{2}\right)}\left(\frac{x^2}{n}+1\right)^{-\frac{n+1}{2}}$$

$(n=1, 2, \cdots\cdots)$ と，導けた！

自由度1，すなわち $n=1$ のとき

$$t_1(x)=\frac{1}{\sqrt{1}\,B\left(\frac{1}{2},\frac{1}{2}\right)}\left(\frac{x^2}{1}+1\right)^{-\frac{1+1}{2}}=\frac{1}{\pi}\cdot(x^2+1)^{-1}=\frac{1}{\pi(x^2+1)}$$

$$B\left(\frac{1}{2},\frac{1}{2}\right)=\frac{\Gamma\left(\frac{1}{2}\right)\cdot\Gamma\left(\frac{1}{2}\right)}{\Gamma(1)}=\frac{\sqrt{\pi}\cdot\sqrt{\pi}}{1}=\pi$$

となり，これを特に"**コーシー分布**"と呼ぶ。

$n=1, 2, \cdots\cdots$ のいずれにおいても，$t_n(x)$ は偶関数なので，直線 $x=0$ に関して左右対称な標準正規分布 $N(0, 1)$ によく似たグラフになる。$n=1, 2, 10$ のときの t 分布の確率密度 $t_n(x)$ のグラフを図1に示す。

図1　$n=1, 2, 10$ のときの t 分布

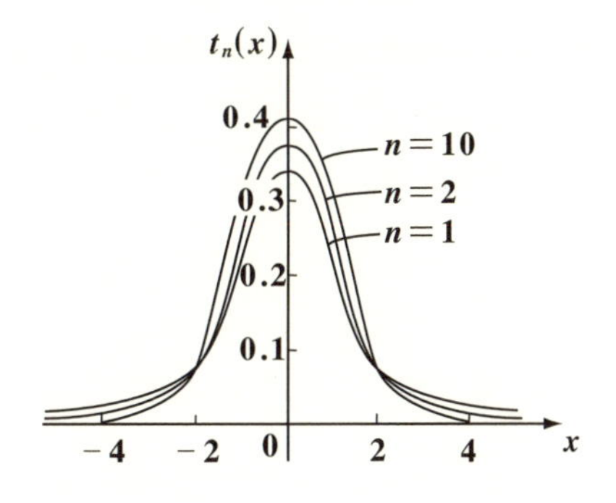

この t 分布の平均は明らかに0であるが，分散については今回特に求めない。t 分布は数表として与えられており，推定や検定の際にその t 分布の数表を利用すればいいからだ。

同様の理由で，これから解説する F 分布においても，その期待値(平均)と分散は，特に必要ないので求めない。

● F 分布にもチャレンジしよう！

"F 分布"（F-distribution）は，"フィッシャー分布" とも呼ばれる。
（"エフ分布" と読む）

この自由度 (m, n) の F 分布の確率密度 $f_{m,n}(x)$ と，その意味を下に示す。

F 分布（連続型）

2つの独立な変数 Y と Z があり，Y は自由度 m の，そして Z は自由度 n の χ^2 分布にそれぞれ従うものとする。

このとき，確率変数 X を

$$X = \frac{\frac{Y}{m}}{\frac{Z}{n}}$$ とおくと，X は

自由度 (m, n) の F 分布に従う。

・自由度 (m, n) の F 分布の確率密度：

$$f_{m,n}(x) = \frac{m^{\frac{m}{2}} \cdot n^{\frac{n}{2}}}{B\left(\frac{m}{2}, \frac{n}{2}\right)} \cdot \frac{x^{\frac{m}{2}-1}}{(mx+n)^{\frac{m+n}{2}}}$$

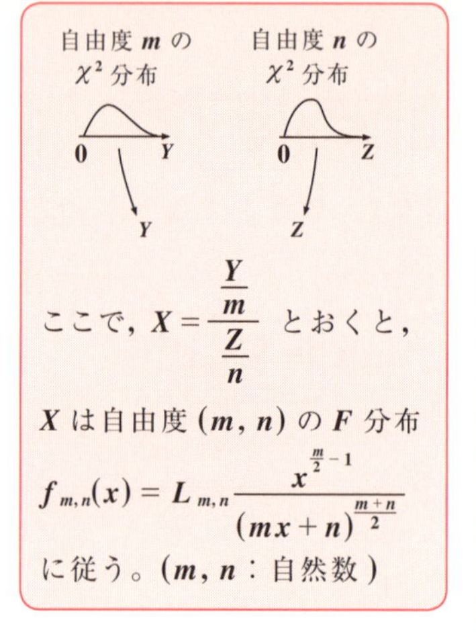

それでは，F 分布の確率密度 $f_{m,n}(x)$ を導くことにしよう。

t 分布のときと同様に，2組の2変数の変換の形にするために，ここで新たな確率変数 U を $U = mZ$ とおく。つまり，

2変数 (Y, Z) $\xrightarrow{\text{変換}}$ 2変数 (X, U) の形にする。

・Y は，自由度 m の χ^2 分布に従うので，その確率密度は，

$$f_Y(y) = A_m y^{\frac{m}{2}-1} \cdot e^{-\frac{y}{2}} \quad (y > 0)$$ とおける。

・Z は，自由度 n の χ^2 分布に従うので，その確率密度は，

$$f_Z(z) = A_n z^{\frac{n}{2}-1} \cdot e^{-\frac{z}{2}} \quad (z > 0)$$ とおける。

まず，大きな方針を考えておこう。重積分の変数の置換により，2つの2変数の確率密度 $f_{YZ}(y, z)$ と $f_{XU}(x, u)$ の関係式から，$f_{XU}(x, u)$ を求めるんだね。そして，ボク達が欲しいのは，X の確率密度 $f_{m,n}(x)$ だから，$f_{XU}(x, u)$ の X の周辺確率密度として，$f_{m,n}(x) = \int_0^{\infty} f_{XU}(x, u)du$ を計算すればいいんだね。考え方は，t 分布を求めるときとまったく同じだ。

($f_{YZ}(y, z) = f_Y(y) \cdot f_Z(z)$ と変形できる。($\because$ Y と Z は独立))

$Y: 0 \to \infty$，$Z: 0 \to \infty$ の表す領域を D，そして X と U が表す全領域を E とおくと，

$$\iint_E f_{XU}(x, u)dxdu = \iint_D f_{YZ}(y, z)dydz \ [= 1 \ (\text{全確率})] \quad \cdots\cdots\cdots①$$

$X = \dfrac{nY}{mZ}$ より，$Y = \dfrac{XU}{n}$，$Z = \dfrac{U}{m}$ ← Y と Z を X と U で表した！ ($mZ = U$)

よって，ヤコビアン J は，

$$J = \begin{vmatrix} \dfrac{\partial y}{\partial x} & \dfrac{\partial y}{\partial u} \\ \dfrac{\partial z}{\partial x} & \dfrac{\partial z}{\partial u} \end{vmatrix} = \begin{vmatrix} \dfrac{u}{n} & \dfrac{x}{n} \\ 0 & \dfrac{1}{m} \end{vmatrix} = \frac{u}{mn}$$

よって，①の右辺を x と u での積分に変換すると，

$$\iint_E f_{XU}(x, u)dxdu = \iint_D f_{YZ}(y, z)dydz$$

($f_Y(y) \cdot f_Z(z) = A_m y^{\frac{m}{2}-1} e^{-\frac{y}{2}} \cdot A_n z^{\frac{n}{2}-1} e^{-\frac{z}{2}}$)

x と u での積分に変換

$$= \iint_E f_Y\left(\frac{xu}{n}\right) \cdot f_Z\left(\frac{u}{m}\right) |J| \, dxdu \quad \cdots\cdots②$$

($\left|\dfrac{u}{mn}\right| = \dfrac{u}{mn}$)

②の部を比較して，

$$f_{XU}(x, u) = \frac{u}{mn} f_Y\left(\frac{xu}{n}\right) \cdot f_Z\left(\frac{u}{m}\right)$$

$$= \frac{u}{mn} \cdot A_m \cdot \left(\frac{xu}{n}\right)^{\frac{m}{2}-1} e^{-\frac{xu}{2n}} \cdot A_n \cdot \left(\frac{u}{m}\right)^{\frac{n}{2}-1} e^{-\frac{u}{2m}}$$

$$= \underbrace{\frac{A_m A_n}{mn} \cdot \left(\frac{1}{n}\right)^{\frac{m}{2}-1} \cdot \left(\frac{1}{m}\right)^{\frac{n}{2}-1}}_{\text{定数}} \underbrace{x^{\frac{m}{2}-1} \cdot u^{\frac{m+n}{2}-1} e^{-\frac{1}{2}\left(\frac{x}{n}+\frac{1}{m}\right)u}}_{x \text{と} u \text{の式}}$$

この $f_{XU}(x, u)$ の X の周辺確率密度 $\int_0^\infty f_{XU}(x, u)du$ が，求める F 分布の確率密度 $f_{m,n}(x)$ になる。

$$f_{m,n}(x) = \int_0^\infty f_{XU}(x, u)du$$

（u での積分なので，まず x は定数扱い。）

$$= \frac{A_m A_n}{mn} \cdot \left(\frac{1}{n}\right)^{\frac{m}{2}-1} \cdot \left(\frac{1}{m}\right)^{\frac{n}{2}-1} \cdot x^{\frac{m}{2}-1} \int_0^\infty u^{\frac{m+n}{2}-1} e^{-\frac{1}{2}\left(\frac{x}{n}+\frac{1}{m}\right)u} du$$

（$\frac{1}{2}\left(\frac{x}{n}+\frac{1}{m}\right)u$ を t とおく）

ここで，$t = \frac{1}{2}\left(\frac{x}{n}+\frac{1}{m}\right)u$ とおくと，$u = \dfrac{t}{\frac{1}{2}\left(\frac{x}{n}+\frac{1}{m}\right)} = \dfrac{2mn}{mx+n}t$

$du = \dfrac{2mn}{mx+n}dt$，$u：0 \to \infty$ のとき，$t：0 \to \infty$

$$= \frac{A_m A_n}{mn} \cdot \frac{1}{n^{\frac{m}{2}-1}} \cdot \frac{1}{m^{\frac{n}{2}-1}} \cdot x^{\frac{m}{2}-1} \int_0^\infty \left(\frac{2mn}{mx+n}t\right)^{\frac{m+n}{2}-1} e^{-t} \cdot \frac{2mn}{mx+n}dt$$

（$A_m = \dfrac{1}{2^{\frac{m}{2}}\Gamma\left(\frac{m}{2}\right)}$，$A_n = \dfrac{1}{2^{\frac{n}{2}}\Gamma\left(\frac{n}{2}\right)}$）

$$= \frac{1}{2^{\frac{m}{2}}\Gamma\left(\frac{m}{2}\right)} \cdot \frac{1}{2^{\frac{n}{2}}\Gamma\left(\frac{n}{2}\right)} \cdot \frac{1}{n^{\frac{m}{2}} \cdot m^{\frac{n}{2}}} \cdot x^{\frac{m}{2}-1} \cdot \frac{(2mn)^{\frac{m+n}{2}}}{(mx+n)^{\frac{m+n}{2}}} \int_0^\infty t^{\frac{m+n}{2}-1} e^{-t}dt$$

（$\int_0^\infty t^{\frac{m+n}{2}-1} e^{-t}dt = \Gamma\left(\frac{m+n}{2}\right)$）

ゲームオーバー

$$f_{m,n}(x) = \frac{\Gamma\left(\frac{m}{2}+\frac{n}{2}\right)}{\Gamma\left(\frac{m}{2}\right)\Gamma\left(\frac{n}{2}\right)} \cdot m^{\frac{m}{2}} \cdot n^{\frac{n}{2}} \cdot x^{\frac{m}{2}-1} \cdot \frac{1}{(mx+n)^{\frac{m+n}{2}}}$$

$\dfrac{1}{B\left(\frac{m}{2}, \frac{n}{2}\right)}$ ← $\because B(p, q) = \dfrac{\Gamma(p)\cdot\Gamma(q)}{\Gamma(p+q)}$

以上より，自由度 (m, n) の F 分布の確率密度 $f_{m,n}(x)$ は

$$f_{m,n}(x) = \frac{m^{\frac{m}{2}} \cdot n^{\frac{n}{2}}}{B\left(\frac{m}{2}, \frac{n}{2}\right)} \cdot \frac{x^{\frac{m}{2}-1}}{(mx+n)^{\frac{m+n}{2}}}$$

であることが導けた！

$m = 1, 2$ のときを除いて，F 分布の確率密度 $f_{m,n}(x)$ $(x>0)$ のグラフの概形を図 2 に示す。

χ^2 分布，t 分布と同様に，F 分布も数表が与えられており，統計的に推定や検定を行う際に，この数表を利用する。

図 2 自由度 (m, n) の F 分布のイメージ

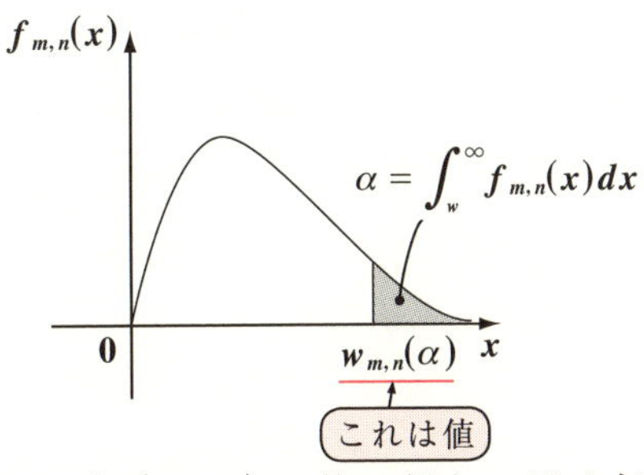

F 分布の数表では，図 2 に示すように，各 (m, n) の値の組と，予め与えられた確率 α (具体的には，$\alpha = 0.025$ と 0.005 の 2 つ) に対して，

$\alpha = \int_w^\infty f_{m,n}(x)dx$ をみたす $w_{m,n}(\alpha)$ の値が与えられている。

たとえば，$(m, n) = (5, 10)$ のとき，$\alpha = 0.025$ に対応する w の値は P229 の数表を利用して，

$w_{5,10}(0.025) = 4.236$ と求まる。

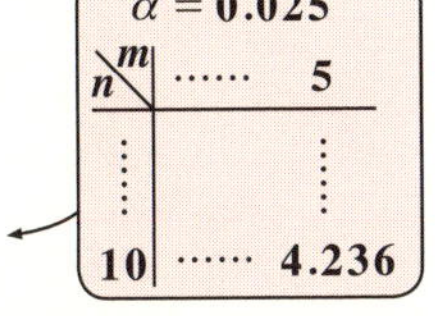

$\alpha = 0.975$ のような大きな α に対する $w_{m,n}(\alpha)$ の値は数表にはないが，

公式：$w_{m,n}(\alpha) = \dfrac{1}{w_{n,m}(1-\alpha)}$ を利用して求めることができる。

たとえば，$(m, n) = (10, 5)$，$\alpha = 0.975$ のとき，この公式から w の値は，

$$w_{10,5}(0.975) = \frac{1}{w_{5,10}(0.025)} = \frac{1}{4.236}$$

（$w_{5,10}(0.025) = 4.236$）

$= 0.236$ と求まる。

小数第 4 位を四捨五入した

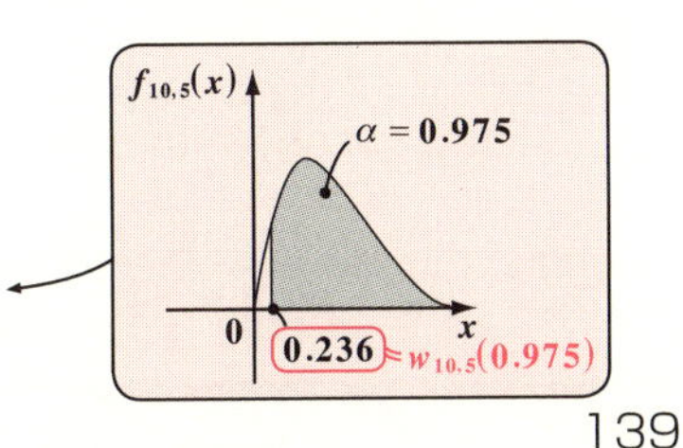

講義5 ● χ^2 分布, t 分布, F 分布　公式エッセンス

1. χ^2 分布 (連続型)

互いに独立な n 個の確率変数 $Z_1, Z_2, \cdots\cdots, Z_n$ が, 標準正規分布に従うとき, 確率変数 $X = Z_1{}^2 + Z_2{}^2 + \cdots\cdots + Z_n{}^2$ は自由度 n の χ^2 分布に従う。

・自由度 n の χ^2 分布の確率密度:

$$c_n(x) = \begin{cases} \dfrac{1}{2^{\frac{n}{2}}\Gamma\left(\frac{n}{2}\right)} x^{\frac{n}{2}-1} e^{-\frac{x}{2}} & (x > 0) \\ 0 & (x \leqq 0) \end{cases}$$

・モーメント母関数:

$$M_C(\theta) = (1-2\theta)^{-\frac{n}{2}} \quad \left(ただし, \theta < \frac{1}{2}\right)$$

・期待値と分散:

$$E_C[X] = n, \quad V_C[X] = 2n$$

2. t 分布 (連続型)

2つの独立な変数 Y と Z があり, Y は標準正規分布 $N(0, 1)$ に, Z は自由度 n の χ^2 分布に従うものとする。このとき, 確率変数 X を

$X = \dfrac{Y}{\sqrt{\frac{Z}{n}}}$ とおくと, X は自由度 n の t 分布に従う。

・自由度 n の t 分布の確率密度:

$$t_n(x) = \frac{1}{\sqrt{n}B\left(\frac{n}{2}, \frac{1}{2}\right)} \left(\frac{x^2}{n}+1\right)^{-\frac{n+1}{2}} \quad (-\infty < x < \infty)$$

3. F 分布 (連続型)

2つの独立な変数 Y と Z があり, Y は自由度 m の, そして Z は自由度 n の χ^2 分布にそれぞれ従うものとする。このとき, 確率変数 X を

$X = \dfrac{\frac{Y}{m}}{\frac{Z}{n}}$ とおくと, X は自由度 (m, n) の F 分布に従う。

・自由度 (m, n) の F 分布の確率密度:

$$f_{m,n}(x) = \frac{m^{\frac{m}{2}} \cdot n^{\frac{n}{2}}}{B\left(\frac{m}{2}, \frac{n}{2}\right)} \cdot \frac{x^{\frac{m}{2}-1}}{(mx+n)^{\frac{m+n}{2}}} \quad (x > 0)$$

データの整理
(記述統計)

- ▶ 1 変数データの整理
  (度数分布表，ヒストグラム)
- ▶ 2 変数データの整理
  (散布図，共分散，相関係数)
- ▶ 最小 2 乗法 (回帰直線)

§1. 1変数データの整理

さァ，これからいよいよ“**統計**”の解説に入ろう。“**確率**”の講義では，理論的な話が多くて大変だったと思うけれど，その知識がやがて，この“**統計**”を学習していく上で役に立つんだよ。

ここではまず，統計の基本である“**記述統計**”の話から始めよう。“**度数分布表**”や“**ヒストグラム**”など，具体的な作業を行うことによって，まず統計の基本に慣れることが大切だ。

● 記述統計と推測統計って，何だろう？

“**統計**”とは，数値で表された“**データの集まり**”を基にして，それを表や図にしたり，計算して推測したり，判断したりするための科学的な手法のことだ。そして，この統計は，“**記述統計**”と“**推測統計**”に大きく分類できる。

対象としている集合の全要素から得られる特性値(数値)全体のデータの集まりを“**母集団**”(***population***)と呼ぶ。この母集団の大きさ(データの個数)が比較的小さい場合は，母集団そのものの分布や，それを特徴づける数値(平均や分散)を直接調べることができる。これを“**記述統計**”という。

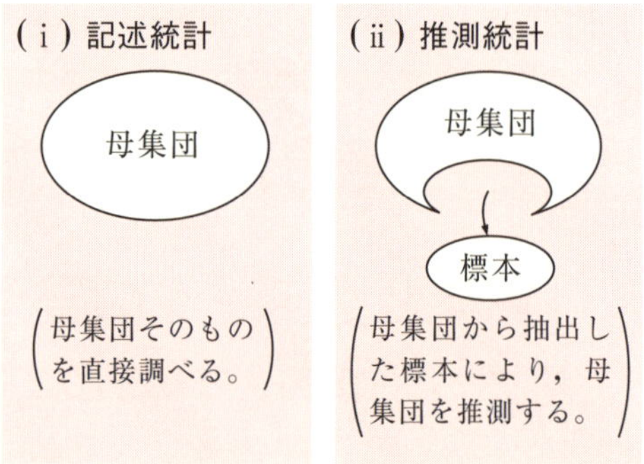

これに対して，母集団の大きさが巨大で，母集団全体を調べることが実質的に困難なとき，母集団から無作為にある“**標本**”(***sample***)を抽出し，これを調べることにより元の母集団の分布の特徴を推測することを“**推測統計**”という。推測統計では確率の知識が不可欠だ。

図1 記述統計と推測統計

ここではまず，母集団そのものを調べる“**記述統計**”の話から入ることにしよう。これが統計の基本中の基本となるからだ。

● 母集団を調べよう！

それでは，実際に例題を解きながら，基本事項の解説もしよう。

> **(1)** **B** 先生の担当するクラスの学生は全部で **16** 人である。この学生全員が微分積分のテストを受験した。各学生の得点結果を x_i $(i = 1, 2, \cdots, 16)$ の形で表すと，次のようになった。
>
> $x_1 = 62$，$x_2 = 76$，$x_3 = 42$，$x_4 = 55$，$x_5 = 96$，$x_6 = 88$，$x_7 = 35$，$x_8 = 63$，
> $x_9 = 82$，$x_{10} = 48$，$x_{11} = 51$，$x_{12} = 58$，$x_{13} = 61$，$x_{14} = 84$，$x_{15} = 69$，$x_{16} = 76$
>
> この **16** 個の **1** 変数のデータを母集団と見て，この得点分布の (ⅰ) 度数分布表を作れ。(ⅱ) ヒストグラムを描け。(ⅲ) 中心的な値 (平均，メディアン，モード) と分散・標準偏差を求めよ。
>
> (ただし，(ⅰ)(ⅱ) は **30** ～ **39**, **40** ～ **49**, …, **90** ～ **100** の階級に分けよ)

(1) (ⅰ) これらの得点データをグループ化して，**30**～**39**，**40**～**49**，…，**80**～**89**，**90**～**100** の各 "**階級**" (*class*) に分類する。それぞれの階級に属するデータの個数を "**度数**" (*frequency*) といい，これを表にしたものを "**度数分布表**" という。この度数分布表を表 **1** に示す。ここでは，累積度数も示す。さらに全度数を **1** と見たときの相対度数と累積相対度数も示した。…(答)

表 1　度数分布表

階級	度数		相対度数	累積度数	累積相対度数
30～39	1	一	0.063	1	0.063
40～49	2	T	0.125	3	0.188
50～59	3	下	0.188	6	0.375
60～69	4	正	0.250	10	0.625
70～79	2	T	0.125	12	0.750
80～89	3	下	0.188	15	0.938
90～100	1	一	0.063	16	1.000

(ⅱ) この度数分布表を棒グラフで表したものを "**ヒストグラム**" と呼び，これを図 **1** に示す。………(答)
このように，ヒストグラムで表すことにより母集団の特徴を視覚的に押さえることができる。

図 1　ヒストグラム

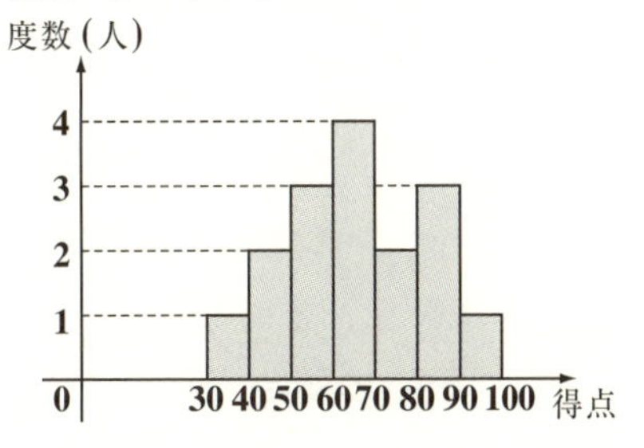

(iii) さらに，この母集団の分布を特徴づける中心的な数値(**平均，メディアン，モード**)の定義を下に示す。

母集団を代表する数値

n 個のデータからなる母集団の中心的な値として，次の **3** つがある。

(ア) **平均(母平均)** $\mu_x = \overline{x} = \frac{1}{n}\sum_{i=1}^{n} x_i = \frac{1}{n}(x_1 + x_2 + \cdots\cdots + x_n)$

(イ) **メディアン(中央値)** m_e：データを小さい順に並べたとき，

(i) n が奇数のとき，中央の値

(ii) n が偶数のとき，**2** つの中央値の相加平均

(ウ) **モード(最頻値)** m_o：度数が最も大きい階級の真中の値

表 **2** に，x_i と x_i^2 を小さい順に並べたものと，その総和を示した。

（これは，分散 σ_x^2 の計算に使う）

表 2 $\sum x_i$ と $\sum x_i^2$

データ No.	x_i	x_i^2
1	35	1225
2	42	1764
3	48	2304
4	51	2601
5	55	3025
6	58	3364
7	61	3721
8	62	3844
9	63	3969
10	69	4761
11	76	5776
12	76	5776
13	82	6724
14	84	7056
15	88	7744
16	96	9216
Σ	1046	72870

（$\sum x_i$）（$\sum x_i^2$）

(ア) 母平均 μ_x は，x_i ($i = 1, 2, \cdots, 16$) の相加平均より

$$\mu_x = \overline{x} = \frac{1}{16}\sum_{i=1}^{16} x_i = \frac{1046}{16} = 65.4 \quad \cdots\cdots\cdots(\text{答})$$

（$\sum_{i=1}^{16} x_i$ = 1046 (表より)）（小数第 2 位を四捨五入した）

(イ) メディアン m_e は，$n = 16$ (偶数) より，**8** 番目の点数 **62** と **9** 番目の点数 **63** の相加平均だから

$$m_e = \frac{62 + 63}{2} = 62.5 \quad \cdots\cdots\cdots\cdots\cdots\cdots\cdots\cdots(\text{答})$$

(ウ) モード m_o は，度数が最も大きい **60～69** の階級の真中の値，すなわち，**60** と **69** の相加平均より

$$m_o = \frac{60 + 69}{2} = 64.5 \quad \cdots\cdots\cdots\cdots\cdots\cdots\cdots\cdots(\text{答})$$

以上で，母集団を代表する **3** つの中心的な値を求めた。次に，表 **2** を用いて，この母集団の分布のバラツキの度合いを示す**分散(母分散)** σ_x^2 と**標準偏差** σ_x を求める。

母分散と標準偏差

n 個のデータからなる母集団のバラツキを表す指標として，分散と標準偏差がある。

(ア) 分散(母分散) $\sigma_x{}^2 = \frac{1}{n}\sum_{i=1}^{n}(x_i - \overline{x})^2 = \frac{1}{n}\sum_{i=1}^{n}x_i{}^2 - \overline{x}^2$

（左辺第1式：定義式，第2式：計算式）

(イ) 標準偏差 $\sigma_x = \sqrt{\sigma_x{}^2}$

(iii) 母分散 $\sigma_x{}^2$ は，各値の平均 $\overline{x}$ からのズレの2乗の相加平均で表される。この $\sigma_x{}^2$ の定義式から計算式を導き，さらにその計算式を使って，例題の分散 $\sigma_x{}^2$ と標準偏差 σ_x を求めることにする。

(ア) 母分散 $\sigma_x{}^2 = \frac{1}{n}\sum_{i=1}^{n}(x_i - \overline{x})^2$ ← 定義式

$$= \frac{1}{n}\sum_{i=1}^{n}(x_i{}^2 - 2\overline{x}\cdot x_i + \overline{x}^2)$$

（$2\overline{x}$，$\overline{x}^2$：定数）

$$= \frac{1}{n}\left(\sum_{i=1}^{n}x_i{}^2 - 2\overline{x}\cdot\sum_{i=1}^{n}x_i + \overline{x}^2\cdot\sum_{i=1}^{n}1\right)$$

（$\sum_{i=1}^{n}x_i = n\cdot\overline{x}$ ← $\because \overline{x} = \frac{1}{n}\cdot\sum_{i=1}^{n}x_i$，$\sum_{i=1}^{n}1 = n$）

$$= \frac{1}{n}\left(\sum_{i=1}^{n}x_i{}^2 - 2n\overline{x}^2 + n\overline{x}^2\right) = \frac{1}{n}\left(\sum_{i=1}^{n}x_i{}^2 - n\overline{x}^2\right)$$

$$= \frac{1}{n}\sum_{i=1}^{n}x_i{}^2 - \overline{x}^2$$ ← 計算式が導けた！

（$n = 16$，$\sum_{i=1}^{n}x_i{}^2 = 72870$，$\overline{x}^2 = \left(\frac{1046}{16}\right)^2$ ← 表2の利用！）

$$= \frac{72870}{16} - \left(\frac{1046}{16}\right)^2 = 280.5$$ ……………………(答)

（小数第2位を四捨五入）

(イ) 標準偏差 $\sigma_x = \sqrt{\sigma_x{}^2} = 16.7$ ……………………(答)

（小数第2位を四捨五入した！）

母集団のバラツキの指標として，母分散 $\sigma_x{}^2$ がよく使われるが，実用的には標準偏差 σ_x の方がわかりやすい。母集団を正規分布と考えると，$\mu_x - \sigma_x \leqq x \leqq \mu_x + \sigma_x$ の区間に，約 **68%** の個数のデータが含まれることがわかるからだ。

演習問題 14　●1変数データの整理(Ⅰ)●

ダーツを投げるゲームをして，次の得点を得た。

7，3，6，8，3，9，9，8，8，4

この **10** 個のデータを母集団とするとき，

(1) **0** 点以上 **2** 点未満，**2** 点以上 **4** 点未満，…，**8** 点以上 **10** 点未満の階級に分けて，度数分布表を作れ。

(2) ヒストグラムを描け。

(3) 母平均，母分散，標準偏差を小数第 **2** 位まで求めよ。

ヒント！ まず，得点データを階級ごとに分類する。度数分布表から，得点を横軸に，度数をたて軸にとって，ヒストグラムとしてまとめる。

解答＆解説

(1) これらの得点データを

0 点以上 **2** 点未満，

2 点以上 **4** 点未満，

⋮

8 点以上 **10** 点未満

の各階級に分類して度数をまとめる。このときの度数分布表を表 **1** に示す。

………(答)

表 **1**　度数分布表

階級	度数	相対度数	累積度数	累積相対度数
0～2	**0**	**0**	**0**	**0**
2～4	**2** 丅	**0.2**	**2**	**0.2**
4～6	**1** 一	**0.1**	**3**	**0.3**
6～8	**2** 丅	**0.2**	**5**	**0.5**
8～10	**5** 正	**0.5**	**10**	**1.0**

(2) **(1)** の度数分布表を用いて，図 **1** のようにヒストグラムにまとめる。…………(答)

図 **1**　ヒストグラム

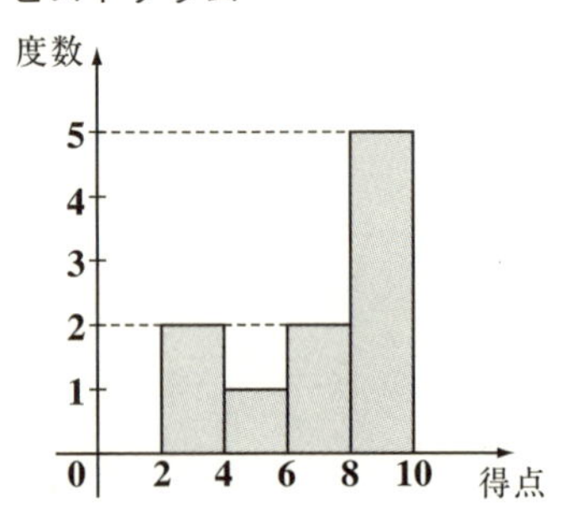

(3) 各得点 x_i ($i=1, 2, \cdots, 10$) と x_i^2，およびそれらの総和を，表2に示す。

表2 $\sum x_i$ と $\sum x_i^2$

データ No.	x_i	x_i^2
1	7	49
2	3	9
3	6	36
4	8	64
5	3	9
6	9	81
7	9	81
8	8	64
9	8	64
10	4	16
Σ	65	473

$\sum x_i$　$\sum x_i^2$

(ア) 母平均 μ は，x_i ($i=1, 2, \cdots, 10$) の相加平均より，

$$\mu = \overline{x} = \frac{1}{10}\sum_{i=1}^{10} x_i$$

$$= \frac{65}{10}$$

$$= 6.50$$ ……(答)

(イ) 母分散 σ_x^2 は，計算式より

$$\sigma_x^2 = \frac{1}{n}\sum_{i=1}^{n} x_i^2 - \overline{x}^2$$

n = 10，$\sum x_i^2$ = 473，$\overline{x}^2 = \left(\frac{65}{10}\right)^2$

$$= \frac{473}{10} - \left(\frac{65}{10}\right)^2$$

$$= 5.05$$ ……(答)

(ウ) 標準偏差 σ_x は，

$$\sigma_x = \sqrt{\sigma_x^2} = 2.25$$ ……(答)

小数第3位を四捨五入

実践問題 14　●1変数データの整理(Ⅱ)

ロボットの部品となるシャフト **10** 個の長さを測定して，次の値(単位 *cm*)を得た。

9.8，10.0，10.2，9.9，10.5，10.4，9.4，10.5，10.0，10.2

この **10** 個のデータを母集団とするとき，

(1) **9.4*cm*** 以上 **9.6*cm*** 未満，**9.6*cm*** 以上 **9.8*cm*** 未満，……，**10.4*cm*** 以上 **10.6*cm*** 未満の階級に分けて，度数分布表を作れ。

(2) ヒストグラムを描け。

(3) 母平均，母分散，標準偏差を小数第 **3** 位まで求めよ。

ヒント！ 演習問題 **14** と同様に解いていけばいい。母平均，母分散，標準偏差は公式(計算式)通りに求めるんだよ。

解答&解説

(1) これらの測定データを **9.4*cm*** 以上 **9.6*cm*** 未満，**9.6*cm*** 以上 **9.8*cm*** 未満，

⋮

10.4*cm* 以上 **10.6*cm*** 未満の各階級に分類して度数をまとめる。このときの度数分布表を表 **1** に示す。……(答)

表 1　度数分布表

階級	度数		相対度数	累積度数	累積相対度数
9.4～9.6	1	一	0.1	1	0.1
9.6～9.8	0		0	1	0.1
9.8～10.0	2	丅	0.2	3	0.3
10.0～10.2	2	丅	0.2	5	0.5
10.2～10.4	2	丅	(ア)	7	0.7
10.4～10.6	3	下	0.3	10	(イ)

(2) **(1)** の度数分布表を用いて，図 **1** のようにヒストグラムにまとめる。……(答)

図 1　ヒストグラム

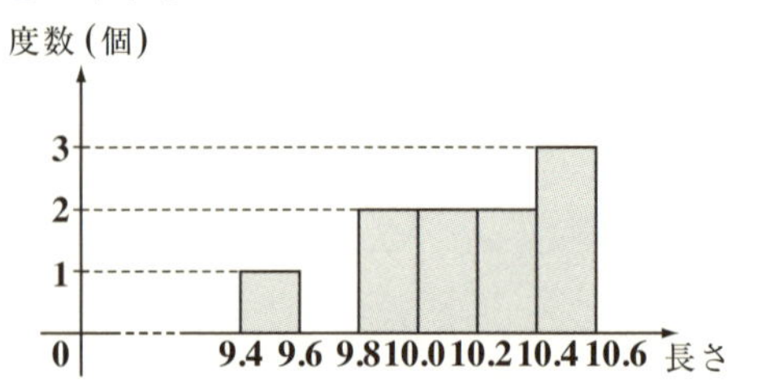

(3) 各長さ x_i $(i=1, 2, \cdots, 10)$ と x_i^2，および それらの総和を，表2に示す。

表2 $\sum x_i$ と $\sum x_i^2$

データ No.	x_i	x_i^2
1	9.8	96.04
2	10.0	100.00
3	10.2	104.04
4	9.9	98.01
5	10.5	110.25
6	10.4	108.16
7	9.4	88.36
8	10.5	110.25
9	10.0	100.00
10	10.2	104.04
Σ	100.9	1019.15

(ア) 母平均 μ は，x_i $(i=1, 2, \cdots, 10)$ の相加平均より，

$$\mu = \bar{x} = \frac{1}{10}\sum_{i=1}^{10} x_i$$

$$= \boxed{(ウ)\quad}$$

$$= 10.090$$ ……………………(答)

(イ) 母分散 $\sigma_x{}^2$ は，計算式より

$$\sigma_x{}^2 = \frac{1}{n}\sum_{i=1}^{n} x_i{}^2 - \bar{x}^2$$

$n = 10$，$\sum_{i=1}^{n} x_i{}^2 = 1019.15$

$$= \frac{1019.15}{10} - \left(\boxed{(ウ)\quad}\right)^2$$

$$= \boxed{(エ)\quad}$$ ……………………(答)

小数第4位を四捨五入

(ウ) 標準偏差 σ_x は，

$$\sigma_x = \sqrt{\sigma_x{}^2} = \boxed{(オ)\quad}$$ ……………………(答)

小数第4位を四捨五入

解答 (ア) 0.2　(イ) 1.0　(ウ) $\frac{100.9}{10}$　(エ) 0.107　(オ) 0.327

§2. 2変数データの整理

前回同様，今回も母集団を直接扱う記述統計だけれども，データが $(x, y) = (x_i, y_i)$ $(i = 1, 2, \cdots, n)$ のように，2変数が対になっているものを勉強する。2変数データの場合，x と y の **“共分散”** や，**“相関係数”** が重要になってくる。また，2変数データの **“散布図”** に **“回帰直線”** を引くための **“最小2乗法”** についても解説する。

● 2変数データでは散布図を描こう！

大きさ n の母集団の2変数データとして $(x, y) = (x_1, y_1), (x_2, y_2), \cdots, (x_n, y_n)$ が得られた場合，xy 座標平面上に，これらのデータをドット（・）で示して，**“散布図”** (*scatter diagram*) を描くことができる。散布図の3つの典型例を図1に示す。

表1　2変数データ

データ No.	x_i	y_i
1	x_1	y_1
2	x_2	y_2
⋮	⋮	⋮
n	x_n	y_n

図1 散布図のイメージ

（i）正の相関がある

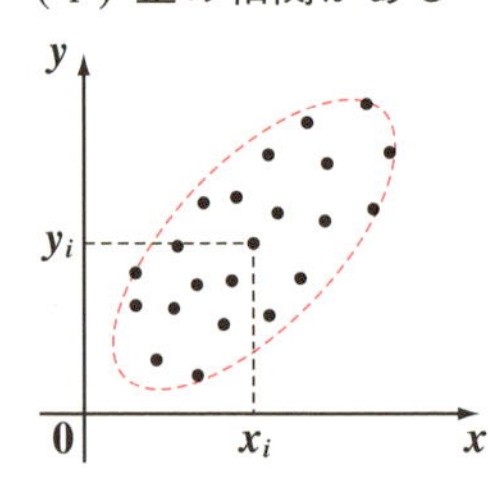

（ii）負の相関がある

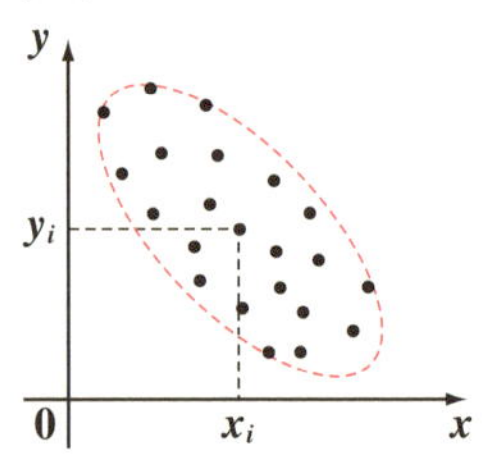

（iii）相関がない

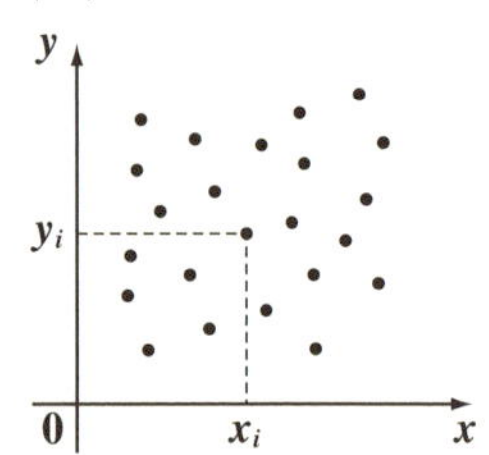

（i）図1（i）のように，大体次の関係があるとき「**正の相関がある**」という。

$$\begin{cases} x \text{が増加} \longleftrightarrow y \text{が増加} \\ x \text{が減少} \longleftrightarrow y \text{が減少} \end{cases}$$

（ii）図1（ii）のように，大体次の関係があるとき「**負の相関がある**」という。

$$\begin{cases} x \text{が増加} \longleftrightarrow y \text{が減少} \\ x \text{が減少} \longleftrightarrow y \text{が増加} \end{cases}$$

（iii）（i）や（ii）のような顕著な関係が見られないとき「**相関がない**」という。

この相関関係を数値で表す指標として，“**相関係数**”ρ_{xy}（ギリシャ文字の“ロー”）がある。x と y それぞれの“**分散**”，“**共分散**”と共に，その定義式を下に示す。

共分散・相関係数

2 変数データ (x_i, y_i) $(i = 1, 2, \cdots, n)$ について，

(1) x の分散 σ_x^2，y の分散 σ_y^2

$$\sigma_x^2 = \frac{1}{n}\sum_{i=1}^{n}(x_i - \overline{x})^2 = \frac{1}{n}\sum_{i=1}^{n}x_i^2 - \overline{x}^2 \quad \left(\text{ただし，}\ \overline{x} = \frac{1}{n}\sum_{i=1}^{n}x_i\right)$$

$$\sigma_y^2 = \frac{1}{n}\sum_{i=1}^{n}(y_i - \overline{y})^2 = \frac{1}{n}\sum_{i=1}^{n}y_i^2 - \overline{y}^2 \quad \left(\text{ただし，}\ \overline{y} = \frac{1}{n}\sum_{i=1}^{n}y_i\right)$$

(2) x と y の共分散 σ_{xy}

$$\sigma_{xy} = \underbrace{\frac{1}{n}\sum_{i=1}^{n}(x_i - \overline{x})(y_i - \overline{y})}_{\text{定義式}} = \underbrace{\frac{1}{n}\sum_{i=1}^{n}x_i y_i - \overline{x}\,\overline{y}}_{\text{計算式}}$$

(3) 相関係数 ρ_{xy}

$$\rho_{xy} = \frac{\sigma_{xy}}{\sigma_x \sigma_y} \quad (-1 \leqq \rho_{xy} \leqq 1)$$

この相関係数 ρ_{xy} は，$-1 \leqq \rho_{xy} \leqq 1$ の範囲内の指標で，

(i) ρ_{xy} が 1 に近い程，正の相関が強い。
(ii) ρ_{xy} が -1 に近い程，負の相関が強い。
(iii) $\rho_{xy} \fallingdotseq 0$ の場合，x と y に相関はない。

図2 $\rho_{xy} = 1$ のイメージ

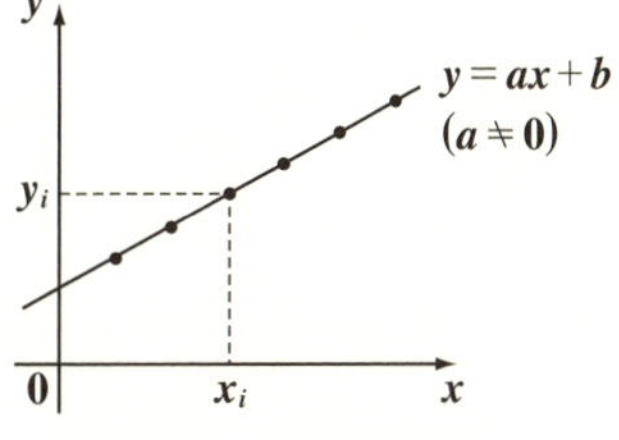

それでは，$\rho_{xy} = \pm 1$ となる場合を調べてみよう。この場合は，すべてのデータ (x_i, y_i) $(i = 1, 2, \cdots, n)$ が図2のように同一の直線 $y = ax + b$ $(a \neq 0)$ 上に存在するときに対応する。つまり，

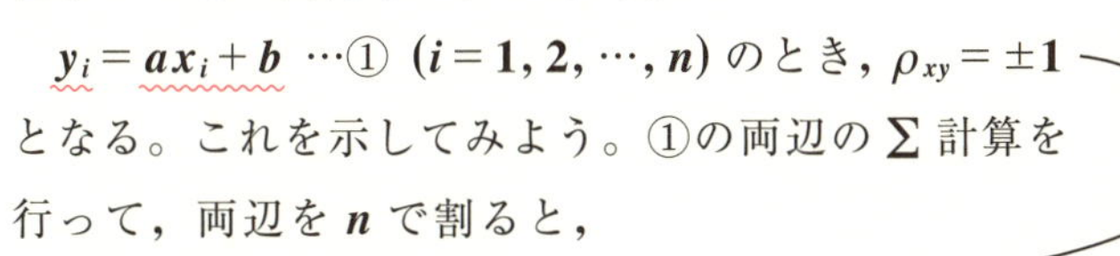

$y_i = ax_i + b$ …① $(i = 1, 2, \cdots, n)$ のとき，$\rho_{xy} = \pm 1$ となる。これを示してみよう。①の両辺の Σ 計算を行って，両辺を n で割ると，

> $\sum_{i=1}^{n} y_i = a\sum_{i=1}^{n} x_i + b\sum_{i=1}^{n} 1$ （$\sum_{i=1}^{n} 1 = n$）
> 両辺を n で割って
> $\overline{y} = a\overline{x} + b$

$\overline{y} = a\overline{x} + b$ ……②

ここで，・$\sigma_x^2 = \frac{1}{n}\sum_{i=1}^{n}(x_i - \overline{x})^2$ ……③

・$\sigma_y{}^2 = \frac{1}{n}\sum_{i=1}^{n}(y_i - \overline{y})^2 = \frac{1}{n}\sum_{i=1}^{n}\{ax_i + b - (a\overline{x} + b)\}^2$ （①, ②より）

$= \frac{a^2}{n}\sum_{i=1}^{n}(x_i - \overline{x})^2 = a^2\sigma_x{}^2$ ……④ （③より）

・$\sigma_{xy} = \frac{1}{n}\sum_{i=1}^{n}(x_i - \overline{x})(y_i - \overline{y}) = \frac{1}{n}\sum_{i=1}^{n}(x_i - \overline{x})\{ax_i + b - (a\overline{x} + b)\}$

$= \frac{a}{n}\sum_{i=1}^{n}(x_i - \overline{x})^2 = a\sigma_x{}^2$ ……⑤ （③より）

以上④, ⑤を相関係数ρ_{xy}の定義式に代入して,

$$\rho_{xy} = \frac{\sigma_{xy}}{\sigma_x\sigma_y} = \frac{a\sigma_x{}^2}{\sigma_x|a|\sigma_x} = \frac{a}{|a|}$$

（$\sigma_{xy} = a\sigma_x{}^2$, $\sigma_y = \sqrt{a^2\sigma_x{}^2}$）

∴（ⅰ）$a > 0$のとき, $\rho_{xy} = 1$, （ⅱ）$a < 0$のとき, $\rho_{xy} = -1$ となる。
aの絶対値そのものには関りなく, $a > 0$または$a < 0$のときに, それぞれ$\rho_{xy} = 1$または-1となるんだね。ナットクいった？

それでは, 共分散σ_{xy}の計算式も次の例題で導いておこう。

(1) xとyの共分散σ_{xy}は$\sigma_{xy} = \frac{1}{n}\sum_{i=1}^{n}x_iy_i - \overline{x}\,\overline{y}$で計算できることを示せ。

(1) σ_{xy}の定義式を変形すると,

$\sigma_{xy} = \frac{1}{n}\sum_{i=1}^{n}(x_i - \overline{x})(y_i - \overline{y}) = \frac{1}{n}\sum_{i=1}^{n}(x_iy_i - \overline{y}x_i - \overline{x}y_i + \overline{x}\,\overline{y})$ （$\overline{y}$, $\overline{x}$, $\overline{x}\,\overline{y}$：定数）

$= \frac{1}{n}\left(\sum_{i=1}^{n}x_iy_i - \overline{y}\sum_{i=1}^{n}x_i - \overline{x}\sum_{i=1}^{n}y_i + \overline{x}\,\overline{y}\cdot\sum_{i=1}^{n}1\right)$

（$\sum_{i=1}^{n}x_i = n\overline{x}$, $\sum_{i=1}^{n}y_i = n\overline{y}$, $\sum_{i=1}^{n}1 = n$）

$\overline{x} = \frac{1}{n}\sum_{i=1}^{n}x_i$
$\overline{y} = \frac{1}{n}\sum_{i=1}^{n}y_i$

$= \frac{1}{n}\left(\sum_{i=1}^{n}x_iy_i - n\overline{x}\,\overline{y} - n\overline{x}\,\overline{y} + n\overline{x}\,\overline{y}\right)$

$= \frac{1}{n}\sum_{i=1}^{n}x_iy_i - \overline{x}\,\overline{y}$ となって, σ_{xy}の計算式が導ける。……………(終)

● 回帰直線を最小2乗法で求めよう！

図3(i)のように散布図が与えられて，ある程度の相関があるとき，このデータをうまく表す1本の直線 $y=ax+b$ を求めてみよう。実は，この直線は y の x への"**回帰直線**"（"かいきちょくせん"と読む）(*regression line*)と呼ばれるもので，この係数 a, b は"**最小2乗法**"(*method of least squares*)により求めることができる。

図3 回帰直線

(i)

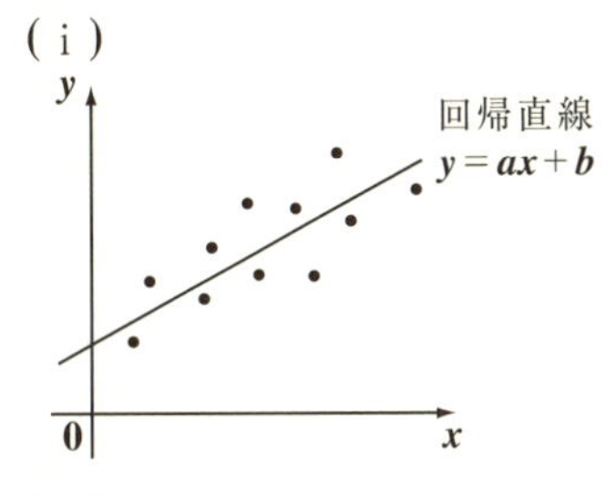

(ii)

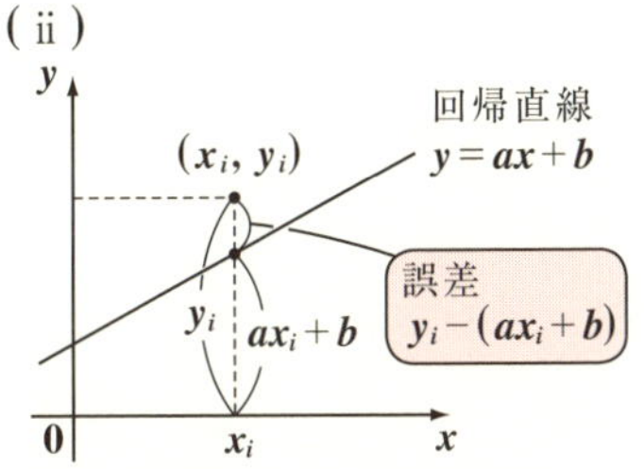

図3(ii)に示すように，データ (x_i, y_i) の点と，回帰直線上の点 (x_i, ax_i+b) の y 座標の誤差 $\{y_i-(ax_i+b)\}$ の2乗の総和を L とおくと，

$$L=\sum_{i=1}^{n}(y_i-ax_i-b)^2$$

となる。ここで，a, b を変数と見て L を最小にするように a, b の値を定める方法を，"**最小2乗法**"という。

以降，式の変形で $\sum_{i=1}^{n}x_i$, $\sum_{i=1}^{n}y_i^2$ などを $\sum x_i$, $\sum y_i^2$ などと略記する。

L が最小となるとき，(i) $\dfrac{\partial L}{\partial a}=0$ かつ (ii) $\dfrac{\partial L}{\partial b}=0$ となる。

(i) $\dfrac{\partial L}{\partial a}=\dfrac{\partial}{\partial a}\left\{\sum(y_i-ax_i-b)^2\right\}=\sum 2(y_i-ax_i-b)\cdot(-x_i)$

$\{(y_1-ax_1-b)^2+(y_2-ax_2-b)^2+\cdots+(y_n-ax_n-b)^2\}'$ ← a での偏微分

$=\{2(y_1-ax_1-b)\cdot(-x_1)+2(y_2-ax_2-b)\cdot(-x_2)+\cdots+2(y_n-ax_n-b)\cdot(-x_n)\}$

$=\sum 2(y_i-ax_i-b)(-x_i)$

$=2\sum(ax_i^2+bx_i-x_iy_i)=0$ より

~~2~~$\sum(ax_i^2+bx_i-x_iy_i)=0$ 　 $a\sum x_i^2+b\sum x_i-\sum x_iy_i=0$

$\therefore a\sum x_i^2+b\sum x_i=\sum x_iy_i$ ……①

(ⅱ) $\frac{\partial L}{\partial b}=\frac{\partial}{\partial b}\left\{\sum(y_i-ax_i-b)^2\right\}=\boxed{\sum 2(y_i-ax_i-b)\cdot(-1)=0}$ より

(ⅰ)と同様

$$\cancel{2}\sum(ax_i+b-y_i)=0 \qquad a\sum x_i+b\underbrace{\sum 1}_{n}-\sum y_i=0$$

$$\therefore\ a\sum x_i+nb=\sum y_i \ \cdots\cdots ②$$

①, ②は a, b を未知数とする非同次の2元連立1次方程式より，これを行列とベクトルの積の形にまとめると，

$$\begin{bmatrix}\sum x_i^2 & \sum x_i \\ \sum x_i & n\end{bmatrix}\begin{bmatrix}a\\b\end{bmatrix}=\begin{bmatrix}\sum x_iy_i\\ \sum y_i\end{bmatrix}$$

この両辺に $\begin{bmatrix}\sum x_i^2 & \sum x_i \\ \sum x_i & n\end{bmatrix}^{-1}$ を左からかけて，

$$\begin{bmatrix}a\\b\end{bmatrix}=\begin{bmatrix}\sum x_i^2 & \sum x_i \\ \sum x_i & n\end{bmatrix}^{-1}\begin{bmatrix}\sum x_iy_i\\ \sum y_i\end{bmatrix}=\frac{1}{\Delta}\begin{bmatrix}n & -\sum x_i \\ -\sum x_i & \sum x_i^2\end{bmatrix}\begin{bmatrix}\sum x_iy_i\\ \sum y_i\end{bmatrix}$$

(ただし，行列式 $\Delta=n\sum x_i^2-(\sum x_i)^2$
$=n^2\sigma_x^2\neq 0$ とする。)

これから a のみを求める。その後，②から b を求めればいいからだ。

よって，$a=\frac{1}{\Delta}(n\sum x_iy_i-\underbrace{\sum x_i}_{n\bar{x}}\underbrace{\sum y_i}_{n\bar{y}})$

$$=\frac{n\sum x_iy_i-n^2\bar{x}\bar{y}}{n\sum x_i^2-(\underbrace{\sum x_i}_{n\bar{x}})^2}=\frac{\cancel{n^2}\overbrace{\left(\frac{1}{n}\sum x_iy_i-\bar{x}\bar{y}\right)}^{\sigma_{xy}}}{\cancel{n^2}\underbrace{\left(\frac{1}{n}\sum x_i^2-\bar{x}^2\right)}_{\sigma_x^2}}$$

$$=\frac{\sigma_{xy}}{\sigma_x^2}$$

$$\therefore\ a=\frac{\sigma_{xy}}{\sigma_x^2}$$

この a を"**回帰係数**"と呼ぶ

次に，b の値は②から求める。②の両辺を n で割って

$$a\cdot\overbrace{\frac{1}{n}\sum x_i}^{\bar{x}}+b=\overbrace{\frac{1}{n}\sum y_i}^{\bar{y}}$$

$$\therefore\ b=\bar{y}-a\bar{x}$$

以上より，2変数データの回帰直線の公式を下にまとめて示す。

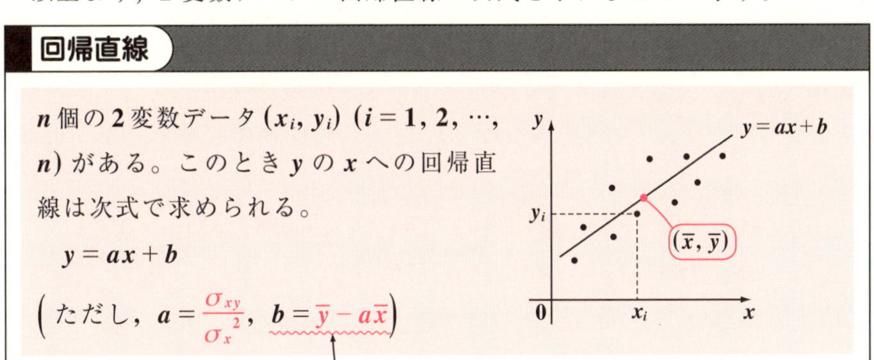

回帰直線

n 個の2変数データ (x_i, y_i) $(i = 1, 2, \cdots, n)$ がある。このとき y の x への回帰直線は次式で求められる。

$$y = ax + b$$

$$\left(ただし，a = \frac{\sigma_{xy}}{\sigma_x{}^2}，\ b = \overline{y} - a\overline{x}\right)$$

x と y の平均はそれぞれ $\overline{x}, \overline{y}$ で，上記の式から回帰直線 $y = ax + b$ は必ず点 $(\overline{x}, \overline{y})$ を通ることがわかる。なぜって？ この点の座標を直線の式に代入したものが $\overline{y} = a\overline{x} + b$ で，$b = \overline{y} - a\overline{x}$ となっているからだ。

以上で2変数データについての解説が終わったので，いよいよ演習問題と実践問題で実際に練習してみることにしよう。自分の手で解くことにより，統計処理の基本が身につくからだ。結構計算があるけれど，こういう試験では「電卓もち込み可」のはずだから，関数電卓を使いながら，結果を出していってくれ。

プログラム可能な関数電卓であれば，予めプログラムを作って試験に臨んでもいいかもしれないね。

演習問題 15 ● 正の相関と上り勾配の回帰直線 ●

K 先生の担当するクラスの学生は全部で 9 人である。この学生全員が線形代数と英語のテストを受験した。各学生の線形代数と英語の得点結果をそれぞれ $(x, y) = (x_i, y_i)$ $(i = 1, 2, \cdots, 9)$ の形で表すと，次のようになった。

(64, 80), (49, 55), (82, 66), (91, 72), (38, 42),
(71, 73), (88, 76), (44, 39), (70, 60)

(1) x の分散 $\sigma_x{}^2$，y の分散 $\sigma_y{}^2$，x と y の共分散 σ_{xy} を小数第 1 位まで，相関係数 ρ_{xy} を小数第 3 位まで求めよ。

(2) これらのデータの，y の x への回帰直線 $y = ax + b$ を求めよ。
（ただし，a は小数第 4 位を，b は小数第 2 位を四捨五入せよ。）

ヒント！ (1) x_i, y_i, x_i^2, y_i^2, x_iy_i の表を作ると，公式通り計算が行える。
(2) $a = \dfrac{\sigma_{xy}}{\sigma_x{}^2}$，$b = \overline{y} - a\overline{x}$ から a，b の値を求めればいい。

解答＆解説

(x_i, y_i) $(i = 1, 2, \cdots, 9)$ のデータを基に，x_i^2，y_i^2，x_iy_i の値と，それぞれの総和を表に示す。

2 変数データの問題を手計算で解く場合，この表を作ると間違えずに計算できる。さらに BASIC プログラム等を勉強すると，データを入力するだけで自動的に相関係数などを出力させることもできる。

表

データ No.	x_i	y_i	x_i^2	y_i^2	x_iy_i
1	64	80	4096	6400	5120
2	49	55	2401	3025	2695
3	82	66	6724	4356	5412
4	91	72	8281	5184	6552
5	38	42	1444	1764	1596
6	71	73	5041	5329	5183
7	88	76	7744	5776	6688
8	44	39	1936	1521	1716
9	70	60	4900	3600	4200
Σ	597	563	42567	36955	39162

表より，$\sum_{i=1}^{n} x_i = 597$，$\sum_{i=1}^{n} y_i = 563$，$\sum_{i=1}^{n} x_i^2 = 42567$

$\sum_{i=1}^{n} y_i^2 = 36955$，$\sum_{i=1}^{n} x_i y_i = 39162$　（ただし，$n = 9$）

(1) x の分散 σ_x^2，y の分散 σ_y^2，x と y の共分散 σ_{xy} をそれぞれ求める。

(i) $\sigma_x^2 = \frac{1}{n}\sum_{i=1}^{n} x_i^2 - \overline{x}^2 = \frac{1}{9} \cdot 42567 - \left(\frac{597}{9}\right)^2 = 329.6$ ……………(答)

n → 9，$\sum_{i=1}^{n} x_i^2$ → 42567，$\overline{x}^2$ → $\left(\frac{597}{9}\right)^2$

小数第2位を四捨五入した。σ_y^2，σ_{xy} についても同様。

(ii) $\sigma_y^2 = \frac{1}{n}\sum_{i=1}^{n} y_i^2 - \overline{y}^2 = \frac{1}{9} \cdot 36955 - \left(\frac{563}{9}\right)^2 = 192.9$ ……………(答)

(iii) $\sigma_{xy} = \frac{1}{n}\sum_{i=1}^{n} x_i y_i - \overline{x} \cdot \overline{y} = \frac{1}{9} \cdot 39162 - \frac{597}{9} \cdot \frac{563}{9} = 201.8$ ……(答)

以上 (i)(ii)(iii) より，x と y の相関係数 ρ_{xy} は，

$$\rho_{xy} = \frac{\sigma_{xy}}{\sigma_x \sigma_y} = 0.800$$ ……………………………………………………(答)

小数第4位を四捨五入

x と y には正の相関が認められる。
つまり，線形代数に強い人は英語にも強い！

(2) 与えられた2変数データの，y の x への回帰直線を

$y = ax + b$ とおくと，

$a = \frac{\sigma_{xy}}{\sigma_x^2} = 0.612$

小数第4位を四捨五入

$b = \overline{y} - a\overline{x} = 21.9$

小数第2位を四捨五入

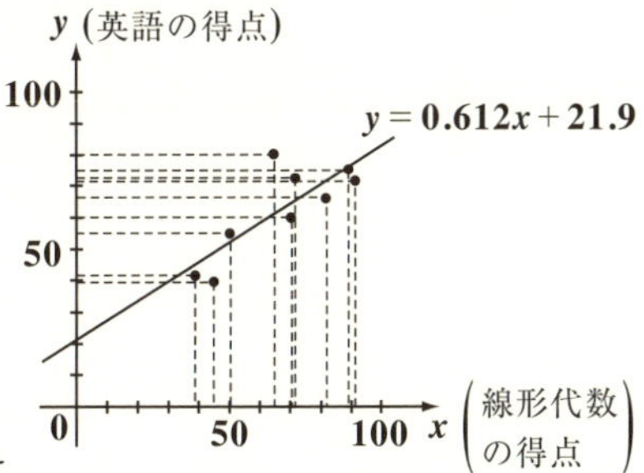

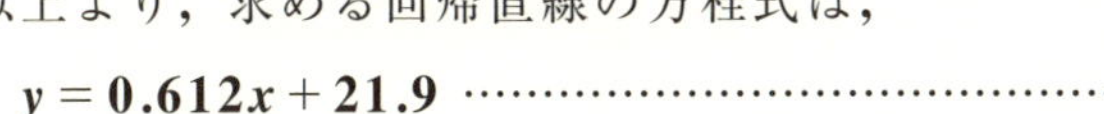

以上より，求める回帰直線の方程式は，

$y = 0.612x + 21.9$ ……………………………………………………(答)

実践問題 15　● 負の相関と下り勾配の回帰直線 ●

A 駅の付近に同様の条件の 6 個のワンルームマンションがある。A 駅から各マンションまでの距離と，そのマンションの家賃 (月額) をそれぞれ $(x, y) = (x_i, y_i)$ $(i = 1, 2, \cdots, 6)$ の形で表すと，次のようになる。ただし，x_i と y_i の単位は，それぞれ $(100m)$，(万円) とする。

$(8,\ 6)$，$(15,\ 4)$，$(3,\ 8)$，$(16,\ 2)$，$(5,\ 6)$，$(11,\ 3)$

(1) x の分散 σ_x^2，y の分散 σ_y^2，x と y の共分散 σ_{xy}，および相関係数 ρ_{xy} を小数第 3 位まで求めよ。

(2) これらのデータの，y の x への回帰直線 $y = ax + b$ を求めよ。
(ただし，a は小数第 4 位を，b は小数第 2 位を四捨五入せよ。)

ヒント！ (1) σ_x^2，σ_y^2，σ_{xy} の計算に必要な各数値の表を作る。
(2) 公式 $a = \dfrac{\sigma_{xy}}{\sigma_x^2}$，$b = \overline{y} - a\overline{x}$ から a，b の値を計算すればいい。

解答＆解説

(x_i, y_i) $(i = 1, 2, \cdots, 6)$ のデータを基に，x_i^2，y_i^2，x_iy_i の値と，それぞれの総和を表に示す。

表

データ No.	x_i	y_i	x_i^2	y_i^2	x_iy_i
1	8	6	64	36	48
2	15	4	225	16	60
3	3	8	9	64	24
4	16	2	256	4	32
5	5	6	25	36	30
6	11	3	121	9	33
Σ	58	29	700	165	227

表より，$\displaystyle\sum_{i=1}^{n} x_i = 58$，$\displaystyle\sum_{i=1}^{n} y_i = 29$，$\displaystyle\sum_{i=1}^{n} x_i^2 = 700$

$\displaystyle\sum_{i=1}^{n} y_i^2 = 165$，$\displaystyle\sum_{i=1}^{n} x_iy_i = 227$ （ただし，$n = 6$）

(1) x の分散 σ_x^2, y の分散 σ_y^2, x と y の共分散 σ_{xy} をそれぞれ求める。

(ⅰ) $\sigma_x^2 = \frac{1}{n}\sum_{i=1}^{n} x_i^2 - \overline{x}^2 = \frac{1}{6} \cdot 700 - \left(\frac{58}{6}\right)^2 =$ (ア) ……………(答)

小数第 4 位を四捨五入。
σ_y^2, σ_{xy}, ρ_{xy} についても同様。

(ⅱ) $\sigma_y^2 = \frac{1}{n}\sum_{i=1}^{n} y_i^2 - \overline{y}^2 = \frac{1}{6} \cdot 165 - \left(\frac{29}{6}\right)^2 =$ (イ) ………………(答)

(ⅲ) $\sigma_{xy} = \frac{1}{n}\sum_{i=1}^{n} x_i y_i - \overline{x} \cdot \overline{y} = \frac{1}{6} \cdot 227 - \frac{58}{6} \cdot \frac{29}{6} =$ (ウ) ………(答)

以上 (ⅰ)(ⅱ)(ⅲ) より，x と y の相関係数 ρ_{xy} は，

$\rho_{xy} = \frac{\sigma_{xy}}{\sigma_x \sigma_y} =$ (エ) ………………………………………………………(答)

x と y には負の相関が認められる。
つまり，A 駅に近い程，マンションの家賃が高い!

(2) 与えられた 2 変数データの，y の x への回帰直線を $y = ax + b$ とおくと，

$a = \frac{\sigma_{xy}}{\sigma_x^2} =$ (オ)

小数第 4 位を四捨五入

$b = \overline{y} - a\overline{x} =$ (カ)

小数第 2 位を四捨五入

散布図と回帰直線

y (×1万円)
(マンションの家賃)
$y = -0.383x + 8.5$
x (×100m)
(A 駅までの距離)

以上より，求める回帰直線の方程式は，

(キ) ……………………………………………………(答)

解答　(ア) 23.222　(イ) 4.139　(ウ) −8.889　(エ) −0.907　(オ) −0.383
(カ) 8.5　(キ) $y = -0.383x + 8.5$

講義6 ● データの整理　公式エッセンス

1. 母集団を代表する数値

n 個のデータからなる母集団の中心的な値として，次の3つがある。

(ア) 平均 (母平均) $\mu_x = \overline{x} = \dfrac{1}{n}\sum_{i=1}^{n} x_i = \dfrac{1}{n}(x_1 + x_2 + \cdots\cdots + x_n)$

(イ) メディアン (中央値) m_e：データを小さい順に並べたとき，

　(ⅰ) n が奇数のとき，中央の値

　(ⅱ) n が偶数のとき，2つの中央値の相加平均

(ウ) モード (最頻値) m_o：度数が最も大きい階級の真中の値

2. 共分散・相関係数

2変数データ (x_i, y_i) $(i = 1, 2, \cdots, n)$ について，

(1) x の分散 σ_x^2，y の分散 σ_y^2

$$\sigma_x^2 = \frac{1}{n}\sum_{i=1}^{n}(x_i - \overline{x})^2 = \frac{1}{n}\sum_{i=1}^{n} x_i^2 - \overline{x}^2 \quad \left(\text{ただし，} \overline{x} = \frac{1}{n}\sum_{i=1}^{n} x_i\right)$$

$$\sigma_y^2 = \frac{1}{n}\sum_{i=1}^{n}(y_i - \overline{y})^2 = \frac{1}{n}\sum_{i=1}^{n} y_i^2 - \overline{y}^2 \quad \left(\text{ただし，} \overline{y} = \frac{1}{n}\sum_{i=1}^{n} y_i\right)$$

(2) x と y の共分散 σ_{xy}

$$\sigma_{xy} = \underbrace{\frac{1}{n}\sum_{i=1}^{n}(x_i - \overline{x})(y_i - \overline{y})}_{\text{定義式}} = \underbrace{\frac{1}{n}\sum_{i=1}^{n} x_i y_i - \overline{x}\,\overline{y}}_{\text{計算式}}$$

(3) 相関係数 ρ_{xy}

$$\rho_{xy} = \frac{\sigma_{xy}}{\sigma_x \sigma_y} \quad (-1 \leqq \rho_{xy} \leqq 1)$$

3. 回帰直線

n 個の2変数データ (x_i, y_i) $(i = 1, 2, \cdots, n)$ がある。このとき y の x への回帰直線は次式で求められる。

$$y = ax + b$$

$$\left(\text{ただし，} a = \frac{\sigma_{xy}}{\sigma_x^2},\ b = \overline{y} - a\overline{x}\right)$$

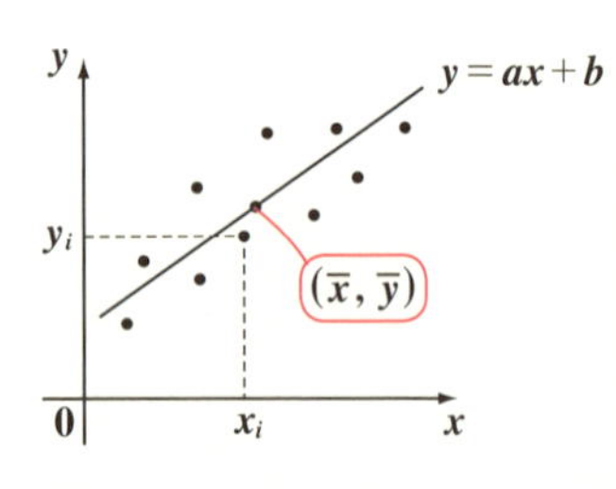

推 定

- 不偏推定
- 最尤推定（尤度関数，対数尤度）
- 区間推定（有意水準，信頼区間）

§1. 点推定

いよいよこれから，“**推測統計**”の話に入ろう。推測統計とは，大きな母集団から標本(サンプル)を無作為に抽出し，それを基にして元の大きな母集団の分布の特徴を調べようとするものだ。母集団の分布を特徴づける定数を“**母数**”(ぼすう)といい，具体的には平均μや分散σ^2などがそれに当たる。ここでは，この母数の値を，標本を基に“**推定**”することにする。母数の値を推定することを“**点推定**”といい，母数の値の範囲を推定することを“**区間推定**”という。区間推定については，後で扱う。

● まず，母集団と標本の関係を押さえよう！

母集団の大きさが巨大であれば，前回やったような母集団全体を調べる“**記述統計**”の手法は事実上不可能になる。

そこで，図1(i)に示すような，大きな母集団から無作為にn個の標本$X_1, X_2, \cdots, X_n$を抽出し，それを基に母集団の特徴を調べる“**推測統計**”の手法を用いる。

図1 母集団と標本

(i)

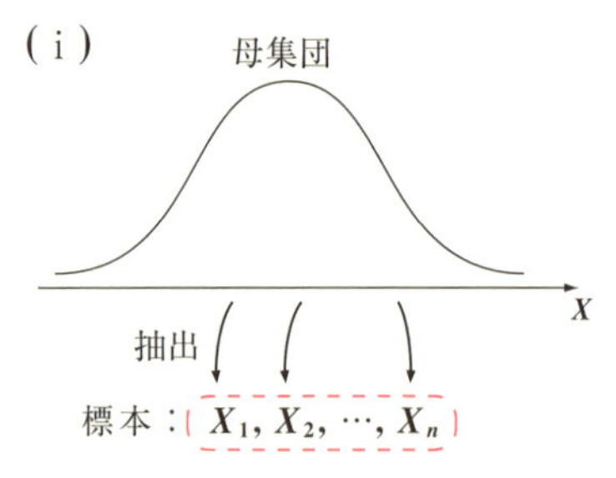

(ii)

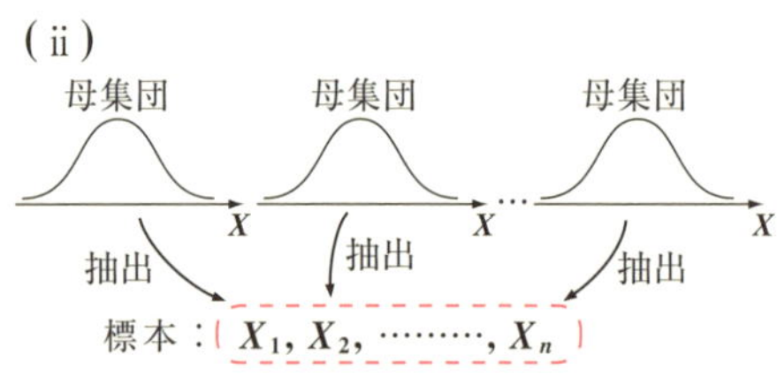

標本の各要素X_iは，標本のとり方によって変化する確率変数と考え，$X_i = x_i$ $(i = 1, 2, \cdots, n)$とおいて，x_iをその実現値と考える。母集団は非常に大きいので，たとえばX_1を抽出しても，それ以外の標本の要素の抽出結果に影響を与えることはない。よって，図1(ii)のように，$X_1, X_2, \cdots, X_n$は同一の確率分布に従う母集団からそれぞれ個別に抽出された互いに独立な確率変数と考えることができる。

母集団を特徴づける"**母数**"(*population parameter*)は，具体的には母集団の従う分布の平均μや分散σ^2のことで，これらを特に"**母平均**"μ，"**母分散**"σ^2と呼ぶ。母集団の従う確率分布を，正規分布$N(\mu, \sigma^2)$やポアソン分布$P_o(\mu)$などと仮定すると，母数(μやσ^2)が決まれば，確率分布そのものが決まってしまうことに注意しよう。そのような重要な母数(一般には，母数をθと表すことが多い)の値を，抽出した標本から"**推定**"(*estimation*)する操作を"**点推定**"(*point estimation*)という。

点推定

母集団の従う確率分布の母数θの値を，標本$X_1, X_2, \cdots, X_n$により推定したものを"**推定量**"$\tilde{\theta}$とおくと，$\tilde{\theta}$は次のように表せる。

母数の推定量 $\tilde{\theta} = F(X_1, X_2, \cdots, X_n)$

この式は，母数の推定量$\tilde{\theta}$が，標本$X_1, X_2, \cdots, X_n$により求まることを示している。

この母数の推定量には，(Ⅰ)**不偏推定量**と，(Ⅱ)**最尤推定量**があり，それぞれについて，これから勉強していこう。

● 不偏推定量では，期待値がポイントだ！

母数θ(定数)の推定量$\tilde{\theta}$は，$\tilde{\theta} = F(X_1, \cdots, X_n)$と表され，$X_1, X_2, \cdots, X_n$は確率変数として変化するので，当然$\tilde{\theta}$もある分布に従って変化する。しかし，$\tilde{\theta}$の期待値$E[\tilde{\theta}]$が，母数$\theta$と等しいとき，すなわち $E[\tilde{\theta}] = \theta$ が成り立つとき，この$\tilde{\theta}$をθの"**不偏推定量**"(*unbiased estimator*)という。

図2 不偏推定量

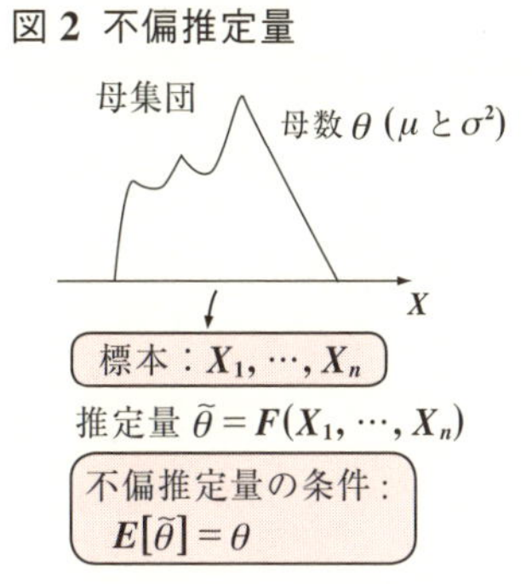

それでは，母平均μと母分散σ^2の不偏推定量を具体的に示すことにしよう。特に，σ^2の不偏推定量では，nの代わりに$n-1$で割っていることに注意しよう。

μ と σ^2 の不偏推定量

母平均 μ と母分散 σ^2 をもつ母集団から任意に抽出した標本 $X_1, X_2, \cdots, X_n$ に対して,

(i) 母平均 μ の不偏推定量は,

$$\overline{X} = \frac{1}{n}\sum_{i=1}^{n} X_i = \frac{1}{n}(X_1 + X_2 + \cdots + X_n) \text{ であり,}$$

$\theta = \mu$ で $\tilde{\theta} = \overline{X}$ のこと $E[\overline{X}] = \mu$ をみたす。

これを "**標本平均**" (***sample mean***) という。

(ii) 母分散 σ^2 の不偏推定量は,

$\theta = \sigma^2$ で $\tilde{\theta} = S^2$ のこと $E[S^2] = \sigma^2$ をみたす。

$$S^2 = \frac{1}{n-1}\sum_{i=1}^{n}(X_i - \overline{X})^2$$

$$= \frac{1}{n-1}\{(X_1 - \overline{X})^2 + (X_2 - \overline{X})^2 + \cdots + (X_n - \overline{X})^2\} \text{ であり,}$$

これを "**標本分散**" (***sample variance***) または "**不偏分散**" という。

[注意 : 標本分散を, $S^2 = \frac{1}{n}\sum_{i=1}^{n}(X_i - \overline{X})^2$ と定義しているものもあるが,
これは, 標本を母集団と見たときの分散のことだ!
本書では上記の定義を採用した。]

それでは, 次の例題で, $E[\overline{X}] = \mu$, $E[S^2] = \sigma^2$ となることを確認しよう。

(1) 標本平均 $\overline{X}$ が, 母平均 μ の不偏推定量であることを示せ。

(2) 標本分散 S^2 が母分散 σ^2 の不偏推定量であることを示せ。

(1) 標本 $X_1, X_2, \cdots, X_n$ はすべて同一の母平均 μ をもつ母集団から無作為に抽出されているので,

$$E[X_1] = E[X_2] = \cdots = E[X_n] = \mu$$

ここで, $\overline{X}$ の期待値は,

$$E[\overline{X}] = E\left[\frac{1}{n}(X_1 + X_2 + \cdots + X_n)\right]$$

公式 : $E[aX] = aE[X]$

$$= \frac{1}{n}E[X_1 + X_2 + \cdots + X_n]$$

公式 : $E[X+Y] = E[X] + E[Y]$

$$= \frac{1}{n}(E[X_1] + E[X_2] + \cdots + E[X_n])$$

$$E[\overline{X}] = \frac{1}{n}(\underbrace{\mu + \mu + \cdots + \mu}_{n\text{ 項の和}}) = \frac{1}{n} \cdot n\mu = \mu$$ ← $E[\overline{X}]=\mu$ が示せた！

$\therefore E[\overline{X}] = \mu$ より，$\overline{X}$ は母平均 μ の不偏推定量である。 ……………(終)

(2) 標本 $X_1, X_2, \cdots, X_n$ は，同一の母平均 μ，母分散 σ^2 をもつ母集団から無作為に抽出されているので，それぞれ平均 μ，分散 σ^2 をもつ同一の確率分布に従う互いに独立な確率変数とみなせる。

よって，$E[X_i] = \mu$，$V[X_i] = E[(X_i - \mu)^2] = \sigma^2 \quad (i = 1, 2, \cdots, n)$

それでは，$E[S^2] = \sigma^2$ となることを示す。

$$E[S^2] = E\left[\frac{1}{n-1}\sum_{i=1}^{n}(X_i - \overline{X})^2\right]$$

$(X_i - \overline{X})^2 = \{(X_i - \mu) - (\overline{X} - \mu)\}^2$　　公式：$E[aX] = aE[X]$

$$= \frac{1}{n-1}E\left[\sum_{i=1}^{n}\{(X_i - \mu) - (\overline{X} - \mu)\}^2\right]$$

$$= \frac{1}{n-1}E\left[\sum_{i=1}^{n}\{(X_i - \mu)^2 - 2(\overline{X} - \mu)(X_i - \mu) + (\overline{X} - \mu)^2\}\right]$$

$$= \frac{1}{n-1}E\left[\sum_{i=1}^{n}(X_i - \mu)^2 - 2(\overline{X} - \mu)\sum_{i=1}^{n}(X_i - \mu) + (\overline{X} - \mu)^2\sum_{i=1}^{n}1\right]$$

$\sum_{i=1}^{n}(X_i - \mu) = \sum_{i=1}^{n}X_i - \mu\sum_{i=1}^{n}1 = n\overline{X} - n\mu$，$\sum_{i=1}^{n}1 = n$

$$= \frac{1}{n-1}E\left[\sum_{i=1}^{n}(X_i - \mu)^2 - 2n(\overline{X} - \mu)^2 + n(\overline{X} - \mu)^2\right]$$

$$= \frac{1}{n-1}E\left[\sum_{i=1}^{n}(X_i - \mu)^2 - n(\overline{X} - \mu)^2\right]$$

公式：$E[aX + bY] = aE[X] + bE[Y]$

$$= \frac{1}{n-1}\left\{\underbrace{E\left[\sum_{i=1}^{n}(X_i - \mu)^2\right]}_{㋐} - n\underbrace{E[(\overline{X} - \mu)^2]}_{㋑}\right\} \quad \cdots\cdots①$$

ここで，

㋐ $E\left[\sum_{i=1}^{n}(X_i - \mu)^2\right] = \sum_{i=1}^{n}E[(X_i - \mu)^2] = \sum_{i=1}^{n}\sigma^2 = n\sigma^2$　（$E[(X_i-\mu)^2] = \sigma^2$（定数））

$E[(X_1 - \mu)^2 + (X_2 - \mu)^2 + \cdots + (X_n - \mu)^2] = E[(X_1 - \mu)^2] + E[(X_2 - \mu)^2] + \cdots + E[(X_n - \mu)^2]$

㋑ $E[(\overline{X}-\mu)^2] = V[\overline{X}]$

$$= V\left[\frac{1}{n}(X_1+X_2+\cdots+X_n)\right]$$

$$= \frac{1}{n^2}(\underset{\sigma^2}{V[X_1]}+\underset{\sigma^2}{V[X_2]}+\cdots+\underset{\sigma^2}{V[X_n]})$$

$$= \frac{1}{n^2}(\underbrace{\sigma^2+\sigma^2+\cdots+\sigma^2}_{n\text{ 項の和}}) = \frac{1}{n^2}\cdot n\sigma^2 = \frac{1}{n}\sigma^2$$

$X_1, \cdots, X_n$ は独立

X と Y が独立のとき，
公式：
$V[aX+bY]$
$= a^2V[X]+b^2V[Y]$

以上㋐，㋑を①に代入して，

$$E[S^2] = \frac{1}{n-1}\left(\underset{㋐}{n\sigma^2} - n\cdot\underset{㋑}{\frac{1}{n}\sigma^2}\right) = \frac{n-1}{n-1}\sigma^2 = \sigma^2$$

$E[S^2]=\sigma^2$ が示せた！

∴ $E[S^2]=\sigma^2$ より，S^2 は母分散 σ^2 の不偏推定量である。…………(終)

この **(2)** の証明は，途中で混乱しそうになるかも知れないけれど，理解を深めることができるので，繰り返し練習するといい。

● 最尤法って，最も尤（もっと）もらしいってことだ！

もう **1** つの点推定として"**最尤法**"（"さいゆうほう"と読む）(***maximum likelihood method***) を紹介する。最尤法では，母集団が従う確率密度（または確率関数）を予め仮定する。ここでは，母集団が正規分布 $N(\mu, \sigma^2)$ に従うものとして，話を進めていくことにしよう。

図 3　最尤法

母集団
正規分布 $N(\mu, \sigma^2)$ を仮定

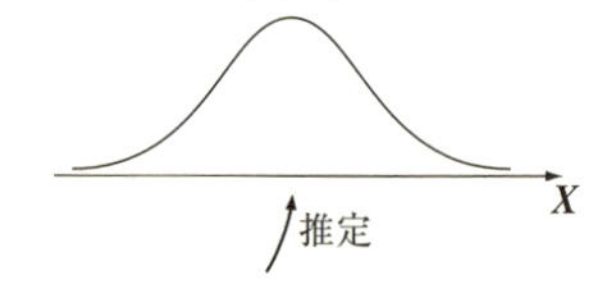

標本の実現値
$x_1, x_2, \cdots, x_n$ から
（これらが出てくる確率を最大にするように母数 θ（μ と σ^2）を決定する。）

正規分布 $N(\mu, \sigma^2)$ に従う母集団から無作為に抽出された標本の実現値を $x_1, x_2, \cdots, x_n$ とおくと，これらが出現するためのそれぞれの確率密度は

$$f_N(x_i) = \frac{1}{\sqrt{2\pi}\sigma}e^{-\frac{(x_i-\mu)^2}{2\sigma^2}} \quad (i=1, 2, \cdots, n)$$ となる。

ここで，μ と σ^2 をまとめて母数 θ で表し，$f_N(x_i)$ をさらに θ の関数と考

x_i は実現値だから定数　これを変数と見る。

えて，$f_N(x_i, \theta)$ とおく。$x_1, \cdots, x_n$ は，独立な確率変数 $X_1, \cdots, X_n$ の実現値より，$f_N(x_i, \theta)$　$(i = 1, 2, \cdots, n)$ の積を θ の関数と見て $L(\theta)$ とおく。これを "**尤度関数**" (*likelihood function*) という。すなわち，

"ゆうどかんすう" と読む　(確率密度)^n

$$L(\theta) = f_N(x_1, \theta) \cdot f_N(x_2, \theta) \cdot \cdots \cdot f_N(x_n, \theta) \quad \cdots\cdots①$$

この尤度関数 $L(\theta)$ を最大にするような θ の推定量を $\tilde{\theta}$ と表し，"**最尤推定量**" (*maximum likelihood estimator*) という。すなわち実現値 $x_1, x_2, \cdots, x_n$ が最も起こりそうな，母数 θ の推定量 $\tilde{\theta}$ を求めようってわけだ。これで「最尤」の「最も尤もらしい」の意味がわかったと思う。

真数条件

実際の計算では，①の形は扱いづらいので，この両辺が正であることから，この両辺の自然対数をとる。これを "**対数尤度**" という。

$$\text{対数尤度 } \log L(\theta) = \log\{f_N(x_1, \theta) \cdot f_N(x_2, \theta) \cdot \cdots \cdot f_N(x_n, \theta)\}$$
$$= \log f_N(x_1, \theta) + \log f_N(x_2, \theta) + \cdots + \log f_N(x_n, \theta)$$
$$= \sum_{i=1}^{n} \log f_N(x_i, \theta)$$
$$= \sum_{i=1}^{n} \log\left(\frac{1}{\sqrt{2\pi\sigma^2}} e^{-\frac{(x_i-\mu)^2}{2\sigma^2}}\right)$$

$$= \log(2\pi\sigma^2)^{-\frac{1}{2}} + \log e^{-\frac{(x_i-\mu)^2}{2\sigma^2}}$$
$$= -\frac{1}{2}\log 2\pi\sigma^2 - \frac{(x_i-\mu)^2}{2\sigma^2}$$

$$= \sum_{i=1}^{n}\left\{-\frac{1}{2}\log 2\pi\sigma^2 - \frac{(x_i-\mu)^2}{2\sigma^2}\right\}$$

$$\therefore \log L(\theta) = -\frac{n}{2}\log 2\pi\sigma^2 - \frac{1}{2\sigma^2}\sum_{i=1}^{n}(x_i-\mu)^2 \quad \cdots\cdots②$$

$L(\theta)$，すなわち $\log L(\theta)$ が最大となるとき，

$$\frac{d\log L(\theta)}{d\theta} = 0 \quad \cdots\cdots③ \quad \text{となる。}$$

③の θ の方程式(これを "**尤度方程式**" という)を解いて，母数 θ の最尤推定量 $\tilde{\theta}$ が求められる。それでは，具体的に母平均 μ と母分散 σ^2 の最尤推定量 $\tilde{\mu}$ と $\tilde{\sigma}^2$ を求めることにしよう。

(ⅰ) 母平均 μ の最尤推定量 $\tilde{\mu}$ を求める。

②を μ で偏微分して,

$$\frac{\partial}{\partial\mu}\{\log L(\theta)\} = \left\{-\frac{n}{2}\log 2\pi\sigma^2 - \frac{1}{2\sigma^2}\sum_{i=1}^{n}(x_i-\mu)^2\right\}'$$

定数　定数　定数

μ で偏微分

$$= -\frac{1}{2\sigma^2}\sum_{i=1}^{n}2\cdot(x_i-\mu)\cdot(-1) = \frac{1}{\sigma^2}\sum_{i=1}^{n}(x_i-\mu)$$

$\frac{\partial}{\partial\mu}\{\log L(\theta)\}=0$ のとき, $\frac{1}{\sigma^2}\cdot\sum_{i=1}^{n}(x_i-\tilde{\mu})=0$

$\frac{\partial}{\partial\mu}\{\log L(\theta)\}=0$ のとき, μ は最尤推定量 $\tilde{\mu}$ になる。

$\sigma^2\ (>0)$ を両辺にかけて

$$\sum_{i=1}^{n}(x_i-\tilde{\mu})=0 \qquad \sum_{i=1}^{n}x_i-\tilde{\mu}\underbrace{\sum_{i=1}^{n}1}_{n}=0 \qquad n\tilde{\mu}=\sum_{i=1}^{n}x_i$$

$\therefore\ \mu$ の最尤推定量 $\tilde{\mu}=\frac{1}{n}\sum_{i=1}^{n}x_i$ ← μ の不偏推定量と同じ!

(ⅱ) 母分散 σ^2 の最尤推定量 $\tilde{\sigma}^2$ を求める。

②を σ^2 で偏微分して,

μ には, 最尤推定量 $\tilde{\mu}$ を用いる。

$$\frac{\partial}{\partial\sigma^2}\{\log L(\theta)\} = \left\{-\frac{n}{2}\log 2\pi\sigma^2 - \frac{1}{2}(\sigma^2)^{-1}\sum_{i=1}^{n}(x_i-\tilde{\mu})^2\right\}'$$

定数　定数　定数

σ^2 で偏微分

これは, $\sigma^2=u$ と置換して, u での偏微分と考えるとわかりやすい。

$$= -\frac{n}{2}\cdot\frac{2\pi}{2\pi\sigma^2}+\frac{1}{2}(\sigma^2)^{-2}\cdot\sum_{i=1}^{n}(x_i-\tilde{\mu})^2$$

$$= -\frac{n}{2\sigma^2}+\frac{1}{2\sigma^4}\sum_{i=1}^{n}(x_i-\tilde{\mu})^2$$

$\frac{\partial}{\partial\sigma^2}\{\log L(\theta)\}=0$ のとき, $-\frac{n}{2\tilde{\sigma}^2}+\frac{1}{2\tilde{\sigma}^4}\sum_{i=1}^{n}(x_i-\tilde{\mu})^2=0$

$\frac{\partial}{\partial\sigma^2}\{\log L(\theta)\}=0$ のとき, σ^2 は最尤推定量 $\tilde{\sigma}^2$ になる。

$$\frac{n}{2\tilde{\sigma}^2}=\frac{1}{2\tilde{\sigma}^4}\sum_{i=1}^{n}(x_i-\tilde{\mu})^2 \qquad n\tilde{\sigma}^2=\sum_{i=1}^{n}(x_i-\tilde{\mu})^2$$

$\therefore\ \sigma^2$ の最尤推定量 $\tilde{\sigma}^2=\frac{1}{n}\sum_{i=1}^{n}(x_i-\tilde{\mu})^2$ ← σ^2 の不偏推定量とは異なる。

以上より，(Ⅰ) 不偏推定量と (Ⅱ) 最尤推定量の **2** つの点推定について結果を下にまとめておく。

不偏推定量と最尤推定量

(Ⅰ) 不偏推定量

(ⅰ) 母平均 μ の不偏推定量 $\overline{X}$

標本平均 $\overline{X}=\dfrac{1}{n}\sum_{i=1}^{n}X_i$

(ⅱ) 母分散 σ^2 の不偏推定量 S^2

標本分散（不偏分散） $S^2=\dfrac{1}{n-1}\sum_{i=1}^{n}(X_i-\overline{X})^2$

(Ⅱ) 最尤推定量（母集団は正規分布に従うものとした。）

(ⅰ) 母平均 μ の最尤推定量 $\tilde{\mu}$

最尤推定量 $\tilde{\mu}=\dfrac{1}{n}\sum_{i=1}^{n}X_i$ ← 標本平均と同じ！

(ⅱ) 母分散 σ^2 の最尤推定量 $\tilde{\sigma}^2$

最尤推定量 $\tilde{\sigma}^2=\dfrac{1}{n}\sum_{i=1}^{n}(X_i-\tilde{\mu})^2$ ← 標本分散と異なる！

以上で，点推定の講義は終わりだ。後は，演習問題，実践問題で実際に計算してみるといいよ。

演習問題 16　● 母平均 μ と母分散 σ^2 の不偏推定量 

1000 人の学生が同じ確率統計の試験を受験した。その内，**10** 人の学生の試験結果を無作為に抽出した結果を，下に示す。

58, 72, 49, 97, 68, 81, 39, 61, 63, 57

1000 人の学生の試験結果を母集団とみて，上記の標本を基に，母平均 μ と母分散 σ^2 の不偏推定量を小数第 **1** 位まで求めよ。

ヒント！ μ と σ^2 の不偏推定量は，それぞれ標本平均 $\bar{x}$ と，標本分散 S^2 である。$\bar{x}=\frac{1}{n}\sum_{i=1}^{n}x_i$ と $S^2=\frac{1}{n-1}\sum_{i=1}^{n}(x_i-\bar{x})^2$ の公式から求めればいいんだね。

解答＆解説

母集団の不偏推定量である標本平均 $\bar{x}$，標本分散 S^2 を求めるために，標本データ $x_i\ (i=1, 2, \cdots, 10)$ と x_i^2，およびそれらの総和を表にして示す。

表

データ No.	x_i	x_i^2
1	58	3364
2	72	5184
3	49	2401
4	97	9409
5	68	4624
6	81	6561
7	39	1521
8	61	3721
9	63	3969
10	57	3249
Σ	645	44003

(ⅰ) 標本平均 $\bar{x}$ は，表より

$$\bar{x}=\frac{1}{n}\sum_{i=1}^{n}x_i=\frac{1}{10}\cdot 645 \quad (n=10)$$

$$=64.5 \quad \cdots\cdots\cdots\cdots\cdots\cdots(\text{答})$$

(ⅱ) 標本分散 S^2 は，表より

$$S^2=\frac{1}{n-1}\sum_{i=1}^{n}(x_i-\bar{x})^2 \quad (n=10)$$

$$=\frac{1}{9}\left(\sum_{i=1}^{n}x_i^2-n\bar{x}^2\right) \quad (n=10)$$

$$\begin{aligned}\Sigma(x_i-\bar{x})^2 &= \Sigma(x_i^2-2\bar{x}x_i+\bar{x}^2)\\ &= \Sigma x_i^2-2\bar{x}\Sigma x_i+\Sigma\bar{x}^2\\ &= \Sigma x_i^2-2n\bar{x}^2+n\bar{x}^2\\ &= \Sigma x_i^2-n\bar{x}^2\end{aligned}$$

$$=\frac{1}{9}(44003-10\times 64.5^2)$$

$$=266.7 \quad \cdots\cdots\cdots\cdots\cdots\cdots(\text{答})$$

実践問題 16 ● 母平均 μ と母分散 σ^2 の最尤推定量 ●

500 人の学生が同じ計量経済学の試験を受験した。その内 8 人の学生の試験結果を無作為に抽出した結果を，下に示す。

68, 75, 46, 88, 53, 91, 37, 80

500 人の学生の試験結果を母集団とみて，この母集団が正規分布 $N(\mu, \sigma^2)$ に従うと仮定するとき，上記の標本を基に，母平均 μ と母分散 σ^2 の最尤推定量を小数第 2 位まで求めよ。

ヒント！ μ と σ^2 の最尤推定量は，それぞれ $\tilde{\mu} = \frac{1}{n}\sum_{i=1}^{n} x_i$，$\tilde{\sigma}^2 = \frac{1}{n}\sum_{i=1}^{n}(x_i - \tilde{\mu})^2$ の公式を使って計算すればいい。

解答＆解説

正規分布 $N(\mu, \sigma^2)$ に従う母集団について，母平均 μ の最尤推定量 $\tilde{\mu}$ と，母分散 σ^2 の最尤推定量 $\tilde{\sigma}^2$ を求めるために，標本データ $x_i\ (i = 1, 2, \cdots, 8)$ と x_i^2，およびそれらの総和を表にして示す。

表

データ No.	x_i	x_i^2
1	68	4624
2	75	5625
3	46	2116
4	88	7744
5	53	2809
6	91	8281
7	37	1369
8	80	6400
Σ	538	38968

(i) 母平均 μ の最尤推定量 $\tilde{\mu}$ は，表より

$$\tilde{\mu} = \frac{1}{n} \cdot \sum_{i=1}^{n} x_i = \boxed{(ア)} \quad (n = 8)$$

$$= \boxed{(イ)} \quad \cdots\cdots\cdots\cdots(答)$$

(ii) 母分散 σ^2 の最尤推定量 $\tilde{\sigma}^2$ は，表より

$$\tilde{\sigma}^2 = \frac{1}{n} \cdot \sum_{i=1}^{n} (x_i - \tilde{\mu})^2 \quad (n = 8)$$

$$= \frac{1}{8}\left(\sum_{i=1}^{n} x_i^2 - n\tilde{\mu}^2\right) \quad (n = 8)$$

$$= \frac{1}{8}\left(\boxed{(ウ)} - 8 \times 67.25^2\right)$$

$$= \boxed{(エ)} \quad \cdots\cdots\cdots(答) \leftarrow 小数第 3 位を四捨五入した$$

$$\Sigma(x_i - \tilde{\mu})^2 = \Sigma(x_i^2 - 2\tilde{\mu}x_i + \tilde{\mu}^2)$$
$$= \Sigma x_i^2 - 2\tilde{\mu}\Sigma x_i + \Sigma\tilde{\mu}^2 \quad (\Sigma x_i = n\tilde{\mu})$$
$$= \Sigma x_i^2 - 2n\tilde{\mu}^2 + n\tilde{\mu}^2$$
$$= \Sigma x_i^2 - n\tilde{\mu}^2$$

解答 (ア) $\frac{1}{8} \cdot 538$　(イ) 67.25　(ウ) 38968　(エ) 348.44

§2. 区間推定

推測統計の中で，得られた標本から母集団の母数 θ の値を推定することを“**点推定**”といい，前節で練習した。これに対して今回は，ある“**信頼係数**”に対して母数 θ の取り得る値の範囲を求める“**区間推定**”について詳しく解説する。講義 **4, 5** で勉強した正規分布や χ^2 分布，それに t 分布も中心的な役割を演じることになる。

● 区間推定には信頼区間が必要だ！

まず，“**区間推定**”(*interval estimation*) の基本的な考え方を示す。

区間推定

母集団の未知の母数 θ に対して

$P(\theta_1 \leqq \theta \leqq \theta_2) = 1 - \alpha$ （α：“**有意水準**”）のとき，

（θ_1：下限の値）（θ_2：上限の値）（α：一般には，$\alpha = 0.05$ または 0.01 とする。）

$\theta_1 \leqq \theta \leqq \theta_2$ を，「“**信頼係数**” $1 - \alpha$ の“**信頼区間**”」という。

（または，「$(1-\alpha) \times 100\%$ **信頼区間**」という。）

100% 間違いなく θ が $\theta_1 \leqq \theta \leqq \theta_2$ の範囲に入ると言い切ることは難しいだろうけれど，**95**% の確率 ($\alpha = 0.05$) で，θ が $\theta_1 \leqq \theta \leqq \theta_2$ の範囲に存在すると言うことは可能だ。このように，有意水準 α を指定して $1 - \alpha$ の確率で，未知の母数 θ が $\theta_1 \leqq \theta \leqq \theta_2$ の範囲に存在することを示す手法を“**区間推定**”というんだよ。

具体的には，母集団の確率分布を正規分布 $N(\mu, \sigma^2)$ と仮定して，母平均 μ と母分散 σ^2 の区間推定を行う。このためには，標準正規分布 $N(0, 1)$ や χ^2 分布，それに t 分布の知識も必要となるので，これからこれらの分布の復習とその利用法を織り交ぜながら解説していくことにする。

● σ^2 が既知のときの母平均 μ の区間推定から始めよう！

母集団が正規分布 $N(\mu, \sigma^2)$（μ：未知，σ^2：既知）に従い，しかもこの母分散 σ^2 の値がわかっているとき，母集団から無作為に抽出した標本 $X_1, X_2, \cdots, X_n$ を使って，未知の母平均 μ の信頼区間は次のように求めることができる。

σ^2 が既知のとき，母平均 μ の区間推定

正規分布 $N(\mu, \sigma^2)$（σ^2 は既知）に従う母集団から無作為に抽出した標本 $X_1, X_2, \cdots, X_n$ を使って，新たな確率変数 Z を

$Z = \dfrac{\overline{X} - \mu}{\sqrt{\dfrac{\sigma^2}{n}}}$ と定義すると，Z は標準正規分布 $N(0, 1)$ に従う。

$\left(\text{ただし，} \overline{X} = \dfrac{1}{n} \sum_{i=1}^{n} X_i \right)$

図 1 に示すように，正規分布 $N(\mu, \sigma^2)$ に従う巨大な母集団から抽出された標本 $X_1, X_2, \cdots, X_n$ は互いに独立で，どれも同一の正規分布 $N(\mu, \sigma^2)$ に従う確率変数と考えてよい。そして，これらの標本平均 $\overline{X} = \dfrac{1}{n} \sum_{i=1}^{n} X_i$ は，正規分布 $N\left(\mu, \dfrac{\sigma^2}{n}\right)$ に従うことも，P118 の演習問題 12 で既に示した。ここまではいいね。

図 1 μ の区間推定
（σ^2 が既知の場合）

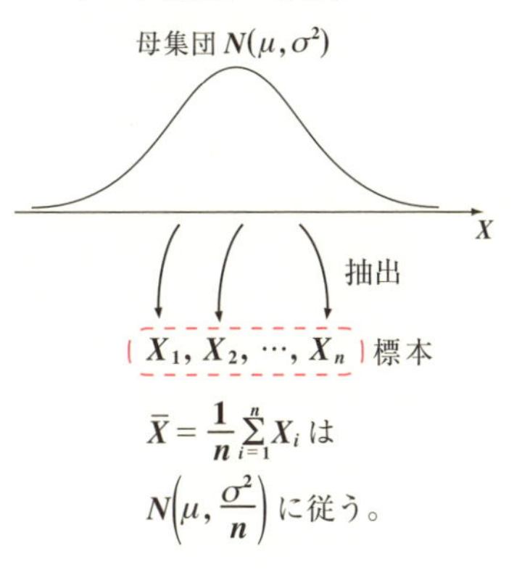

ここで，母集団の母平均 μ は未知だけど，母分散 σ^2 が既知の場合，新たに確率変数 Z を $Z = \dfrac{\overline{X} - \mu}{\sqrt{\dfrac{\sigma^2}{n}}}$ とおくと，Z は $\overline{X}$ を標準化した確率変数なので，当然標準正規分布 $N(0, 1)$ に従う。

これから信頼係数 $1-\alpha$ が与えられたならば，**P225** の標準正規分布の数表を用いて，$z\left(\frac{\alpha}{2}\right)$ の値(図2参照)を求めればよい。

ある定数

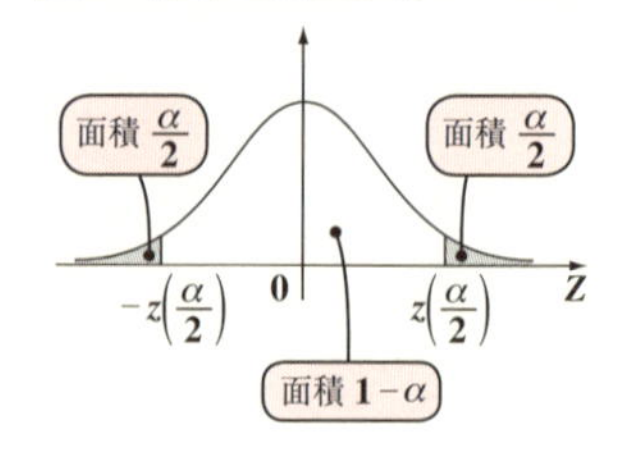

すると，

$P\left(-z\left(\frac{\alpha}{2}\right) \leqq Z \leqq z\left(\frac{\alpha}{2}\right)\right)=1-\alpha$ より

$$-z\left(\frac{\alpha}{2}\right) \leqq \frac{\overline{X}-\mu}{\sqrt{\frac{\sigma^2}{n}}} \leqq z\left(\frac{\alpha}{2}\right)$$

$$-z\left(\frac{\alpha}{2}\right)\cdot\sqrt{\frac{\sigma^2}{n}} \leqq \overline{X}-\mu \leqq z\left(\frac{\alpha}{2}\right)\cdot\sqrt{\frac{\sigma^2}{n}}$$

これから，母平均 μ の信頼係数 $1-\alpha$ の信頼区間は

$$\overline{X}-z\left(\frac{\alpha}{2}\right)\cdot\sqrt{\frac{\sigma^2}{n}} \leqq \mu \leqq \overline{X}+z\left(\frac{\alpha}{2}\right)\cdot\sqrt{\frac{\sigma^2}{n}}$$ となる。

定数　　定数

例題で確認しておこう。

> **(1)** 正規分布 $N(\mu, 16)$ に従う母集団から，**9** 個の標本 $X_1, \cdots, X_9$ を無作為に抽出したとき，この標本平均 $\overline{X}=10$ であった。母平均 μ の **95%** 信頼区間を小数第 **2** 位まで求めよ。

(1) 母平均 μ の **95%** 信頼区間より，$1-\alpha=0.95$，すなわち，
有意水準 $\alpha=0.05$ となる。また，
標本の大きさ $n=9$
標本平均 $\overline{X}=10$
母分散 $\sigma^2=16$ (既知)
よって，**P225** の標準正規分布表より
$z\left(\frac{\alpha}{2}\right)=z(0.025)$ の値を求めると，
$z(0.025)=1.96$ となる。

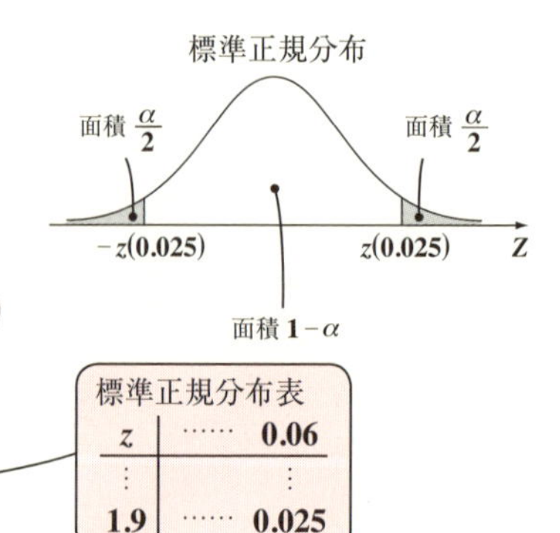

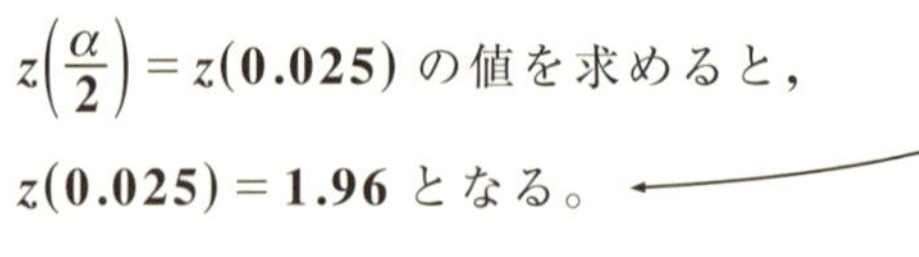

標準正規分布表

z	……	0.06
⋮		⋮
1.9	……	0.025

以上より，母平均μの95%信頼区間は，上記の数値を用いて，

$$10 - 1.96 \times \sqrt{\frac{16}{9}} \leqq \mu \leqq 10 + 1.96 \times \sqrt{\frac{16}{9}} \quad \text{より}$$

$$\left[\overline{X} - z(0.025) \cdot \sqrt{\frac{\sigma^2}{n}} \leqq \mu \leqq \overline{X} + z(0.025) \cdot \sqrt{\frac{\sigma^2}{n}} \right]$$

$7.39 \leqq \mu \leqq 12.61$ となる。…………………………………………(答)

● σ^2が未知のときの，母平均μの区間推定に挑戦しよう！

母集団が従う正規分布$N(\mu, \sigma^2)$のμとσ^2が共に未知(こちらの方が一般的)のとき，抽出した標本から母平均μの区間推定を次のように行う。

σ^2が未知のとき，母平均μの区間推定

正規分布$N(\mu, \sigma^2)$ (σ^2は未知)に従う母集団から無作為に抽出した標本$X_1, X_2, \cdots, X_n$を使って，新たな確率変数Uを

$U = \dfrac{\overline{X} - \mu}{\sqrt{\dfrac{S^2}{n}}}$ と定義すると，Uは自由度$(n-1)$のt分布に従う。

(実際の計算では，$\overline{X}, S^2, n$はすべて既知)

$\left(\text{ただし，} \overline{X} = \dfrac{1}{n}\sum_{i=1}^{n} X_i, \ S^2 = \dfrac{1}{n-1}\sum_{i=1}^{n}(X_i - \overline{X})^2 \right)$

これから，信頼係数$1-\alpha$が与えられたならば，P226のt分布の数表から

$u_{n-1}\left(\dfrac{\alpha}{2}\right)$の値を求め，そして

$$P\left(-u_{n-1}\left(\frac{\alpha}{2}\right) \leqq U \leqq u_{n-1}\left(\frac{\alpha}{2}\right) \right) = 1 - \alpha \quad \text{より}$$

$$-u_{n-1}\left(\frac{\alpha}{2}\right) \leqq \frac{\overline{X} - \mu}{\sqrt{\frac{S^2}{n}}} \leqq u_{n-1}\left(\frac{\alpha}{2}\right)$$

$$-u_{n-1}\left(\frac{\alpha}{2}\right) \cdot \sqrt{\frac{S^2}{n}} \leqq \overline{X} - \mu \leqq u_{n-1}\left(\frac{\alpha}{2}\right) \cdot \sqrt{\frac{S^2}{n}}$$

図3 自由度$(n-1)$のt分布
(左右対称なグラフ)

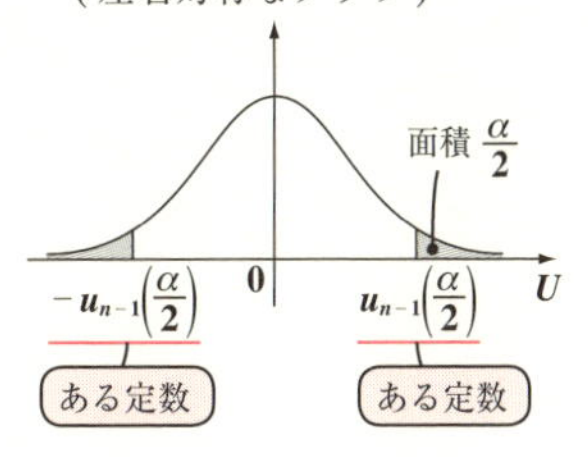

これから，母平均μの信頼係数$1-\alpha$の信頼区間は，

$$\overline{X} - u_{n-1}\left(\frac{\alpha}{2}\right) \cdot \sqrt{\frac{S^2}{n}} \leqq \mu \leqq \overline{X} + u_{n-1}\left(\frac{\alpha}{2}\right) \cdot \sqrt{\frac{S^2}{n}} \quad \text{となる。}$$

(定数)　(定数)

計算手順は，これでよくわかったと思う。でも，確率変数 U って何？ 何で U が，自由度 $(n-1)$ の t 分布に従うんだ？ って思っているだろうね。解説しておこう。まず，$X_1, X_2, \cdots, X_n$ は，正規分布 $N(\mu, \sigma^2)$ から抽出された標本なので，これらは互いに独立で，正規分布 $N(\mu, \sigma^2)$ に従い，

$\overline{X} = \frac{1}{n}\sum_{i=1}^{n} X_i$ が正規分布 $N\left(\mu, \frac{\sigma^2}{n}\right)$ に従うことも，大丈夫だね。

よって，$\frac{\overline{X}-\mu}{\sqrt{\frac{\sigma^2}{n}}}$ は $\overline{X}$ を標準化した確率変数だが，今回 σ^2 は μ と同様に未知なので，σ^2 の代わりに $X_1, X_2, \cdots, X_n$ から計算できる標本分散

$S^2 = \frac{1}{n-1}\sum_{i=1}^{n}(X_i - \overline{X})^2$ で代用したものが，新たな確率変数 $U = \frac{\overline{X}-\mu}{\sqrt{\frac{S^2}{n}}}$ の正体だったんだ。そしてこの U を σ を使って変形すると，

$$U = \frac{\sqrt{n}(\overline{X}-\mu)}{\sqrt{S^2}} = \frac{\frac{\sqrt{n}(\overline{X}-\mu)}{\sigma}}{\sqrt{\frac{S^2}{\sigma^2}}} = \frac{\frac{\overline{X}-\mu}{\frac{\sigma}{\sqrt{n}}}}{\sqrt{\frac{S^2}{\sigma^2}}} \quad \cdots\cdots ①$$ となる。

分子・分母を σ で割った。

Y

$\frac{Z}{n-1}$

ここで，$Y = \frac{\overline{X}-\mu}{\frac{\sigma}{\sqrt{n}}}$ ……②　　$Z = (n-1)\cdot\frac{S^2}{\sigma^2}$ ……③　とおくと，

②の Y は，$\overline{X}$ を標準化したものより，標準正規分布 $N(0, 1)$ に従う。

③の Z は，$Z = \frac{n-1}{\sigma^2}\cdot\frac{1}{n-1}\sum_{i=1}^{n}(X_i-\overline{X})^2 = \sum_{i=1}^{n}\left(\frac{X_i-\overline{X}}{\sigma}\right)^2$ となり，自由度 $(n-1)$ の χ^2 分布に従う。←これは母分散の区間推定でも重要！

参考

$V_1, V_2, \cdots, V_n$ が，標準正規分布 $N(0, 1)$ に従うとき，$V_1{}^2 + V_2{}^2 + \cdots + V_n{}^2$ は自由度 n の χ^2 分布に従うんだったね。(P125)

よって，$\displaystyle\sum_{i=1}^{n}\left(\frac{X_i - \mu}{\sigma}\right)^2$ は，自由度 n の χ^2 分布に従う。

（これは標準正規分布 $N(0, 1)$ に従う）

ここで，この μ の代わりに $\overline{X}$ を代用すると，

$\displaystyle\sum_{i=1}^{n}\left(\frac{X_i - \overline{X}}{\sigma}\right)^2$ は，自由度 $(n-1)$ の χ^2 分布に従う。何故だかわかる？

このとき，$\dfrac{X_1 - \overline{X}}{\sigma} + \dfrac{X_2 - \overline{X}}{\sigma} + \cdots + \dfrac{X_n - \overline{X}}{\sigma} = 0$ が成り立つので，

$\dfrac{X_i - \overline{X}}{\sigma}$ $(i = 1, 2, \cdots, n)$ は線形従属となって，μ のときに比べて $\overline{X}$ では，自由度が 1 つ減るからだ。

以上②，③より，①の U は

$$U = \frac{Y}{\sqrt{\dfrac{Z}{n-1}}}$$

（Y：$N(0, 1)$ に従う。）（Z：自由度 $(n-1)$ の χ^2 分布に従う。）

となって，自由度 $(n-1)$ の t 分布に従う。

これで，話がすべて明らかになっただろう？

> t 分布の定義 (P132)：
> Y と Z が独立で，
> Y は $N(0, 1)$ に従い，
> Z が自由度 n の χ^2 分布に従うとき，
> $X = \dfrac{Y}{\sqrt{\dfrac{Z}{n}}}$ は，自由度 n の t 分布に従う。
> $t_n(x) = K_n \cdot \left(\dfrac{x^2}{n} + 1\right)^{-\frac{n+1}{2}}$

後は，前に話した計算手順に従って，t 分布の数表も利用して，実際に母平均 μ の信頼区間を算出してみればいいんだね。後に例題と演習問題で練習しよう。

● 母比率の区間推定は正規分布を利用する！

例えば，ある県の全世帯の自動車の保有率や，ある国の全有権者の X 政党への支持率のように，ある性質をもつものの全体に対する割合を，母集団の場合は**母比率**（ほひりつ）と呼び p で，また，大きさ n の標本の場合は**標本比率**（ひょうほんひりつ）と呼び $\overline{p}$ で表すことにする。そして，n と $\overline{p}$ を用いて，母比率 p の区間推定

を行うことができる。

車の保有率や政党支持率など，ある性質 A に対して母比率 p をもつ非常に大きな母集団から，十分な大きさ n の標本を無作為に抽出する場合，1つ1つ

（これは，母集団の大きさ N が非常に大きいものとして，非復元でも復元と考えていい。）

の標本を n 回抽出すると考えると，これは事象 A が n 回中 X 回起こる反復試行の確率 $P_B(x)$ を求めることと同様なことに気付くはずだ。

つまり，1回の試行（抽出）で事象 A の起こる確率が母比率 p，起こらない確率が $q\,(=1-p)$ であり，n 回中 X 回だけ事象 A の起こる確率と同様に，n 個の標本中 X 個だけ A の性質をもつ確率 $P_B(x)$ は，

$P_B(x)={}_n\mathrm{C}_x\,p^x q^{n-x}\quad(x=0,\ 1,\ 2,\ \cdots,\ n)$ となるんだね。（P20, P86 参照）

よって，確率変数 X は二項分布 $B(n,\ p)$ に従い，さらに n が十分に大きければ，

（この平均は np，分散は $npq=np(1-p)$ だね。）

これは近似的に平均 np，分散 $np(1-p)$ の正規分布 $N(np,\ np(1-p))$ に従うことになるんだね。さらに，n が十分に大きいときは，分散 $np(1-p)$ の p を近似的に標本比率 $\overline{p}$ でおきかえてもよいことが大数の法則 (P110) から導ける。よって，X は正規分布 $N(np,\ n\overline{p}(1-\overline{p}))$ に従うと言える。よって，

標準化変数 $Z\left(=\dfrac{X-np}{\sqrt{n\overline{p}(1-\overline{p})}}\right)$ は標準正規分布 $N(0,\ 1)$ に従うので，Z の信頼係数 $1-\alpha$ の信頼区間を $-z\left(\dfrac{\alpha}{2}\right)\leqq Z\leqq z\left(\dfrac{\alpha}{2}\right)$ とおくと，

$P\left(-z\left(\dfrac{\alpha}{2}\right)\leqq Z\leqq z\left(\dfrac{\alpha}{2}\right)\right)=1-\alpha$ となる。したがって，

$-z\left(\dfrac{\alpha}{2}\right)\leqq \dfrac{X-np}{\sqrt{n\overline{p}(1-\overline{p})}}\leqq z\left(\dfrac{\alpha}{2}\right)$，$-z\left(\dfrac{\alpha}{2}\right)\sqrt{n\overline{p}(1-\overline{p})}\leqq X-np\leqq z\left(\dfrac{\alpha}{2}\right)\sqrt{n\overline{p}(1-\overline{p})}$

（$np\leqq X+z\left(\dfrac{\alpha}{2}\right)\sqrt{n\overline{p}(1-\overline{p})}$）（$X-z\left(\dfrac{\alpha}{2}\right)\sqrt{n\overline{p}(1-\overline{p})}\leqq np$）

$X-z\left(\dfrac{\alpha}{2}\right)\cdot\sqrt{n\overline{p}(1-\overline{p})}\leqq np\leqq X+z\left(\dfrac{\alpha}{2}\right)\cdot\sqrt{n\overline{p}(1-\overline{p})}$　この両辺を n で割ると，

n が十分に大きいとき，$\dfrac{X}{n}=\overline{p}$ とおけるので，p の信頼係数 $1-\alpha$ の信頼区間は，

$$\overline{p}-z\left(\frac{\alpha}{2}\right)\cdot\sqrt{\frac{\overline{p}(1-\overline{p})}{n}}\leqq p\leqq \overline{p}+z\left(\frac{\alpha}{2}\right)\cdot\sqrt{\frac{\overline{p}(1-\overline{p})}{n}}$$

となるんだね。

それでは，ここで，例題を解いておこう。

(2)(i) 非常に大きな数 N の母集団があり，この母集団の X 政党への支持率（母比率）が p_X であるものとする。この母集団から標本数 $n_X = 600$ の標本を無作為に抽出して，X 政党への支持率を調べた結果，$\overline{p}_X = 0.4(=40\%)$ であった。このとき，母集団の X 政党への支持率 p_X の 99% 信頼区間を小数第 3 位まで求めよ。

(ii) 同じ母集団での Y 政党への支持率は p_Y であるものとする。この母集団から標本数 $n_Y = 324$ の標本を無作為に抽出して，Y 政党への支持率を調べた結果，$\overline{p}_Y = 0.1(10\%)$ であった。このとき，母集団の Y 政党への支持率 p_Y の 95% 信頼区間を小数第 3 位まで求めよ。

(iii) X 政党の支持率を調べるための標本数のみを n'_X と変えて，p_X の 99% 信頼区間の幅が (ii) の Y 政党への支持率 p_Y の 95% 信頼区間の幅と等しくなるようにするものとする。このときの標本数 n'_X を，小数第 1 位を四捨五入することにより求めよ。

(2)(i) 母比率 p_X の 99% 信頼区間より，

$1-\alpha = 0.99$，すなわち有意水準 $\alpha = 0.01$ となる。また，標本の大きさ $n_X = 600$，標本比率 $\overline{p}_X = 0.4$ より，P225 の標準正規分布表から $z\left(\frac{\alpha}{2}\right) = z(0.005)$ の値を求めると，

$z(0.005) = 2.58$ となる。

標準正規分布表

z	……	0.08
⋮		⋮
2.5	……	0.00494

以上より，母比率 p_X の 99% 信頼区間は，

$$0.4 - 2.58 \cdot \sqrt{\frac{0.4\cdot(1-0.4)}{600}} \leqq p_X \leqq 0.4 + 2.58 \cdot \sqrt{\frac{0.4\cdot(1-0.4)}{600}} \text{ より，}$$

$$\left[\ \overline{p}_X - z\left(\frac{\alpha}{2}\right)\sqrt{\frac{\overline{p}_X\cdot(1-\overline{p}_X)}{n_X}} \leqq p_X \leqq \overline{p}_X + z\left(\frac{\alpha}{2}\right)\sqrt{\frac{\overline{p}_X\cdot(1-\overline{p}_X)}{n_X}}\ \right]$$

$$\sqrt{\frac{0.4\times0.6}{600}} = \sqrt{\frac{0.04}{100}} = \sqrt{\frac{4}{10000}} = \frac{2}{100} = \frac{1}{50}$$

$$0.4 - \frac{2.58}{50} \leqq p_X \leqq 0.4 + \frac{2.58}{50}$$

$0.4 - \frac{2.58}{50} = 0.3484 \fallingdotseq 0.348$　　$0.4 + \frac{2.58}{50} = 0.4516 \fallingdotseq 0.452$

$\therefore\ 0.348 \leqq p_X \leqq 0.452$ となる。……………………………………………(答)

(ⅱ) 母比率 p_Y の 95% 信頼区間より，

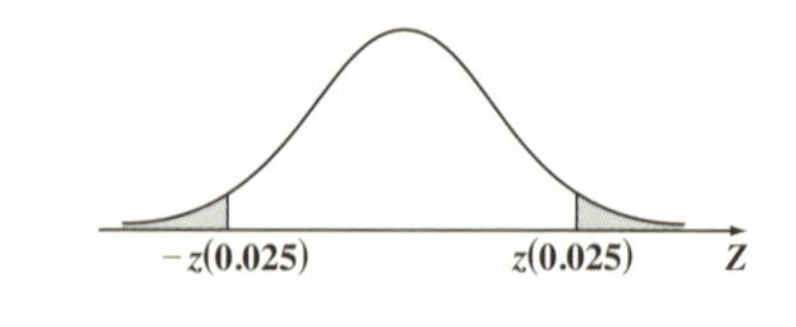

$1-\alpha=0.95$，すなわち有意水準 $\alpha=0.05$ となる。また，標本の大きさ $n_Y=324$，標本比率 $\overline{p}_Y=0.1$ より，P225 の標準正規分布表から $z\left(\dfrac{\alpha}{2}\right)=z(0.025)$ の値を求めると，$z(0.025)=1.96$ となる。

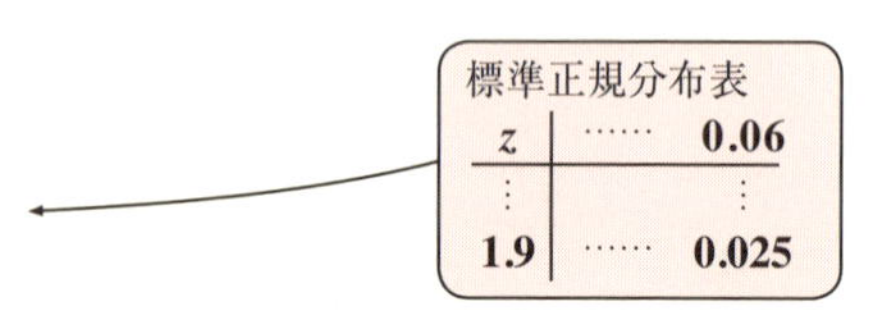

標準正規分布表

z	……	0.06
⋮		⋮
1.9	……	0.025

以上より，母比率 p_Y の 95% 信頼区間は，

$$0.1-1.96\cdot\sqrt{\frac{0.1\cdot(1-0.1)}{324}} \leqq p_Y \leqq 0.1+1.96\cdot\sqrt{\frac{0.1\cdot(1-0.1)}{324}} \text{ より，}$$

$$\left[\ \overline{p}_Y-z\left(\frac{\alpha}{2}\right)\sqrt{\frac{\overline{p}_Y\cdot(1-\overline{p}_Y)}{n_Y}} \leqq p_Y \leqq \overline{p}_Y+z\left(\frac{\alpha}{2}\right)\sqrt{\frac{\overline{p}_Y\cdot(1-\overline{p}_Y)}{n_Y}}\ \right]$$

$$\sqrt{\frac{0.1\times0.9}{324}}=\sqrt{\frac{9}{32400}}=\sqrt{\frac{1}{3600}}=\frac{1}{60}$$

$$0.1-\frac{1.96}{60} \leqq p_Y \leqq 0.1+\frac{1.96}{60}$$

$0.067333\cdots \fallingdotseq 0.067$　　$0.132666\cdots \fallingdotseq 0.133$

$\therefore\ 0.067 \leqq p_Y \leqq 0.133$ となる。……①……………………………………(答)

以上より，母比率の 95% 信頼区間と 99% 信頼区間の公式は次のようになる。

母比率の信頼区間

(Ⅰ) 母比率 p の 95% 信頼区間

$$\overline{p}-1.96\sqrt{\frac{\overline{p}\cdot(1-\overline{p})}{n}} \leqq p \leqq \overline{p}+1.96\sqrt{\frac{\overline{p}\cdot(1-\overline{p})}{n}}$$

(Ⅱ) 母比率 p の 99% 信頼区間

$$\overline{p}-2.58\sqrt{\frac{\overline{p}\cdot(1-\overline{p})}{n}} \leqq p \leqq \overline{p}+2.58\sqrt{\frac{\overline{p}\cdot(1-\overline{p})}{n}}$$

したがって，(Ⅰ) 母比率 p の 95% 信頼区間の幅は，

$$\overline{p}+1.96\sqrt{\frac{\overline{p}\cdot(1-\overline{p})}{n}}-\left(\overline{p}-1.96\sqrt{\frac{\overline{p}\cdot(1-\overline{p})}{n}}\right)=2\times1.96\sqrt{\frac{\overline{p}\cdot(1-\overline{p})}{n}}$$

となるんだね。同様に，(Ⅱ) 母比率 p の 99% 信頼区間の幅は，

$2\times 2.58\sqrt{\dfrac{\overline{p}\cdot(1-\overline{p})}{n}}$ となる。

それでは問題の解答に戻ろう。

(iii) 母比率 p_Y の 95% 信頼区間の幅は，$0.067\leqq p_Y\leqq 0.133$ ……① より，

$0.133-0.067=0.066$ ……② となる。

次に標本数 $n_X=600$ のみを n'_X に変えて，母比率 p_X の 99% 信頼区間の幅を②と等しくすることにする。まず，p_X の 99% 信頼区間の幅は，

$\overline{p}_X=0.4$ より，

$2\times 2.58\sqrt{\dfrac{\overline{p}_X(1-\overline{p}_X)}{n'_X}}=2\times 2.58\sqrt{\dfrac{0.4\times 0.6}{n'_X}}=2\times 2.58\sqrt{\dfrac{0.24}{n'_X}}$ ……③ となる。

②と③は等しいので，

$2\times 2.58\sqrt{\dfrac{0.24}{n'_X}}=0.066\qquad \sqrt{\dfrac{0.24}{n'_X}}=\dfrac{0.033}{2.58}=\dfrac{33}{2580}=\dfrac{11}{860}$

両辺を 2 乗して，

$\dfrac{0.24}{n'_X}=\left(\dfrac{11}{860}\right)^2$ よって，

$n'_X=0.24\times\left(\dfrac{860}{11}\right)^2=1466.975\cdots$ となるので，少数第 1 位を四捨五入して，$n'_X=1467$ となる。

元の p_X の 99% 信頼区間の幅は，$0.452-0.348=0.104$ であったのだけれど，これを 0.066 に縮小させるためには，標本数 $n_X=600$ を $n'_X=1467$ へと大きく増加させないといけないことが分かったんだね。

($0.348\leqq p_X\leqq 0.452$ より)

● 母分散 σ^2 の区間推定は χ^2 分布が決め手だ！

母分散 σ^2 の区間推定では，標本 $X_1, X_2, \cdots, X_n$ から，新たな確率変数 V を「$V=\displaystyle\sum_{i=1}^{n}\left(\frac{X_i-\overline{X}}{\sigma}\right)^2$ と定義する。これが，自由度 $(n-1)$ の χ^2 分布に従う」ことから σ^2 の区間推定が可能になる。

(また，同じことが出てきたね！)

母分散 σ^2 の区間推定

正規分布 $N(\mu, \sigma^2)$ （μ は未知）に従う母集団から無作為に抽出した標本 $X_1, X_2, \cdots, X_n$ を使って，新たな確率変数 V を

$V = \sum_{i=1}^{n} \left(\frac{X_i - \overline{X}}{\sigma} \right)^2$ と定義すると，V は自由度 $(n-1)$ の χ^2 分布に従う。

$\sum_{i=1}^{n} Z_i^2 = \sum_{i=1}^{n} \left(\frac{X_i - \mu}{\sigma} \right)^2$ は自由度 n の χ^2 分布に従う。しかし，μ は未知なので，これを標本平均 $\overline{X}$ で代用した，$\sum_{i=1}^{n} \left(\frac{X_i - \overline{X}}{\sigma} \right)^2$ は自由度が 1 つ減って，自由度 $(n-1)$ の χ^2 分布に従うんだね。

$\left(\text{ただし，} \overline{X} = \frac{1}{n} \sum_{i=1}^{n} X_i \right)$

これから，信頼係数 $1-\alpha$ が与えられたならば，**P227** の χ^2 分布の数表を用いて，$v_{n-1}\left(1 - \frac{\alpha}{2}\right)$ と $v_{n-1}\left(\frac{\alpha}{2}\right)$ を求める。

（ある定数）（ある定数）

図4 自由度 $(n-1)$ の χ^2 分布

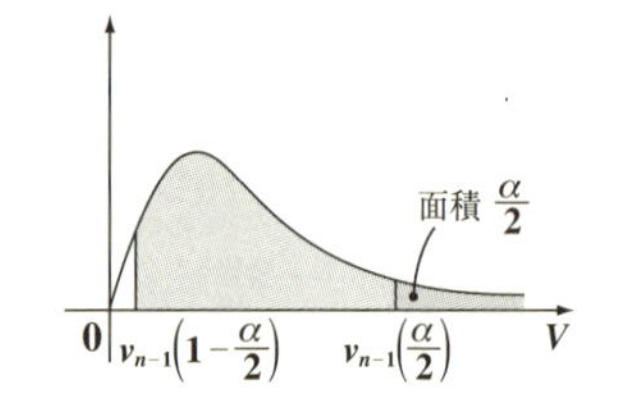

よって，

$$P\left(v_{n-1}\left(1 - \frac{\alpha}{2}\right) \leqq V \leqq v_{n-1}\left(\frac{\alpha}{2}\right) \right) = 1 - \alpha \quad \text{より}$$

$$v_{n-1}\left(1 - \frac{\alpha}{2}\right) \leqq \sum_{i=1}^{n} \frac{(X_i - \overline{X})^2}{\sigma^2} \leqq v_{n-1}\left(\frac{\alpha}{2}\right)$$

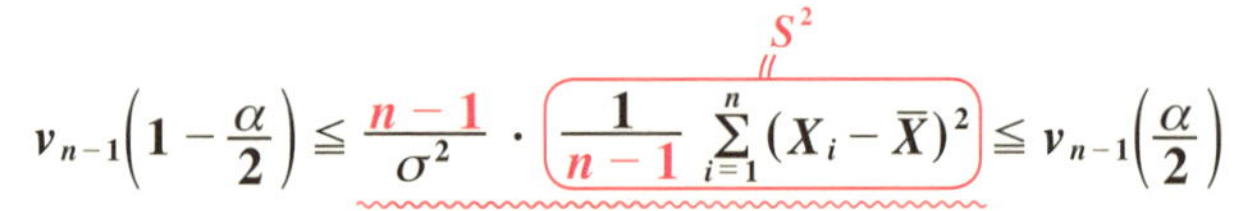

$$v_{n-1}\left(1 - \frac{\alpha}{2}\right) \leqq \frac{n-1}{\sigma^2} \cdot \underbrace{\frac{1}{n-1} \sum_{i=1}^{n} (X_i - \overline{X})^2}_{S^2} \leqq v_{n-1}\left(\frac{\alpha}{2}\right)$$

これから，母分散 σ^2 の信頼係数 $1-\alpha$ の信頼区間は

$$\frac{(n-1)S^2}{v_{n-1}\left(\frac{\alpha}{2}\right)} \leqq \sigma^2 \leqq \frac{(n-1)S^2}{v_{n-1}\left(1 - \frac{\alpha}{2}\right)} \quad \text{となる。}$$

（定数）（定数）

(3) あるメーカーの同じ機種のデジタルカメラ **10** 台を無作為に抽出して，**1** 回の充電で可能な最大の録画時間を調べた結果を下に示す。

9.8, 10.3, 11.9, 8.7, 9.5, 10.2, 10.9, 8.2, 9.4, 10.5

(単位：時間)

このメーカーの同じ機種すべてのデジタルカメラの充電後の最大録画時間を母集団とし，これが正規分布 $N(\mu, \sigma^2)$ に従うものとする。

このとき，

(ⅰ) 母平均 μ (時間) の **95**% 信頼区間を小数第 **3** 位まで求めよ。

(ⅱ) 母分散 σ^2 の **95**% 信頼区間を小数第 **3** 位まで求めよ。

(3) 母平均 μ，母分散 σ^2 の区間推定に必要な標本平均 $\bar{x}$ と，標本分散 S^2 を求めるために，標本 x_i $(i=1, 2, \cdots, 10)$ を基に，$\sum_{i=1}^{n} x_i$，$\sum_{i=1}^{n} x_i^2$ を表 **1** から計算すると，

$$\sum_{i=1}^{n} x_i = 99.4,\quad \sum_{i=1}^{n} x_i^2 = 998.38$$

標本数 $n = 10$

以上より，

・標本平均 $\bar{x}$ は

$$\bar{x} = \frac{1}{n}\sum_{i=1}^{n} x_i = \frac{99.4}{10} = 9.94$$

・標本分散 S^2 は

$$S^2 = \frac{1}{n-1}\sum_{i=1}^{n}(x_i - \bar{x})^2$$

$$= \frac{1}{n-1}\left(\sum_{i=1}^{n} x_i^2 - n\bar{x}^2\right)$$ ← 演習問題 16 を参照

$$= \frac{1}{10-1}(998.38 - 10 \times 9.94^2)$$

$$= 1.1493$$

表 1

データ No.	x_i	x_i^2
1	9.8	96.04
2	10.3	106.09
3	11.9	141.61
4	8.7	75.69
5	9.5	90.25
6	10.2	104.04
7	10.9	118.81
8	8.2	67.24
9	9.4	88.36
10	10.5	110.25
Σ	99.4	998.38

(ⅰ)母平均 μ の **95%** 信頼区間を求めるために，表 **2** に従って数値を埋めていく。

表 **2** μ の信頼区間

有意水準 α	**0.05**
標本数 n	**10**
標本平均 $\bar{x}$	**9.94**
標本分散 S^2	**1.1493**
$\sqrt{\frac{S^2}{n}}$	**0.339**
$u_{n-1}\left(\frac{\alpha}{2}\right)$	**2.262**
μ の信頼区間	$9.173 \leqq \mu \leqq 10.707$

信頼係数 $1-\alpha = 0.95$ より

有意水準 $\alpha = 0.05$

標本数 $n = 10$

標本平均 $\bar{x} = 9.94$

標本分散 $S^2 = 1.1493$

$$\sqrt{\frac{S^2}{n}} = \sqrt{\frac{1.1493}{10}} = 0.339$$

ここで，確率変数 $u = \dfrac{\bar{x}-\mu}{\sqrt{\frac{S^2}{n}}}$ とおくと，これは自由度 **9** の t 分布に従うので，

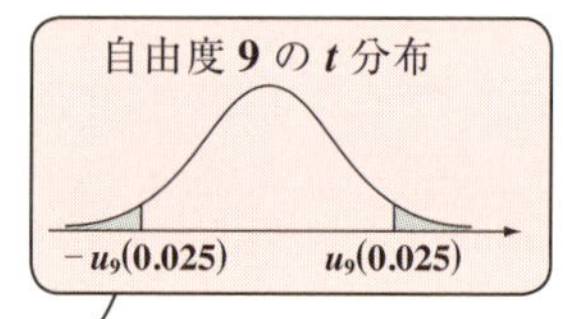

$$P(-u_9(0.025) \leqq u \leqq u_9(0.025)) = 0.95$$

$$\left[\ P\left(-u_{n-1}\left(\frac{\alpha}{2}\right) \leqq u \leqq u_{n-1}\left(\frac{\alpha}{2}\right)\right) = 1-\alpha\ \right]$$

$$-u_9(0.025) \leqq \underbrace{\frac{\bar{x}-\mu}{\sqrt{\frac{S^2}{n}}}}_{u} \leqq u_9(0.025) \text{ より}$$

$$\bar{x} - \sqrt{\frac{S^2}{n}} \cdot u_9(0.025) \leqq \mu \leqq \bar{x} + \sqrt{\frac{S^2}{n}} \cdot u_9(0.025) \quad \cdots\cdots①$$

ここで，$u_9(0.025)$ の値を **P226** の t 分布の表から求めると，

$n \backslash \alpha$	$\cdots\cdots$	0.025
$\vdots$		$\vdots$
9	$\cdots\cdots$	2.262

$$u_9(0.025) = 2.262$$

以上より，①は

$$9.94 - 0.339 \times 2.262 \leqq \mu \leqq 9.94 + 0.339 \times 2.262$$

∴母平均 μ の **95%** 信頼区間は

$9.173 \leqq \mu \leqq 10.707$ となる。 ……………………………………………(答)

(ⅱ) 母分散 σ^2 の 95% 信頼区間を求めるために，表 3 に従って数値を埋めていく。

表 3 σ^2 の信頼区間

有意水準 α	0.05
標本数 n	10
標本分散 S^2	1.1493
$v_{n-1}\left(\frac{\alpha}{2}\right)$	19.023
$v_{n-1}\left(1-\frac{\alpha}{2}\right)$	2.700
σ^2 の信頼区間	$0.544 \leqq \sigma^2 \leqq 3.831$

信頼係数 $1-\alpha = 0.95$ より，

有意水準 $\alpha = 0.05$

標本数 $n = 10$

標本分散 $S^2 = 1.1493$

確率変数 $v = \sum_{i=1}^{n} \frac{(x_i - \overline{x})^2}{\sigma^2}$

$$= (n-1) \cdot \frac{S^2}{\sigma^2}$$

とおくと，これは自由度 9 の χ^2 分布に従うので，

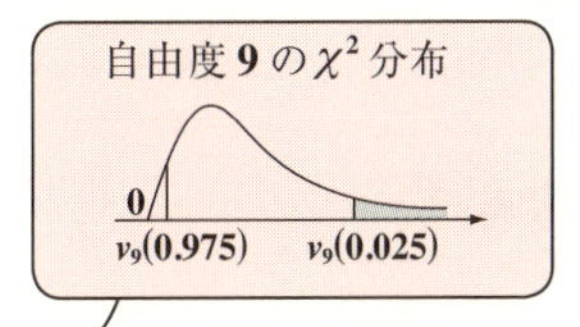

$$P(v_9(0.975) \leqq v \leqq v_9(0.025)) = 0.95$$

$$\left[P\left(v_{n-1}\left(1-\frac{\alpha}{2}\right) \leqq v \leqq v_{n-1}\left(\frac{\alpha}{2}\right)\right) = 1-\alpha\right]$$

$$v_9(0.975) \leqq \underbrace{(n-1) \cdot \frac{S^2}{\sigma^2}}_{v} \leqq v_9(0.025) \text{ より}$$

$$\frac{(n-1)S^2}{v_9(0.025)} \leqq \sigma^2 \leqq \frac{(n-1)S^2}{v_9(0.975)} \quad \cdots\cdots②$$

ここで，$v_9(0.025)$ と $v_9(0.975)$ の値を P227 の χ^2 分布の表から求めると，

$v_9(0.025) = 19.023$

$v_9(0.975) = 2.700$

$n \backslash \alpha$	……	0.975	……	0.025
⋮		⋮		⋮
9	……	2.700	……	19.023

以上より，②は

$$\frac{9 \times 1.1493}{19.023} \leqq \sigma^2 \leqq \frac{9 \times 1.1493}{2.700}$$

∴ 母分散 σ^2 の 95% 信頼区間は，

$0.544 \leqq \sigma^2 \leqq 3.831$ となる。……………………………………(答)

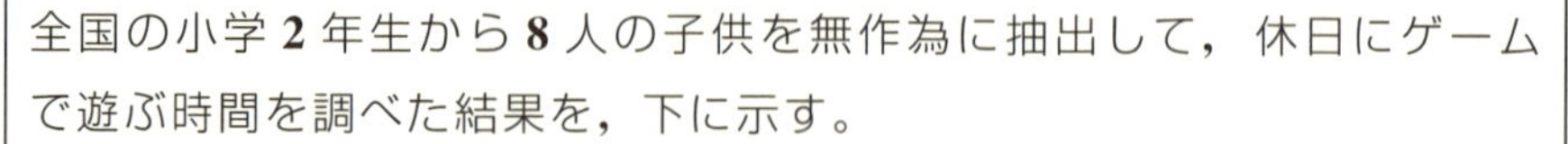
演習問題 17　●母平均μの99%信頼区間●

全国の小学2年生から8人の子供を無作為に抽出して，休日にゲームで遊ぶ時間を調べた結果を，下に示す。

0.5, 4.2, 3.8, 1.2, 0.8, 2.1, 2.4, 3.0（単位：時間）

全国の小学2年生が休日にゲームで遊ぶ時間を母集団とし，これが正規分布 $N(\mu, \sigma^2)$ に従うものとする。このとき，母平均μ(時間)の99%信頼区間を小数第2位まで求めよ。

ヒント！　まず，標本 x_i $(i=1, 2, \cdots, 8)$ を基に，$\sum_{i=1}^{8} x_i$，$\sum_{i=1}^{8} x_i^2$ を表にし，μの信頼区間を求めるための各数値を順次出していけばいい。

解答&解説

母平均μの区間推定に必要な標本平均$\bar{x}$と標本分散S^2を求めるために，標本 x_i $(i=1, 2, \cdots, 8)$ を基に，$\sum_{i=1}^{n} x_i$，$\sum_{i=1}^{n} x_i^2$ を表1から計算すると，

$$\sum_{i=1}^{n} x_i = 18.0,\quad \sum_{i=1}^{n} x_i^2 = 53.58$$

標本数 $n = 8$

以上より，

・標本平均$\bar{x}$は

$$\bar{x} = \frac{1}{n}\sum_{i=1}^{n} x_i = \frac{18.0}{8} = 2.25$$

・標本分散S^2は

$$S^2 = \frac{1}{n-1}\sum_{i=1}^{n}(x_i - \bar{x})^2 = \frac{1}{n-1}\left(\sum_{i=1}^{n} x_i^2 - n\bar{x}^2\right)$$

$$= \frac{1}{8-1}(53.58 - 8 \times 2.25^2) = 1.8686$$

表1

データ No.	x_i	x_i^2
1	0.5	0.25
2	4.2	17.64
3	3.8	14.44
4	1.2	1.44
5	0.8	0.64
6	2.1	4.41
7	2.4	5.76
8	3.0	9.00
Σ	18.0	53.58

母平均μの99%信頼区間を求めるために，表2に従って数値を埋めていく。

表2 μの信頼区間

有意水準α	0.01
標本数n	8
標本平均$\bar{x}$	2.25
標本分散S^2	1.8686
$\sqrt{\frac{S^2}{n}}$	0.483
$u_{n-1}\left(\frac{\alpha}{2}\right)$	3.499
μの信頼区間	$0.56 \leqq \mu \leqq 3.94$

信頼係数$1-\alpha=0.99$より

有意水準$\alpha=0.01$

標本数$n=8$

標本平均$\bar{x}=2.25$

標本分散$S^2=1.8686$

$$\sqrt{\frac{S^2}{n}}=\sqrt{\frac{1.8686}{8}}=0.483$$

ここで，確率変数$u=\dfrac{\bar{x}-\mu}{\sqrt{\frac{S^2}{n}}}$とおくと，

これは自由度7のt分布に従うので，

$$P(-u_7(0.005)\leqq u\leqq u_7(0.005))=0.99$$

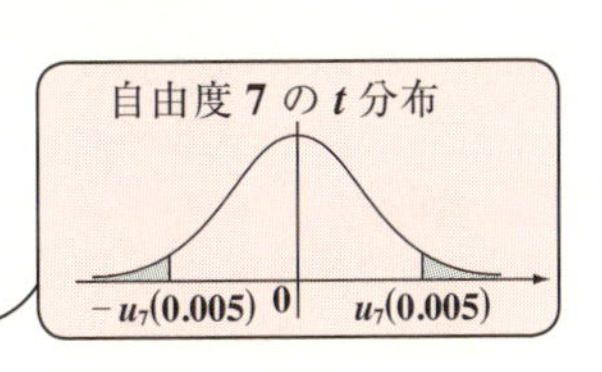

$$\left[\ P\left(-u_{n-1}\left(\frac{\alpha}{2}\right)\leqq u\leqq u_{n-1}\left(\frac{\alpha}{2}\right)\right)=1-\alpha\ \right]$$

$$-u_7(0.005)\leqq\frac{\bar{x}-\mu}{\sqrt{\frac{S^2}{n}}}\leqq u_7(0.005)$$ より，

$$\bar{x}-\sqrt{\frac{S^2}{n}}\cdot u_7(0.005)\leqq\mu\leqq\bar{x}+\sqrt{\frac{S^2}{n}}\cdot u_7(0.005)\quad\cdots\cdots①$$

ここで，$u_7(0.005)$の値をP226のt分布の表から求めると，

n \ α	……	0.005
⋮		⋮
7	……	3.499

$$u_7(0.005)=3.499$$

以上より，①は

$$2.25-0.483\times3.499\leqq\mu\leqq2.25+0.483\times3.499$$

∴母平均μの99%信頼区間は，

$0.56\leqq\mu\leqq3.94$ となる。 ……………………………………(答)

実践問題 17　● 母分散 σ^2 の95% 信頼区間 

全国の大学 **2** 年生から **8** 人の学生を無作為に抽出し，雑誌を除き，**1** ヶ月に読む書籍の冊数を調べた結果を，下に示す。

3, 7, 1, 5, 2, 9, 6, 4

全国の大学 **2** 年生が **1** ヶ月に読む書籍の冊数を母集団とし，これが正規分布 $N(\mu, \sigma^2)$ に従うものとする。このとき，母分散 σ^2 の **95**% 信頼区間を小数第 **2** 位まで求めよ。

ヒント！ まず，標本 x_i $(i = 1, 2, \cdots, 8)$ について，$\sum_{i=1}^{8} x_i$，$\sum_{i=1}^{8} x_i^2$ の表を作り，σ^2 の信頼区間を手順通りに求めていけばいいんだね。

解答＆解説

母分散 σ^2 の区間推定に必要な標本平均 $\bar{x}$ と標本分散 S^2 を求めるために，標本 x_i $(i = 1, 2, \cdots, 8)$ を基に，$\sum_{i=1}^{n} x_i$，$\sum_{i=1}^{n} x_i^2$ を表 **1** から計算すると，

$$\sum_{i=1}^{n} x_i = 37,\quad \sum_{i=1}^{n} x_i^2 = 221$$

標本数 $n = 8$

表 **1**

データ No.	x_i	x_i^2
1	3	9
2	7	49
3	1	1
4	5	25
5	2	4
6	9	81
7	6	36
8	4	16
Σ	37	221

以上より，

・標本平均 $\bar{x}$ は

$$\bar{x} = \frac{1}{n} \cdot \sum_{i=1}^{n} x_i = \frac{37}{8} = \boxed{(ア)\qquad}$$

・標本分散 S^2 は

$$S^2 = \frac{1}{n-1}\sum_{i=1}^{n}(x_i - \bar{x})^2 = \frac{1}{n-1}\left(\sum_{i=1}^{n} x_i^2 - n\bar{x}^2\right)$$

$$= \frac{1}{8-1}(221 - 8 \times 4.625^2) = \boxed{(イ)\qquad}$$

母分散 σ^2 の **95%** 信頼区間を求めるために，表**2**に従って数値を埋めていく。

表 2　σ^2 の信頼区間

有意水準 α	**0.05**
標本数 n	**8**
標本分散 S^2	**7.125**
$v_{n-1}\left(\frac{\alpha}{2}\right)$	**16.013**
$v_{n-1}\left(1-\frac{\alpha}{2}\right)$	**1.690**
σ^2 の信頼区間	$3.11 \leqq \sigma^2 \leqq 29.51$

信頼係数 $1-\alpha = 0.95$ より

有意水準 $\alpha = 0.05$

標本数 $n = 8$

標本分散 $S^2 = 7.125$

確率変数 $v = \sum_{i=1}^{n} \frac{(x_i - \bar{x})^2}{\sigma^2}$

$= $ (ウ) ＿＿＿＿

とおくと，これは自由度 **7** の χ^2 分布に従うので，

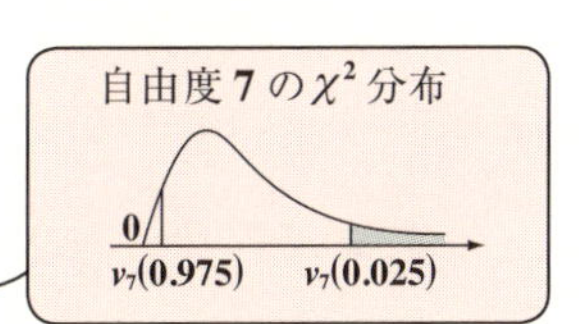

$$P(v_7(0.975) \leqq v \leqq v_7(0.025)) = 0.95$$

$$\left[P\left(v_{n-1}\left(1-\frac{\alpha}{2}\right) \leqq v \leqq v_{n-1}\left(\frac{\alpha}{2}\right)\right) = 1-\alpha\right]$$

$v_7(0.975) \leqq (n-1) \cdot \frac{S^2}{\sigma^2} \leqq v_7(0.025)$ より

$$\frac{(n-1)S^2}{v_7(0.025)} \leqq \sigma^2 \leqq \frac{(n-1)S^2}{v_7(0.975)} \quad \cdots\cdots ①$$

ここで，$v_7(0.025)$ と $v_7(0.975)$ の値を **P227** の χ^2 分布の表から求めて，

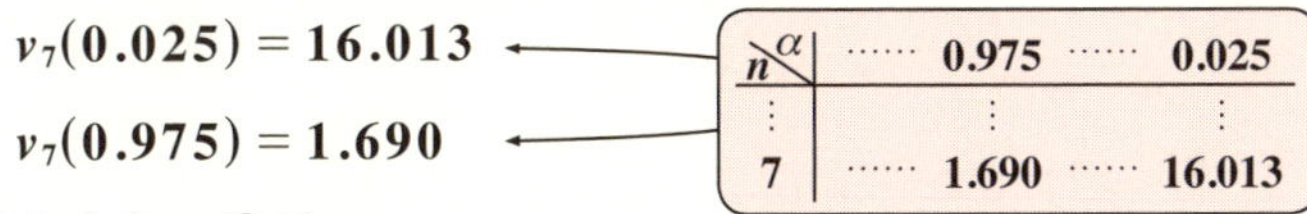

$v_7(0.025) = 16.013$

$v_7(0.975) = 1.690$

n \ α	……	0.975	……	0.025
⋮		⋮		⋮
7	……	1.690	……	16.013

以上より，①は

$$\frac{7 \times 7.125}{16.013} \leqq \sigma^2 \leqq \frac{7 \times 7.125}{1.690}$$

∴母分散 σ^2 の **95%** 信頼区間は，(エ) ＿＿＿ $\leqq \sigma^2 \leqq$ (オ) ＿＿＿ ………………(答)

解答　(ア) 4.625　(イ) 7.125　(ウ) $(n-1) \cdot \frac{S^2}{\sigma^2}$　(エ) 3.11　(オ) 29.51

講義 7 ●推定　公式エッセンス

1. 不偏推定量と最尤推定量

(Ⅰ) 不偏推定量

(ⅰ) 母平均 μ の不偏推定量 $\overline{X}$

標本平均 $\overline{X} = \frac{1}{n}\sum_{i=1}^{n} X_i$

(ⅱ) 母分散 σ^2 の不偏推定量 S^2

標本分散（不偏分散） $S^2 = \frac{1}{n-1}\sum_{i=1}^{n}(X_i - \overline{X})^2$

(Ⅱ) 最尤推定量（母集団は正規分布に従うものとした。）

(ⅰ) 母平均 μ の最尤推定量 $\tilde{\mu}$

最尤推定量 $\tilde{\mu} = \frac{1}{n}\sum_{i=1}^{n} X_i$ ←標本平均と同じ！

(ⅱ) 母分散 σ^2 の最尤推定量 $\tilde{\sigma}^2$

最尤推定量 $\tilde{\sigma}^2 = \frac{1}{n}\sum_{i=1}^{n}(X_i - \tilde{\mu})^2$ ←標本分散と異なる！

2. σ^2 が既知のとき，母平均 μ の区間推定

正規分布 $N(\mu, \sigma^2)$ (σ^2 は既知) に従う母集団から無作為に抽出した標本 $X_1, X_2, \cdots, X_n$ を使って，新たな確率変数 Z を

$Z = \frac{\overline{X} - \mu}{\sqrt{\frac{\sigma^2}{n}}}$ と定義すると，Z は標準正規分布 $N(0, 1)$ に従う。

3. σ^2 が未知のとき，母平均 μ の区間推定

正規分布 $N(\mu, \sigma^2)$ (σ^2 は未知) に従う母集団から無作為に抽出した標本 $X_1, X_2, \cdots, X_n$ を使って，新たな確率変数 U を，

$U = \frac{\overline{X} - \mu}{\sqrt{\frac{S^2}{n}}}$ と定義すると，U は自由度 $(n-1)$ の t 分布に従う。

←実際の計算では，$\overline{X}, S^2, n$ はすべて既知

4. 母分散 σ^2 の区間推定

正規分布 $N(\mu, \sigma^2)$ (μ は未知) に従う母集団から無作為に抽出した標本 $X_1, X_2, \cdots, X_n$ を使って，新たな確率変数 V を

$V = \sum_{i=1}^{n}\left(\frac{X_i - \overline{X}}{\sigma}\right)^2$ と定義すると，V は自由度 $(n-1)$ の χ^2 分布に従う。

検　定

- 母平均の検定
  （σ^2が既知または未知の場合）
- 母分散の検定（χ^2分布を利用）
- 母平均の差の検定
  （σ^2が既知または未知の場合）
- 母分散の比の検定（F分布を利用）

§1. 母平均と母分散の検定

さァ，確率統計も最終講義に入ろう。最後を飾るテーマは“**検定**”だ。検定とは文字通り統計的にテストをすることだ。たとえば，ある食品メーカーの缶詰の内容量が **50g** と表示してあったとき，本当にそうなのかどうか，無作為に抽出した標本データを基に検定(テスト)することが出来る。今回は特に，母平均と母分散の検定について詳しく教える。理論的な考え方は，“**区間推定**”とよく似ているから，違和感なく入っていけると思うよ。

● まず，検定の考え方をマスターしよう！

母集団の母数についてある“**仮説**”(***hypothesis***)を立て，それを“**棄却**”

“ききゃく”と読む。「捨てる」ことの意

(***rejection***)するかどうかを，統計的に“**検定**”(***test***)する。まず，この検定の定義を示し，その後，検定を行うための手順について解説する。

仮説の検定

> 母集団の母数 θ について，
>
> 「仮説 $H_0 : \theta = \theta_0$」を立てる。
>
> 母集団から無作為に抽出した標本 $X_1, X_2, \cdots\cdots, X_n$ を基に，この仮説を棄却するかどうかを統計的に判断することを，“**検定**”と呼ぶ。

検定の手順は次の通りだ。

(Ⅰ) まず，「仮説 $H_0 : \theta = \theta_0$」を立てる。

(対立仮説 $H_1 : \theta \neq \theta_0$ など)

(Ⅱ) “**有意水準** α”(***significance level***)または“**危険率** α”を予め **0.05** または **0.01** などに定める。

(Ⅲ) 無作為抽出した標本 $X_1, X_2, \cdots\cdots, X_n$ を基に，“**検定統計量**”(***test statistic***)を作る。

具体的には，$\dfrac{\overline{X} - \mu_0}{\sqrt{\dfrac{S^2}{n}}}$ や $\Sigma \dfrac{(X_i - \overline{X})^2}{{\sigma_0}^2}$ など，$X_1, \cdots\cdots, X_n$ から新たに定義される確率変数のことだ。

(Ⅳ) 検定統計量(新たな確率変数)が従う分布(具体的には，標準正規分布，t 分布や χ^2 分布など)の数表から，有意水準 α による "**棄却域** R"(*rejection region*)を定める。

(Ⅴ) 標本の具体的な数値による検定統計量(新たな確率変数)T の実現値 t が，
- (ⅰ) 棄却域 R に入るとき，仮説 H_0 は棄却される。
- (ⅱ) 棄却域 R に入らないとき，仮説 H_0 は棄却されない。

何のことかよくわからないって？ 当然だね。これから詳しく話すよ。何で，「棄却すること」ばっかり考えてるんだって？ そうだね。(Ⅴ)の(ⅱ)では，仮説 H_0 が「採用される」とは言わないで，「棄却されない」なんて変な言い方をしているからね。すべてわかるように，これから例題を使って解説しよう。

● σ^2 が既知の場合に，母平均を検定しよう！

それでは，母集団が正規分布 $N(\mu, \sigma^2)$ (σ^2 は既知)に従うとき，母平均 μ についての仮説を，次の例題で検定してみよう。

> (1) ある食品メーカーの缶詰の内容量が **50g** と表示してあった。消費者団体が，表示に偽りがないかを調べるために，無作為に選んだ **9** 個の缶詰の内容量を測定した結果，平均で **49.4g** であった。この缶詰全体の内容量は，正規分布 $N(\mu, 1.44)$ に従うものとする。このとき，
> 「仮説 H_0：缶詰全体の平均の内容量は **50g** である。」
> を，有意水準 **0.05** で検定せよ。

(1) (Ⅰ)「仮説 H_0：$\mu = \underset{\mu_0}{50}$」
「対立仮説：$\mu \neq 50$」 ← 仮説 H_0 が棄却されるとき，対立仮説 H_1 が採用される。

(Ⅱ) 有意水準 $\alpha = 0.05$ で，仮説 H_0 を検定する。

(Ⅲ) 母集団から，無作為に抽出した 9 個の標本 $X_1, X_2, \cdots\cdots, X_9$ の

標本平均 $\overline{X}$ は，正規分布 $N\left(\mu, \dfrac{1.44}{9}\right)$ に従う。(1.44 は σ^2(既知)) ← (P173 を参照)

ここで，検定統計量 T を $T = \dfrac{\overline{X} - 50}{\sqrt{\dfrac{1.44}{9}}}$ とおくと， ← $T = \dfrac{\overline{X} - \mu_0}{\sqrt{\dfrac{\sigma^2}{n}}}$ のこと

T は，標準正規分布 $N(0, 1)$ に従う。

(Ⅳ) よって，**P225** の標準正規分布の数表より，

z	…… **0.06**
⋮	⋮
1.9	…… **0.025**

$z\left(\dfrac{\alpha}{2}\right) = z(0.025)$

$= 1.96$ となる。

これから，有意水準 $\alpha = 0.05$ による棄却域は下のようになる。

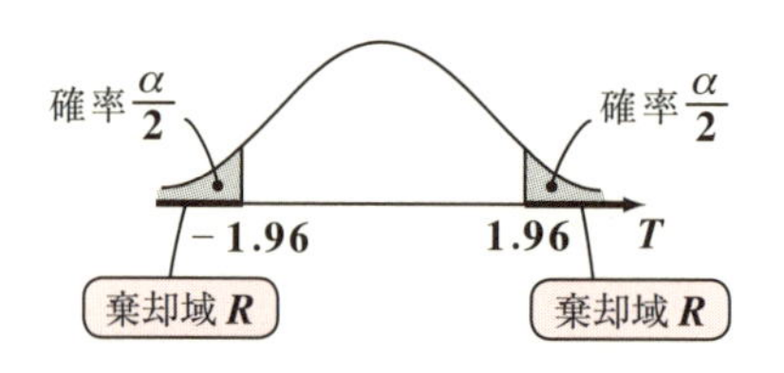

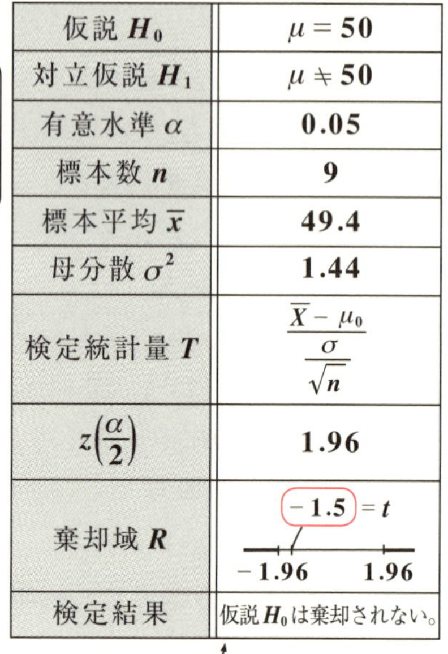
表

仮説 H_0	$\mu = 50$
対立仮説 H_1	$\mu \neq 50$
有意水準 α	**0.05**
標本数 n	**9**
標本平均 $\overline{x}$	**49.4**
母分散 σ^2	**1.44**
検定統計量 T	$\dfrac{\overline{X} - \mu_0}{\dfrac{\sigma}{\sqrt{n}}}$
$z\left(\dfrac{\alpha}{2}\right)$	**1.96**
棄却域 R	$-1.5 = t$; −1.96 1.96
検定結果	仮説 H_0 は棄却されない。

このように表にまとめるとわかりやすいはずだ。

(Ⅴ) $\overline{X} = 49.4$ （$\overline{X}$ の実現値 $\overline{x}$）より，T の実現値 t は，

$$t = \frac{\overline{x} - 50}{\sqrt{\dfrac{1.44}{9}}} = \frac{3(49.4 - 50)}{1.2} = -1.5$$

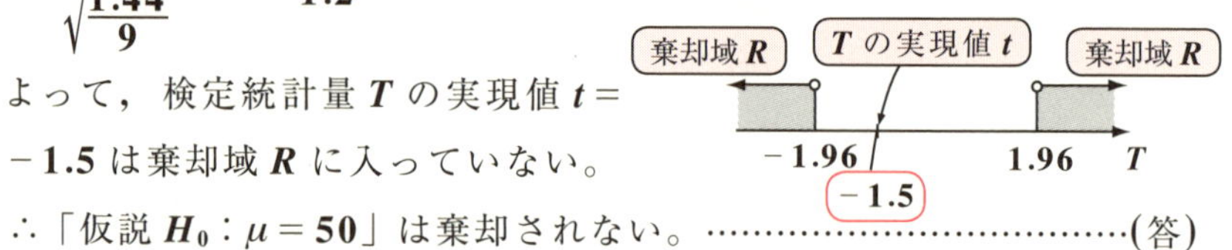

よって，検定統計量 T の実現値 $t = -1.5$ は棄却域 R に入っていない。

∴「仮説 $H_0 : \mu = 50$」は棄却されない。……………………………(答)

どう？ このように具体的に計算することによって，検定の意味がかなり明らかになっただろう？ さらに，解説するよ。

もし標本平均 $\overline{X}$ のみが $\overline{X} = 49g$ で，他はすべて (1) の例題と同じ条件であった場合を考えてみよう。このとき，この検定統計量 T の実現値 t は，

$$t = \frac{49 - 50}{\sqrt{\dfrac{1.44}{9}}} = \frac{3 \times (-1)}{1.2} = -2.5$$

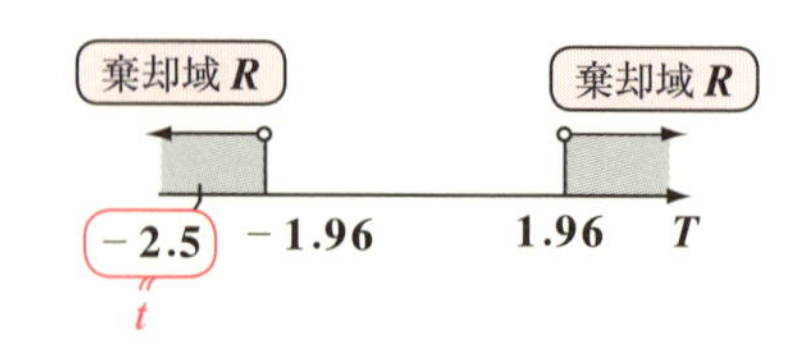

となって，シッカリ棄却域 R の中に入ってしまう。

棄却域 R というのは，確率 $\alpha = 0.05$ (5%) でしか起こり得ない領域なのだ。ところが，このようにめったに起こらないことが起こってしまったと

いうことは，はじめの仮説 H_0：$\mu=50$ に問題があったと見なければならない。よって，この仮説 H_0 は棄却されて，対立仮説である H_1：$\mu \neq 50$ を採用することになる。

それでは，元の例題(1)のように，$\overline{X}=49.4g$ ならば，t は棄却域 R に入らなかった。このとき，仮説：H_0：$\mu=50$ を何故「採用する」と言わずに，「棄却されない」と言うのか，わかるだろうか？　理由は **2** つある。

理由(i) 有意水準 α は，一般に **0.05** や **0.01** に定められる。よって，これに対応する棄却域に入る確率は，**5%** や **1%** と非常に低く，逆に言えば，T の実現値 t が，棄却域に入らないのは，当たり前のことで，何の自慢にもならないってことなんだね。むしろ，棄却域に t が入ったときだけ，仮説 H_0 を捨てる積極的な理由ができることになる。

理由(ii) t が棄却域 R に入らなかったからといって，仮説 H_0 を積極的に採用することにならないもう **1** つの理由としては，t が棄却域に入らないような仮説は，H_0 以外にも無数に存在するからだ。たとえば(1)の例題でも，H_0'：$\mu=\underset{\mu_0}{\boxed{49}}$，$H_0''$：$\mu=\underset{\mu_0}{\boxed{49.5}}$ など…

としても，みんな t は棄却域には入らないことがわかると思う。

これからわかるように，t が棄却域に入らなかった場合には，「仮説 H_0 をまだ捨てる理由が見つからない」という程度に考えておけばいいんだよ。このように，捨てることを前提にしているので，H_0 のことを **“帰無仮説”**（無に帰してしまう 仮説）(きむかせつ)(***null hypothesis***) ともいう。

次に，仮説 H_0：$\mu=\mu_0$ の対立仮説 H_1 についても，さらに検討しておこう。仮説 H_0：$\mu=\mu_0$ の対立仮説 H_1 には，次の **3** 通りが考えられる。

(i) $\mu \neq \mu_0$

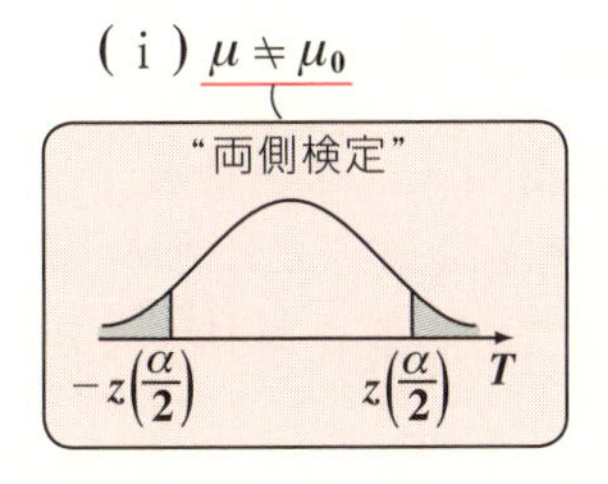

(ii) $\mu < \mu_0$

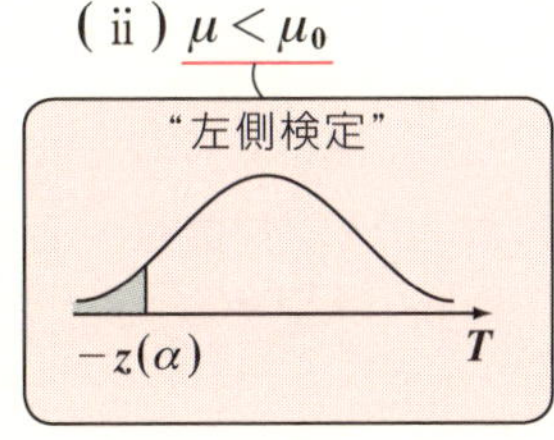

(iii) $\mu > \mu_0$

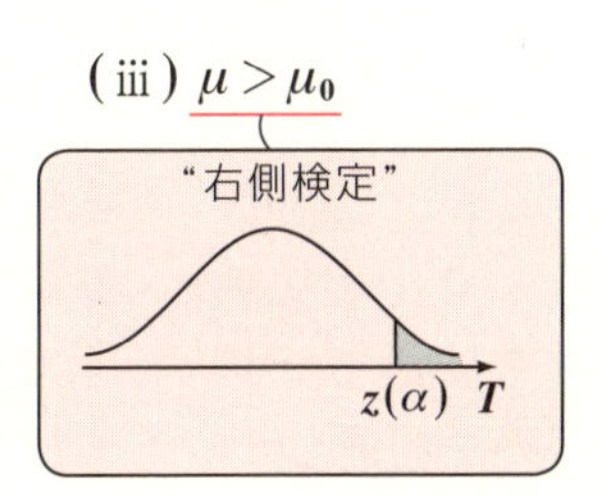

(ⅱ) たとえば，対立仮説 H_1 が $\mu < \mu_0$ とすると，

$$\frac{\overline{X}-\mu}{\sqrt{\frac{\sigma^2}{n}}} > \frac{\overline{X}-\mu_0}{\sqrt{\frac{\sigma^2}{n}}}$$ となって，

（T の実現値 t）（小さい方に出てくる。）

仮説 $H_0 : \mu = \mu_0$ とすると，T の実現値 t は小さい方に出てくる可能性が高いので，棄却域は両側に設けるのではなく，左側に $T < -z(\alpha)$ と取ればいい。

(ⅲ) についても，同様に考えれば，棄却域を右側に，$z(\alpha) < T$ となるように取ればいいことが，わかると思う。

(ⅰ) を“**両側検定**”といい，それに対して，(ⅱ)(ⅲ) を合わせて“**片側検定**”ということも，覚えておこう。

以上の検定の基本をマスターしたならば，後は検定統計量 T をどのようにとるかを考えればいいだけだね。すると，これについては講義7「推定」のところでかなり練習しているからわかると思う。復習と予習を兼ねて，下にまとめて書いておく。

(1) 母分散 σ^2 が既知のときの母平均 μ の検定には，

$$T = \frac{\overline{X}-\mu_0}{\sqrt{\frac{\sigma^2}{n}}}$$ を使う。←（$N(0, 1)$ に従う！(P173)）←（これが，(1) の例題だった。）

(2) 母分散 σ^2 が未知のときの母平均 μ の検定には，

$$T = \frac{\overline{X}-\mu_0}{\sqrt{\frac{S^2}{n}}}$$ を使う。←（自由度 $(n-1)$ の t 分布に従う！(P175)）

（未知の σ^2 の代わりに標本分散 $S^2 = \frac{1}{n-1}\sum_{i=1}^{n}(X_i-\overline{X})^2$ を使う！）

(3) 母分散 σ^2 の検定には，

$$T = \sum_{i=1}^{n}\left(\frac{X_i-\overline{X}}{\sigma_0}\right)^2$$ を使う。←（自由度 $(n-1)$ の χ^2 分布に従う！(P182)）

どう？“**推定**”で勉強したときには，「新たに定義された確率変数」と呼んでいたものが，検定では，「検定統計量」と名称を変えただけだから，非常に覚えやすいはずだ。後は，検定の手順に従って，仮説を棄却するか否かを判断していくだけだ。

● σ^2 が未知の場合に，母平均を検定しよう！

母分散 σ^2 が未知の場合，自由度 $(n-1)$ の t 分布に従う検定統計量 $T = \dfrac{\overline{X} - \mu_0}{\sqrt{\dfrac{S^2}{n}}}$ を利用すればいいんだね。それでは，早速，この場合の母平均の検定を，例題で練習しよう。母集団と標本のデータに関しては，P183 の例題 (3) と同様である。

(2) あるメーカーの同じ機種のデジタルカメラ **10** 台を無作為に抽出して，**1** 回の充電で可能な最大の録画時間を調べた結果を下に示す。

9.8, 10.3, 11.9, 8.7, 9.5, 10.2, 10.9, 8.2, 9.4, 10.5

(単位：時間)

このメーカーの同じ機種すべてのデジタルカメラの充電後の最大録画時間を母集団とし，これが正規分布 $N(\mu, \sigma^2)$ に従うものとする。

このとき，仮説 $H_0 : \mu = 10$

(対立仮説 $H_1 : \mu < 10$)

を有意水準 $\alpha = 0.01$ で検定せよ。

(2) 10 個の標本データ $X_1, X_2, \cdots\cdots, X_{10}$ より，x_i と x_i^2 のデータを表 1 に示す。

$\sum_{i=1}^{10} x_i = 99.4, \quad \sum_{i=1}^{10} x_i^2 = 998.38$

(Ⅰ) 仮説 $H_0 : \mu = \boxed{10}$ ← μ_0

(対立仮説 $H_1 : \mu < 10$) ← 左側検定

(Ⅱ) 有意水準 $\alpha = 0.01$

(Ⅲ) 標本数 $n = 10$

標本平均 $\overline{x} = \dfrac{1}{10}\sum_{i=1}^{10} x_i = 9.94$

表 1

データ No.	x_i	x_i^2
1	9.8	96.04
2	10.3	106.09
3	11.9	141.61
4	8.7	75.69
5	9.5	90.25
6	10.2	104.04
7	10.9	118.81
8	8.2	67.24
9	9.4	88.36
10	10.5	110.25
Σ	99.4	998.38

標本分散 $S^2=\frac{1}{10-1}\left(\sum_{i=1}^{10}x_i^2-10\cdot\overline{x}^2\right)$

$=\frac{1}{9}(998.38-10\cdot 9.94^2)$

$=1.1493$

ここで，検定統計量 T を

$$T=\frac{\overline{X}-\mu_0}{\sqrt{\frac{S^2}{n}}}=\frac{\overline{x}-10}{\sqrt{\frac{1.1493}{10}}}$$

とおくと，T は自由度 9 の t 分布に従う。

表 2

仮説 H_0	$\mu=10$
対立仮説 H_1	$\mu<10$ (左側検定)
有意水準 α	0.01
標本数 n	10
標本平均 $\overline{x}$	9.94
標本分散 S^2	1.1493
検定統計量 T	$\frac{\overline{X}-\mu_0}{\sqrt{\frac{S^2}{n}}}$
$-u_9(\alpha)$	-2.821
棄却域 R	R (-2.821 以下)，t (-0.177)
検定結果	仮説 H_0 は棄却されない。

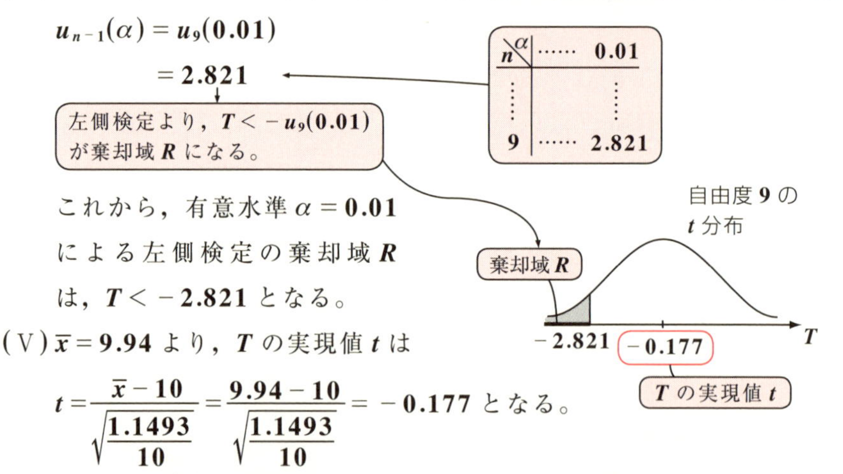

(Ⅳ) よって，P226 の t 分布の数表より，

$u_{n-1}(\alpha)=u_9(0.01)$

$=2.821$

これから，有意水準 $\alpha=0.01$ による左側検定の棄却域 R は，$T<-2.821$ となる。

(Ⅴ) $\overline{x}=9.94$ より，T の実現値 t は

$$t=\frac{\overline{x}-10}{\sqrt{\frac{1.1493}{10}}}=\frac{9.94-10}{\sqrt{\frac{1.1493}{10}}}=-0.177 \text{ となる。}$$

よって，検定統計量 T の実現値 $t=-0.177$ は棄却域 R に入っていないので，「仮説 $H_0:\mu=10$」は棄却されない。 ……………………(答)

● 母分散 σ^2 の検定をやってみよう！

(2) の例題とまったく同じ条件で，次のような母分散 σ^2 に対する仮説 H_0 を検定しよう。検定統計量としては，当然 $T=\sum_{i=1}^{10}\left(\frac{X_i-\overline{X}}{\sigma_0}\right)^2$ を用いる。

(3) 例題(2)と全く同じ条件で，仮説 $H_0: \sigma^2 = 0.5$ (対立仮説 $H_1: \sigma^2 \neq 0.5$) を有意水準 $\alpha = 0.05$ で検定せよ。

(3) (Ⅰ) 仮説 $H_0: \sigma^2 = 0.5$

(対立仮説 $H_1: \sigma^2 \neq 0.5$) ← 両側検定

(Ⅱ) 有意水準 $\alpha = 0.05$

(Ⅲ) 標本数 $n = 10$

標本平均 $\overline{x} = 9.94$

標本分散 $S^2 = 1.1493$

ここで，検定統計量 T を

$$T = \sum_{i=1}^{10}\left(\frac{X_i - \overline{X}}{\sigma_0}\right)^2 = \frac{9 \cdot S^2}{{\sigma_0}^2}$$ とおくと，

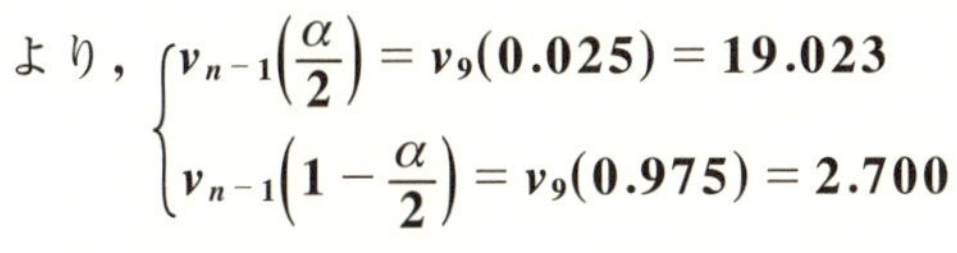

$$\sum_{i=1}^{n}\left(\frac{X_i - \overline{X}}{\sigma_0}\right)^2 = \frac{n-1}{{\sigma_0}^2} \cdot \underbrace{\frac{1}{n-1}\sum_{i=1}^{n}(X_i - \overline{X})^2}_{S^2}$$

T は自由度 9 の χ^2 分布に従う。

表 3

仮説 H_0	$\sigma^2 = 0.5$
対立仮説 H_1	$\sigma^2 \neq 0.5$
有意水準 α	0.05
標本数 n	10
標本平均 $\overline{x}$	9.94
標本分散 S^2	1.1493
検定統計量 T	$\sum_{i=1}^{10}\left(\frac{X_i - \overline{X}}{\sigma_0}\right)^2$
$v_9\left(\frac{\alpha}{2}\right)$	19.023
$v_9\left(1 - \frac{\alpha}{2}\right)$	2.700
棄却域 R	R 2.700　19.023　t 20.688 R
検定結果	仮説 H_0 は棄却される。

(Ⅳ) よって，P227 の χ^2 分布の数表

より，$$\begin{cases} v_{n-1}\left(\frac{\alpha}{2}\right) = v_9(0.025) = 19.023 \\ v_{n-1}\left(1 - \frac{\alpha}{2}\right) = v_9(0.975) = 2.700 \end{cases}$$

自由度 9 の χ^2 分布

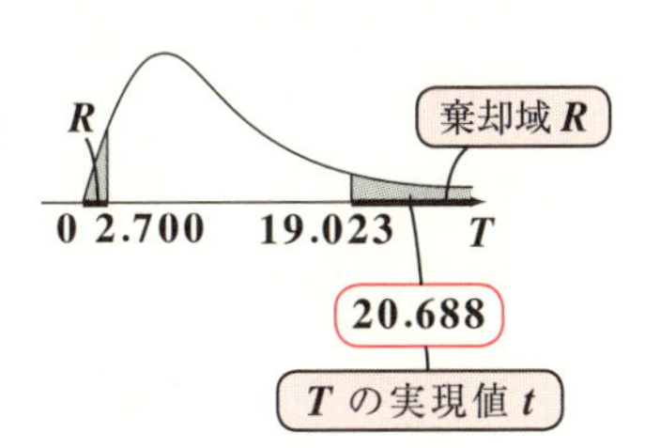

これから，有意水準 $\alpha = 0.05$ による両側検定の棄却域 R は，

$0 < T < 2.700$，$19.023 < T$ となる。

(Ⅴ) $S^2 = 1.1493$ より，T の実現値 t は，$t = \frac{9 \times 1.1493}{0.5} = 20.69$

となって棄却域 R に入る。

よって，「仮説 $H_0: \sigma^2 = 0.5$」は棄却される。…………………………(答)

演習問題 18　● 母平均の検定（母分散が未知の場合）

全国の小学 **2** 年生から **8** 人の子供を無作為に抽出し，休日にゲームで遊ぶ時間を調べた結果を，下に示す。

0.5, 4.2, 3.8, 1.2, 0.8, 2.1, 2.4, 3.0　（単位：時間）

全国の小学 **2** 年生が休日にゲームで遊ぶ時間を母集団とし，これが正規分布 $N(\mu, \sigma^2)$ に従うものとする。

このとき，仮説 $H_0 : \mu = 2.5$（時間）

$\left(対立仮説\ H_1 : \mu \neq 2.5 \ (時間) \right)$

を有意水準 **0.05** で検定せよ。

ヒント！ データそのものは，演習問題 **17** のものと全く同じだ。今回は，検定統計量を $T = \dfrac{\overline{X} - \mu_0}{\sqrt{\dfrac{S^2}{n}}}$ とおいて，これが棄却域に入るかどうかを調べる。

解答&解説

8 個の標本 $X_1, X_2, \cdots\cdots, X_8$ より，x_i と x_i^2 のデータを表 **1** に示す。

$\displaystyle\sum_{i=1}^{8} x_i = 18.0 \quad \sum_{i=1}^{8} x_i^2 = 53.58$

表 1

データ No.	x_i	x_i^2
1	0.5	0.25
2	4.2	17.64
3	3.8	14.44
4	1.2	1.44
5	0.8	0.64
6	2.1	4.41
7	2.4	5.76
8	3.0	9.00
Σ	18.0	53.58

（Ⅰ）仮説 $H_0 : \mu = \underset{\mu_0}{2.5}$

（対立仮説 $H_1 : \mu \neq 2.5$）← 両側検定

（Ⅱ）有意水準 $\alpha = 0.05$

（Ⅲ）標本数 $n = 8$

標本平均 $\overline{x} = \dfrac{1}{8}\displaystyle\sum_{i=1}^{8} x_i = \dfrac{18.0}{8}$

$= 2.25$

標本分散 $S^2 = \frac{1}{n-1}\left(\sum_{i=1}^{n} x_i^2 - n \cdot \overline{x}^2\right)$

$= \frac{1}{7}(53.58 - 8 \times 2.25^2)$

$= 1.8686$

ここで，検定統計量 T を

$$T = \frac{\overline{X} - \mu_0}{\sqrt{\frac{S^2}{n}}} = \frac{\overline{x} - 2.5}{\sqrt{\frac{1.8686}{8}}}$$

とおくと，T は自由度 7 の t 分布に従う。

表 2

仮説 H_0	$\mu = 2.5$
対立仮説 H_1	$\mu \neq 2.5$(両側検定)
有意水準 α	0.05
標本数 n	8
標本平均 $\overline{x}$	2.25
標本分散 S^2	1.8686
検定統計量 T	$\frac{\overline{X} - \mu_0}{\sqrt{\frac{S^2}{n}}}$
$u_7\left(\frac{\alpha}{2}\right)$	2.365
棄却域 R	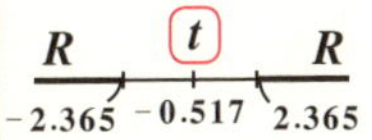 R (-2.365 以下), t (-0.517), R (2.365 以上)
検定結果	仮説 H_0 は棄却されない。

(Ⅳ) よって，P226 の t 分布の数表より，

$$u_{n-1}\left(\frac{\alpha}{2}\right) = u_7(0.025)$$

$$= 2.365$$

$n \backslash \alpha$	…… 0.025
⋮	⋮
7	…… 2.365

これから，有意水準 $\alpha = 0.05$ による両側検定の棄却域 R は，

$T < -2.365$,　$2.365 < T$

となる。

自由度 7 の t 分布

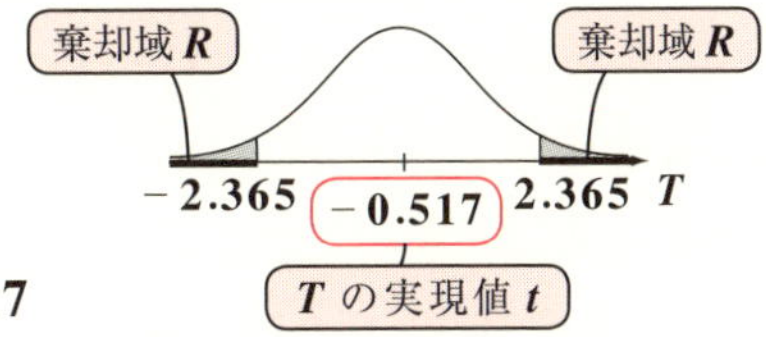

棄却域 R　棄却域 R

-2.365　-0.517　2.365　T

T の実現値 t

(Ⅴ) $\overline{x} = 2.25$ より，T の実現値 t は

$$t = \frac{\overline{x} - 2.5}{\sqrt{\frac{1.8686}{8}}} = \frac{2.25 - 2.5}{\sqrt{\frac{1.8686}{8}}} = -0.517$$

となる。

よって，検定統計量 T の実現値 $t = -0.517$ は棄却域 R に入っていないので，「仮説 $H_0 : \mu = 2.5$」は棄却されない。……………………………(答)

実践問題 18　● 母分散 σ^2 の検定 ●

全国の大学 **2** 年生から **8** 人の学生を無作為に抽出し，雑誌を除き，**1** ヶ月に読む書籍の冊数を調べた結果を，下に示す。

3, 7, 1, 5, 2, 9, 6, 4

全国の大学 **2** 年生が **1** ヶ月に読む書籍の冊数を母集団とし，これが正規分布 $N(\mu, \sigma^2)$ に従うものとする。

このとき，仮説 $H_0 : \sigma^2 = 5$

(対立仮説 $H_1 : \sigma^2 \neq 5$)

を有意水準 **0.01** で検定せよ。

ヒント！ データそのものは，実践問題 **17** のものと全く同じだね。今回は，σ^2 の検定なので，検定統計量として $T = \sum_{i=1}^{n}\left(\frac{X_i - \overline{X}}{\sigma_0}\right)^2 = \frac{(n-1)S^2}{\sigma_0^2}$ を使う。

解答＆解説

8 個の標本 $X_1, X_2, \cdots\cdots, X_8$ より，x_i と x_i^2 のデータを表 **1** に示す。

$\sum_{i=1}^{8} x_i = 37 \quad \sum_{i=1}^{8} x_i^2 = 221$

(Ⅰ) 仮説 $H_0 : \sigma^2 = \boxed{5}$ (σ_0^2)

(対立仮説 $H_1 : \sigma^2 \neq 5$) ← 両側検定

(Ⅱ) 有意水準 $\alpha = 0.01$

(Ⅲ) 標本数 $n = 8$

標本平均 $\overline{x} = \frac{1}{8}\sum_{i=1}^{8} x_i = \frac{37}{8}$

$= $ (ア) ＿＿＿＿

表 **1**

データ No.	x_i	x_i^2
1	3	9
2	7	49
3	1	1
4	5	25
5	2	4
6	9	81
7	6	36
8	4	16
Σ	37	221

標本分散 $S^2=\frac{1}{7}(\sum_{i=1}^{8}x_i^2-8\cdot\overline{x}^2)$

$=$ (イ)

ここで，検定統計量 T を

$$T=\sum_{i=1}^{8}\left(\frac{X_i-\overline{X}}{\sigma_0}\right)^2=\frac{7\cdot S^2}{\sigma_0{}^2}$$

とおくと，T は自由度 7 の χ^2 分布に従う。

(Ⅳ) よって，P227 の χ^2 分布の数表より，

$$\begin{cases} v_7\left(\frac{\alpha}{2}\right)=v_7(0.005)= \text{(ウ)} \\ v_7\left(1-\frac{\alpha}{2}\right)=v_7(0.995)= \text{(エ)} \end{cases}$$

n \ α	0.995 …… 0.005
⋮	⋮ ⋮
7	0.989 …… 20.278

これから，有意水準 $\alpha=0.01$ による両側検定の棄却域 R は，

$0<T<0.989,\quad 20.278<T$

となる。

表 2

仮説 H_0	$\sigma^2=5$
対立仮説 H_1	$\sigma^2\neq 5$
有意水準 α	0.01
標本数 n	8
標本平均 $\overline{x}$	(ア)
標本分散 S^2	(イ)
検定統計量 T	$\sum_{i=1}^{8}\left(\frac{X_i-\overline{X}}{\sigma_0}\right)^2$
$v_7\left(\frac{\alpha}{2}\right)$	(ウ)
$v_7\left(1-\frac{\alpha}{2}\right)$	(エ)
棄却域 R	R: 0〜0.989，t: 9.975，R: 20.278〜
検定結果	仮説 H_0 は棄却されない。

自由度 7 の χ^2 分布

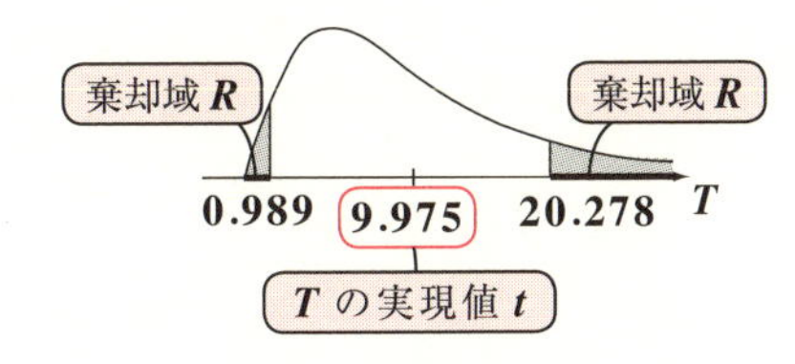

(Ⅴ) $S^2=7.125$ より，T の実現値 t は，$t=\frac{7\times 7.125}{5}=$ (オ) となって棄却域 R に入らない。

よって，「仮説 $H_0:\sigma^2=5$」は棄却されない。……………………(答)

解答 (ア) 4.625　(イ) 7.125　(ウ) 20.278　(エ) 0.989　(オ) 9.975

§2. 母平均の差の検定

前節で，検定の基本の勉強が終わったので，いよいよ検定の応用テーマに入ることにしよう。今回は，2組の母集団から抽出された2組の標本データを基に，元の2組の母集団の母平均に差がないかどうかを検定することにしよう。この場合，元の2組の母集団の母分散が既知か，未知かによって，2通りの検定法が存在する。レベルは高いけれど，ここまで頑張ってきた人ならば大丈夫！ 全部理解できると思うよ。

● 母分散が既知のとき，2組の母平均の差を検定しよう！

2つの正規分布 $N(\mu_X, \sigma_X^2)$ と $N(\mu_Y, \sigma_Y^2)$ それぞれに従う2つの母集団について，これらから無作為に抽出した2組の標本データを基に，2つの母平均 μ_X と μ_Y が，$\mu_X = \mu_Y$ となるか否かについて検定してみることにしよう。今回の重要な前提条件として，σ_X^2 と σ_Y^2 は共に既知であるとする。これがポイントだよ。

母分散が既知のときの母平均の差の検定

2つの正規分布 $N(\mu_X, \sigma_X^2)$，$N(\mu_Y, \sigma_Y^2)$　(σ_X^2 と σ_Y^2 は共に既知）に従う2つの母集団からそれぞれ無作為に抽出した大きさ m，n の2組の標本 $X_1, X_2, \cdots\cdots, X_m$ と $Y_1, Y_2, \cdots\cdots, Y_n$ を基に，

仮説 H_0：$\mu_X = \mu_Y$

（対立仮説 H_1：$\mu_X \neq \mu_Y$，または $\mu_X < \mu_Y$，または $\mu_X > \mu_Y$）

を検定することができる。

この場合，検定統計量として $T = \dfrac{\overline{X} - \overline{Y}}{\sqrt{\dfrac{\sigma_X^2}{m} + \dfrac{\sigma_Y^2}{n}}}$ を用いると，

T は標準正規分布 $N(0, 1)$ に従う。

母分散$\sigma_X{}^2$と$\sigma_Y{}^2$が既知の2つの正規母集団$N(\mu_X, \sigma_X{}^2)$, $N(\mu_Y, \sigma_Y{}^2)$から無作為に抽出された2組の標本の標本平均$\overline{X}$と$\overline{Y}$は，それぞれ$N\left(\mu_X, \dfrac{\sigma_X{}^2}{m}\right)$と$N\left(\mu_Y, \dfrac{\sigma_Y{}^2}{n}\right)$の正規分布に従うことは大丈夫だね。(P118)

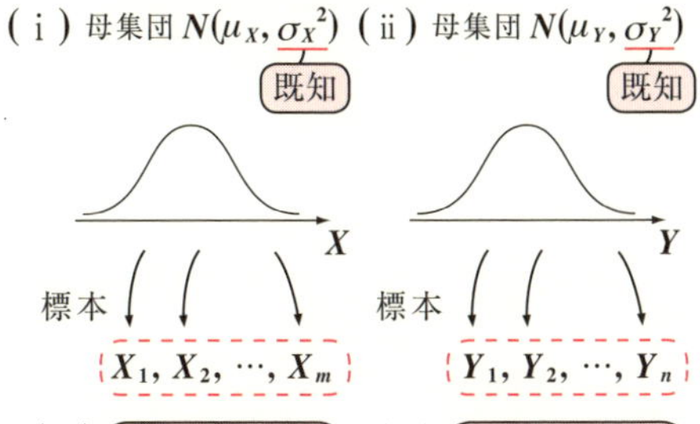

図1　2組の母集団と標本

ここで，新たに確率変数Zを$Z=\overline{X}-\overline{Y}$とおいて，$Z$が従う確率分布を調べてみることにしよう。

今回は，モーメント母関数$M(\theta)$が威力を発揮するので，復習しておこう。
確率分布とモーメント母関数は1対1に対応し，

$$\text{正規分布 } N(\mu, \sigma^2) \xleftrightarrow{\text{1対1対応}} M(\theta)=E[e^{\theta X}]=e^{\mu\theta+\frac{1}{2}\sigma^2\theta^2}$$

となるんだった。だから，$\overline{X}$と$\overline{Y}$のモーメント母関数$M_{\overline{X}}(\theta)$, $M_{\overline{Y}}(\theta)$はそれぞれ，$M_{\overline{X}}(\theta)=e^{\mu_X\theta+\frac{1}{2}\cdot\frac{\sigma_X{}^2}{m}\cdot\theta^2}$, $M_{\overline{Y}}(\theta)=e^{\mu_Y\theta+\frac{1}{2}\cdot\frac{\sigma_Y{}^2}{n}\cdot\theta^2}$となる。

$N\left(\mu_X, \dfrac{\sigma_X{}^2}{m}\right)$　　$N\left(\mu_Y, \dfrac{\sigma_Y{}^2}{n}\right)$

それでは，$Z=\overline{X}-\overline{Y}$のモーメント母関数$M_Z(\theta)$を求めてみる。

$$M_Z(\theta)=E[e^{\theta Z}]=E[e^{\theta(\overline{X}-\overline{Y})}]=E[e^{\theta\overline{X}}\cdot e^{-\theta\overline{Y}}]=E[e^{\theta\overline{X}}]\cdot E[e^{\theta(-\overline{Y})}]$$

$$=M_{\overline{X}}(\theta)\cdot M_{-\overline{Y}}(\theta)=e^{\mu_X\theta+\frac{1}{2}\cdot\frac{\sigma_X{}^2}{m}\cdot\theta^2}\cdot e^{-\mu_Y\theta+\frac{1}{2}\cdot\frac{\sigma_Y{}^2}{n}\cdot\theta^2}$$

$$=e^{(\mu_X-\mu_Y)\theta+\frac{1}{2}\left(\frac{\sigma_X{}^2}{m}+\frac{\sigma_Y{}^2}{n}\right)\theta^2}$$

$-\overline{Y}$は$N\left(-\mu_Y, \dfrac{\sigma_Y{}^2}{n}\right)$に従う。

これから，$Z=\overline{X}-\overline{Y}$は正規分布$N\left(\mu_X-\mu_Y, \dfrac{\sigma_X{}^2}{m}+\dfrac{\sigma_Y{}^2}{n}\right)$に従う。

よって，$\overline{X}-\overline{Y}$を標準化した確率変数を$T$とおくと，

$$T=\frac{\overline{X}-\overline{Y}-(\mu_X-\mu_Y)}{\sqrt{\dfrac{\sigma_X{}^2}{m}+\dfrac{\sigma_Y{}^2}{n}}}$$ は標準正規分布$N(0, 1)$に従う。

ここでは，仮説 $H_0 : \mu_X = \mu_Y$ を検定するので，$\mu_X - \mu_Y = 0$，すなわち検定統計量 T として，$N(0, 1)$ に従う $T = \dfrac{\overline{X} - \overline{Y}}{\sqrt{\dfrac{\sigma_X{}^2}{m} + \dfrac{\sigma_Y{}^2}{n}}}$ を利用すればいいことがわかったと思う。

それでは，ここで例題を 1 題解いておこう。

> (1) 正規分布 $N(\mu_X, 18)$ に従う母集団から無作為に 9 個の標本を抽出した結果，その標本平均は $\overline{X} = 48.5$ であった。また，正規分布 $N(\mu_Y, 35)$ に従う母集団から無作為に 5 個の標本を抽出した結果，その標本平均は $\overline{Y} = 42.2$ であった。
> 2 つの母集団の母平均 μ_X，μ_Y について，
> 「仮説 $H_0 : \mu_X = \mu_Y$」
> （対立仮説 $H_1 : \mu_X \neq \mu_Y$）← 両側検定
> を有意水準 0.05 で検定せよ。

(1) (Ⅰ)「仮説 $H_0 : \mu_X = \mu_Y$」

（対立仮説 $H_1 : \mu_X \neq \mu_Y$）

(Ⅱ) 有意水準 $\alpha = 0.05$ で，仮説 H_0 を検定する。

(Ⅲ) 正規母集団 $N(\mu_X, 18)$（$\sigma_X{}^2$（既知））から抽出した $m = 9$ 個の標本の標本平均は，$\overline{X} = 48.5$ である。

正規母集団 $N(\mu_Y, 35)$（$\sigma_Y{}^2$（既知））から抽出した $n = 5$ 個の標本の標本平均は，$\overline{Y} = 42.2$ である。

ここで，検定統計量 T を $T = \dfrac{\overline{X} - \overline{Y}}{\sqrt{\dfrac{\sigma_X{}^2}{m} + \dfrac{\sigma_Y{}^2}{n}}} = \dfrac{\overline{X} - \overline{Y}}{\sqrt{\dfrac{18}{9} + \dfrac{35}{5}}} = \dfrac{\overline{X} - \overline{Y}}{3}$

とおくと，T は標準正規分布 $N(0, 1)$ に従う。

(Ⅳ) よって，P225 の標準正規分布の数表より，

$$z\left(\frac{\alpha}{2}\right)=z(0.025)=1.96$$

となる。

これから，有意水準 $\alpha=0.05$ による両側検定の棄却域 R は下図のようになる。

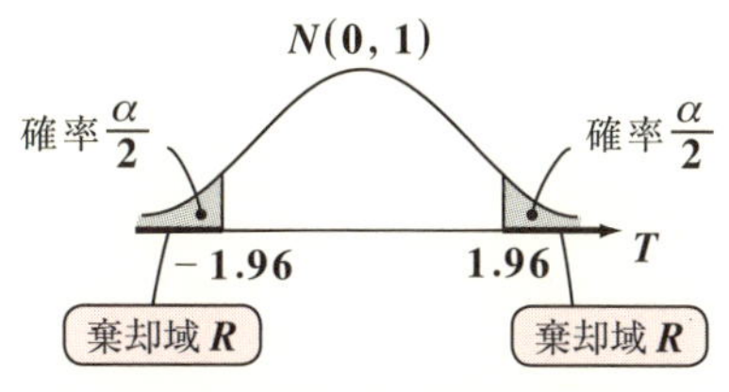

(Ⅴ) $\overline{X}=48.5$，$\overline{Y}=42.2$ より，

T の実現値 t は

$$t=\frac{\overline{X}-\overline{Y}}{3}=\frac{48.5-42.2}{3}$$

$$=\frac{6.3}{3}=2.1$$

よって，検定統計量 T の実現値 $t=2.1$ は棄却域 R に入るので，

「仮説 $H_0:\mu_X=\mu_Y$」は棄却される。

……(答)

表

仮説 H_0	$\mu_X=\mu_Y$	
対立仮説 H_1	$\mu_X\neq\mu_Y$	
有意水準 α	0.05	
標本数	$m=9$	$n=5$
標本平均	$\overline{x}=48.5$	$\overline{y}=42.2$
母分散	$\sigma_X{}^2=18$	$\sigma_Y{}^2=35$
検定統計量 T	$\dfrac{\overline{X}-\overline{Y}}{\sqrt{\dfrac{\sigma_X{}^2}{m}+\dfrac{\sigma_Y{}^2}{n}}}$	
$z\left(\frac{\alpha}{2}\right)$	1.96	
棄却域 R	R −1.96　1.96 R　2.1 = t	
検定結果	仮説 H_0 は棄却される。	

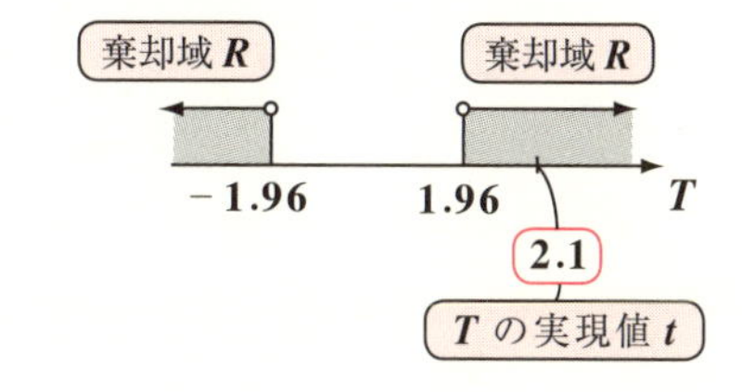

● 母分散が未知のときも，母平均の差を検定できる！

2 つの母集団が従う正規分布 $N(\mu_X,\ \sigma_X{}^2)$ と $N(\mu_Y,\ \sigma_Y{}^2)$ の 2 つの母分散が未知のときでも，$\sigma_X{}^2=\sigma_Y{}^2=\sigma^2$ という条件の下で，仮説 $H_0:\mu_X=\mu_Y$ を検定することができる。今回は，検定統計量として，$T=\dfrac{\overline{X}-\overline{Y}}{\sqrt{\left(\dfrac{1}{m}+\dfrac{1}{n}\right)S_{XY}{}^2}}$ を用いる。

母分散が未知のときの母平均の差の検定

2 つの正規分布 $N(\mu_X, \sigma_X{}^2)$，$N(\mu_Y, \sigma_Y{}^2)$　($\sigma_X{}^2$ と $\sigma_Y{}^2$ は共に未知。ただし，$\sigma_X{}^2=\sigma_Y{}^2=\sigma^2$ とする。) に従う 2 つの母集団からそれぞれ無作為に抽出した大きさ m, n の 2 組の標本 $X_1, X_2, \cdots\cdots, X_m$ と $Y_1, Y_2, \cdots\cdots, Y_n$ を基に，

仮説 $H_0：\mu_X=\mu_Y$

(対立仮説 $H_1：\mu_X \neq \mu_Y$，または $\mu_X<\mu_Y$，または $\mu_X>\mu_Y$)

を検定することができる。

この場合，検定統計量として $T=\dfrac{\overline{X}-\overline{Y}}{\sqrt{\left(\dfrac{1}{m}+\dfrac{1}{n}\right)S_{XY}{}^2}}$ を用いると，

T は自由度 $(m+n-2)$ の t 分布に従う。

$\left(\text{ただし，} S_{XY}{}^2=\dfrac{1}{m+n-2}\left\{\sum_{i=1}^{m}(X_i-\overline{X})^2+\sum_{i=1}^{n}(Y_i-\overline{Y})^2\right\}\right)$

今回の検定統計量 $T=\dfrac{\overline{X}-\overline{Y}}{\sqrt{\left(\dfrac{1}{m}+\dfrac{1}{n}\right)S_{XY}{}^2}}$ が何故こうなるのかは，同じく母分散 σ^2 が未知のときの 1 組の標本から母平均を検定するための検定統計量 $T=\dfrac{\overline{X}-\mu_0}{\sqrt{\dfrac{S^2}{n}}}$ と対比して示すとわかりやすいと思う。

母平均の差の検定	母平均の検定
$\sigma_X{}^2, \sigma_Y{}^2$ が既知のとき	σ^2 が既知のとき
$T=\dfrac{\overline{X}-\overline{Y}-(\mu_X-\mu_Y)}{\sqrt{\dfrac{\sigma_X{}^2}{m}+\dfrac{\sigma_Y{}^2}{n}}}$ を使う。	$T=\dfrac{\overline{X}-\mu_0}{\sqrt{\dfrac{\sigma^2}{m}}}$ を使う。
しかし，ここで，$\sigma_X{}^2, \sigma_Y{}^2$ が未知のとき，$\sigma_X{}^2=\sigma_Y{}^2=\sigma^2$ とおくと，$T=\dfrac{\overline{X}-\overline{Y}-(\mu_X-\mu_Y)}{\sqrt{\left(\dfrac{1}{m}+\dfrac{1}{n}\right)\sigma^2}}$	しかし，ここで，σ^2 が未知のとき，

σ^2 の代わりに

$$S_{XY}{}^2 = \frac{1}{m+n-2}\left\{\sum_{i=1}^{m}(X_i - \overline{X})^2 + \sum_{i=1}^{n}(Y_i - \overline{Y})^2\right\}$$

で代用すると，

$$T = \frac{\overline{X} - \overline{Y}}{\sqrt{\left(\frac{1}{m} + \frac{1}{n}\right)S_{XY}{}^2}}$$ が検定統計量となる。

（仮説 H_0 : $\mu_X = \mu_Y$ の検定だから，
$\mu_X - \mu_Y = 0$ とした。）

σ^2 の代わりに

$$S^2 = \frac{1}{m-1}\sum_{i=1}^{m}(X_i - \overline{X})^2$$

で代用すると，

$$T = \frac{\overline{X} - \mu_0}{\sqrt{\frac{S^2}{m}}}$$

が検定統計量となる。

今回の検定統計量 $T = \dfrac{\overline{X} - \overline{Y}}{\sqrt{\left(\frac{1}{m} + \frac{1}{n}\right)S_{XY}{}^2}}$ 　← 分子・分母を $\sqrt{\left(\frac{1}{m} + \frac{1}{n}\right)\sigma^2}$ で割る

$$= \frac{\dfrac{\overline{X} - \overline{Y}}{\sqrt{\left(\frac{1}{m} + \frac{1}{n}\right)\sigma^2}}}{\sqrt{\dfrac{1}{m+n-2}\left\{\sum_{i=1}^{m}\left(\dfrac{X_i - \overline{X}}{\sigma}\right)^2 + \sum_{i=1}^{n}\left(\dfrac{Y_i - \overline{Y}}{\sigma}\right)^2\right\}}}$$

（分子：$N(0, 1)$ に従う）

（$\{\}$ 内：自由度 $(m-1)+(n-1) = m+n-2$ の χ^2 分布に従う。）

より，T は自由度 $(m+n-2)$ の t 分布に従う。← t 分布の定義 (P132) より

それでは，例題で具体的に母平均の差を検定してみよう。

(2) **X** 大学から **5** 人の学生を，また **Y** 大学から **7** 人の学生を無作為に抽出して，各学生の **1** 日の学習時間を調査した。結果を以下に示す。

$\begin{cases} \textbf{X} \text{ 大学}：\textbf{2.5, 3.0, 0.8, 5.0, 2.4} \text{ (時間)} \\ \textbf{Y} \text{ 大学}：\textbf{4.0, 2.0, 2.1, 3.2, 1.2, 0.5, 4.2} \text{ (時間)} \end{cases}$

X 大学，**Y** 大学の全学生の **1** 日の学習時間は，それぞれ正規分布 $N(\mu_X, \sigma_X{}^2)$，$N(\mu_Y, \sigma_Y{}^2)$ に従い，$\sigma_X{}^2 = \sigma_Y{}^2$ とする。

このとき，仮説 H_0 : $\mu_X = \mu_Y$

（対立仮説 H_1 : $\mu_X \neq \mu_Y$）

を有意水準 **0.05** で検定せよ。

(2) X大学の5つの標本データ x_i, x_i^2 $(i=1, 2, \cdots\cdots, 5)$ とY大学の7つの標本データ y_i, y_i^2 $(i=1, 2, \cdots\cdots, 7)$ を表1, 2に示す。

$$\sum_{i=1}^{5} x_i = 13.7 \qquad \sum_{i=1}^{5} x_i^2 = 46.65$$

$$\sum_{i=1}^{7} y_i = 17.2 \qquad \sum_{i=1}^{7} y_i^2 = 53.98$$

表1

データ No.	x_i	x_i^2
1	2.5	6.25
2	3.0	9.00
3	0.8	0.64
4	5.0	25.00
5	2.4	5.76
Σ	13.7	46.65

表2

データ No.	y_i	y_i^2
1	4.0	16.00
2	2.0	4.00
3	2.1	4.41
4	3.2	10.24
5	1.2	1.44
6	0.5	0.25
7	4.2	17.64
Σ	17.2	53.98

(Ⅰ) 仮説 H_0 : $\mu_X = \mu_Y$

(対立仮説 H_1 : $\mu_X \neq \mu_Y$) ← 両側検定

(Ⅱ) 有意水準 $\alpha = 0.05$

(Ⅲ) 標本数 $m = 5$, $n = 7$

標本平均 $\overline{x} = \dfrac{1}{5}\displaystyle\sum_{i=1}^{5} x_i = \dfrac{13.7}{5}$

$= 2.740$

$\overline{y} = \dfrac{1}{7}\displaystyle\sum_{i=1}^{7} y_i = \dfrac{17.2}{7}$

$= 2.457$

$$S_{XY}^2 = \frac{1}{m+n-2}\left\{\sum_{i=1}^{m}(X_i - \overline{X})^2 + \sum_{i=1}^{n}(Y_i - \overline{Y})^2\right\}$$

$$= \frac{1}{5+7-2}\left\{\left(\sum_{i=1}^{5} x_i^2 - 5\cdot\overline{x}^2\right) + \left(\sum_{i=1}^{7} y_i^2 - 7\cdot\overline{y}^2\right)\right\}$$

$$= \frac{1}{10}\{(46.65 - 5\times 2.740^2) + (53.98 - 7\times 2.457^2)\}$$

$$= 2.083$$

ここで，検定統計量 T を

$$T = \frac{\overline{X} - \overline{Y}}{\sqrt{\left(\frac{1}{m} + \frac{1}{n}\right)S_{XY}^2}} = \frac{\overline{x} - \overline{y}}{\sqrt{\left(\frac{1}{5} + \frac{1}{7}\right)\cdot 2.083}}$$ とおくと，T は

自由度 10 の t 分布に従う。

(10 = $m + n - 2$)

(Ⅳ) よって，P226 の t 分布の数表より，

$$u_{m+n-2}\left(\frac{\alpha}{2}\right)=u_{10}(0.025)$$

$$=2.228$$

n \ α	……	0.025
⋮		⋮
10	……	2.228

これから，有意水準 $\alpha=0.05$ による両側検定の棄却域 R は，

$T<-2.228,\quad 2.228<T$

となる。

(Ⅴ) $\overline{X}=2.740$，$\overline{Y}=2.457$ より，

T の実現値 t は，

$$t=\frac{\overline{x}-\overline{y}}{\sqrt{\left(\frac{1}{5}+\frac{1}{7}\right)\cdot 2.083}}$$

$$=\frac{2.740-2.457}{\sqrt{\left(\frac{1}{5}+\frac{1}{7}\right)\cdot 2.083}}$$

$=0.335$　となる。

よって，検定統計量 T の実現値 $t=0.335$ は棄却域 R に入っていない。

∴「仮説 H_0：$\mu_X=\mu_Y$」は棄却されない。……………………………………(答)

表3

仮説 H_0	$\mu_X=\mu_Y$	
対立仮説 H_1	$\mu_X\neq\mu_Y$	
有意水準 α	0.05	
標本数	$m=5$	$n=7$
標本平均	$\overline{x}=2.740$	$\overline{y}=2.457$
$S_{XY}{}^2$	2.083	
検定統計量 T	$\dfrac{\overline{X}-\overline{Y}}{\sqrt{\left(\frac{1}{m}+\frac{1}{n}\right)S_{XY}{}^2}}$	
$u_{10}\left(\frac{\alpha}{2}\right)$	2.228	
棄却域 R	R ）-2.228　t 0.335　（2.228 R	
検定結果	仮説 H_0 は棄却されない。	

自由度 10 の t 分布

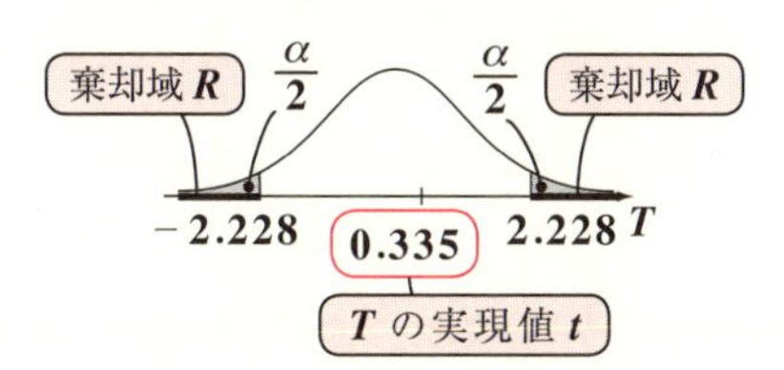

どう？ 検定にもずい分慣れてきた？ 推定や検定の場合，エクセルなどの表計算ソフトや関数電卓を使って自分の手で実際に計算してみることが，マスターするための必要条件なんだよ。さらに，演習問題・実践問題で腕を磨いてくれ。

演習問題 19　● $\mu_X = \mu_Y$ の検定：母分散が未知の場合（Ⅰ） 

ブルーベリーを食べると視力が上がると言われている。ブルーベリーを食べた人と食べなかった人に同じ視力検査を行った。それぞれの検査結果から **5** 人と **7** 人の標本を抽出した結果を，以下に示す。

食べた人：**1.2, 0.8, 1.5, 1.2, 1.0**
食べなかった人：**0.8, 0.4, 0.6, 1.0, 0.5, 0.4, 0.5**

ブルーベリーを食べた人と食べなかった人の視力検査の結果はそれぞれ正規分布 $N(\mu_X, \sigma_X^2)$，$N(\mu_Y, \sigma_Y^2)$ に従い，$\sigma_X^2 = \sigma_Y^2$ とする。

このとき，仮説 H_0：$\mu_X = \mu_Y$

（対立仮説 H_1：$\mu_X > \mu_Y$）

を有意水準 **0.05** で検定せよ。

ヒント！ 母分散が未知の場合に，$\mu_X = \mu_Y$ を検定する問題である。

解答＆解説

ブルーベリーを食べた人の視力の標本データ x_i，x_i^2 $(i = 1, 2, \cdots\cdots, 5)$ と，食べなかった人の視力の標本データ y_i，y_i^2 $(i = 1, 2, \cdots\cdots, 7)$ を表 **1**, **2** に示す。

表 1

データ No.	x_i	x_i^2
1	1.2	1.44
2	0.8	0.64
3	1.5	2.25
4	1.2	1.44
5	1.0	1.00
Σ	5.7	6.77

$$\sum_{i=1}^{5} x_i = 5.7 \quad \sum_{i=1}^{5} x_i^2 = 6.77$$

$$\sum_{i=1}^{7} y_i = 4.2 \quad \sum_{i=1}^{7} y_i^2 = 2.82$$

（Ⅰ）仮説 H_0：$\mu_X = \mu_Y$

（対立仮説 H_1：$\mu_X > \mu_Y$）←右側検定

ブルーベリーを食べた方が視力がよくなるという評判から

（Ⅱ）有意水準 $\alpha = 0.05$

（Ⅲ）標本数 $m = 5$, $n = 7$

$$標本平均\ \overline{x} = \frac{1}{5}\sum_{i=1}^{5} x_i = \frac{5.7}{5} = 1.14$$

標本平均 $\overline{y}=\frac{1}{7}\sum_{i=1}^{7}y_i=\frac{4.2}{7}=0.6$

$$S_{XY}{}^2=\frac{1}{10}\left\{\sum_{i=1}^{5}(X_i-\overline{X})^2+\sum_{i=1}^{7}(Y_i-\overline{Y})^2\right\}$$
$$=\frac{1}{10}\left(\sum_{i=1}^{5}x_i{}^2-5\cdot\overline{x}^2+\sum_{i=1}^{7}y_i{}^2-7\cdot\overline{y}^2\right)$$
$$=0.0572$$

ここで，検定統計量 T を

$$T=\frac{\overline{X}-\overline{Y}}{\sqrt{\left(\frac{1}{m}+\frac{1}{n}\right)S_{XY}{}^2}}$$ とおくと，T は

自由度 10 の t 分布に従う。

表 2

データ No.	y_i	y_i^2
1	0.8	0.64
2	0.4	0.16
3	0.6	0.36
4	1.0	1.00
5	0.5	0.25
6	0.4	0.16
7	0.5	0.25
Σ	4.2	2.82

(Ⅳ) よって，P226 の t 分布の数表より，

$$u_{10}(\alpha)=u_{10}(0.05)=1.812$$

これから，有意水準 $\alpha=0.05$ による右側検定の棄却域 R は，

$1.812<T$ となる。

(Ⅴ) $\overline{X}=1.14$，$\overline{Y}=0.6$ より，

T の実現値 t は

$$t=\frac{1.14-0.6}{\sqrt{\left(\frac{1}{5}+\frac{1}{7}\right)\times 0.0572}}=3.856$$

となる。

よって，検定統計量 T の実現値 $t=3.856$ は棄却域 R に入る。

∴「仮説 $H_0:\mu_X=\mu_Y$」は棄却される。 ……(答)

つまり，ブルーベリー(アントシアニン)の効果は顕著にあったということだ！

表 3

仮説 H_0	$\mu_X=\mu_Y$
対立仮説 H_1	$\mu_X>\mu_Y$
有意水準 α	0.05
標本数	$m=5$ ┆ $n=7$
標本平均	$\overline{x}=1.14$ ┆ $\overline{y}=0.6$
$S_{XY}{}^2$	0.0572
検定統計量 T	$\frac{\overline{X}-\overline{Y}}{\sqrt{\left(\frac{1}{m}+\frac{1}{n}\right)S_{XY}{}^2}}$
$u_{10}(\alpha)$	1.812
棄却域 R	R: 1.812 より右，t = 3.856 (T 軸)
検定結果	仮説 H_0 は棄却される。

自由度 10 の t 分布

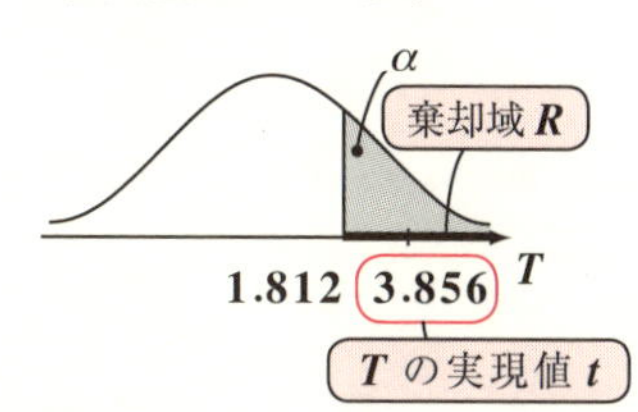

実践問題 19　● $\mu_X = \mu_Y$ の検定：母分散が未知の場合 (Ⅱ) 

テキスト **X** を使った学生とテキスト **Y** を使った学生が，同じ数学の試験を受験した。それぞれのテキストを使った学生の試験結果から，無作為に **5** 人と **6** 人の標本を抽出した結果を，以下に示す。

$\begin{cases} \text{テキスト X を使用：} 76,\ 82,\ 96,\ 70,\ 69 \\ \text{テキスト Y を使用：} 42,\ 53,\ 81,\ 60,\ 65,\ 44 \end{cases}$

テキスト **X**，テキスト **Y** を使用した学生の試験結果はそれぞれ正規分布 $N(\mu_X, \sigma_X^2)$，$N(\mu_Y, \sigma_Y^2)$ に従い，$\sigma_X^2 = \sigma_Y^2$ とする。

このとき，仮説 $H_0 : \mu_X = \mu_Y$

(対立仮説 $H_1 : \mu_X \neq \mu_Y$)

を有意水準 **0.01** で検定せよ。

ヒント！ 母分散 σ_X^2，σ_Y^2 が未知の場合の，仮説 $H_0 : \mu_X = \mu_Y$ の検定の問題になる。自由度 $5+6-2=9$ の t 分布を利用することになる。

解答＆解説

テキスト **X** を使った標本データ x_i，x_i^2 $(i = 1, 2, \cdots\cdots, 5)$ と，テキスト Y を使った標本データ y_i，y_i^2 $(i = 1, 2, \cdots\cdots, 6)$ を表 **1**, **2** に示す。

表 1

データ No.	x_i	x_i^2
1	76	5776
2	82	6724
3	96	9216
4	70	4900
5	69	4761
Σ	393	(ア)

$$\sum_{i=1}^{5} x_i = 393 \qquad \sum_{i=1}^{5} x_i^2 = \boxed{(ア)}$$

$$\sum_{i=1}^{6} y_i = 345 \qquad \sum_{i=1}^{6} y_i^2 = \boxed{(イ)}$$

(Ⅰ) 仮説 $H_0 : \mu_X = \mu_Y$

(対立仮説 $H_1 : \mu_X \neq \mu_Y$) ←両側検定

(Ⅱ) 有意水準 $\alpha = 0.01$

(Ⅲ) 標本数 $m = 5,\ n = 6$

$$\text{標本平均 } \overline{x} = \frac{1}{5}\sum_{i=1}^{5} x_i = \frac{393}{5} = \boxed{(ウ)}$$

$$\text{標本平均 } \overline{y} = \frac{1}{6}\sum_{i=1}^{6} y_i = \frac{345}{6} = \boxed{(エ)}$$

$$S_{XY}{}^2 = \frac{1}{9}\left\{\sum_{i=1}^{5}(X_i - \overline{X})^2 + \sum_{i=1}^{6}(Y_i - \overline{Y})^2\right\}$$

$9 = 5+6-2$

$$= \frac{1}{9}\left(\sum_{i=1}^{5} x_i^2 - 5\cdot\overline{x}^2 + \sum_{i=1}^{6} y_i^2 - 6\cdot\overline{y}^2\right)$$

$$= 171.6333$$

ここで，検定統計量 T を

$$T = \frac{\overline{X} - \overline{Y}}{\sqrt{\left(\frac{1}{m}+\frac{1}{n}\right)S_{XY}{}^2}}$$ とおくと，T は

自由度 9 の t 分布に従う。

表2

データ No.	y_i	y_i^2
1	42	1764
2	53	2809
3	81	6561
4	60	3600
5	65	4225
6	44	1936
Σ	345	(イ)

(Ⅳ) よって，P226 の t 分布の数表より，

$$u_9\left(\frac{\alpha}{2}\right) = u_9(0.005) = 3.250$$

これから，有意水準 $\alpha = 0.01$ による両側検定の棄却域 R は，

$T < -3.250$，　$3.250 < T$ となる。

(Ⅴ) $\overline{X} =$ (ウ)，$\overline{Y} =$ (エ) より，

T の実現値 t は

$$t = \frac{(ウ) - (エ)}{\sqrt{\left(\frac{1}{5}+\frac{1}{6}\right)\times 171.6333}} = (オ)$$

となる。

よって，検定統計量 T の実現値 $t = 2.660$ は棄却域 R に入っていない。

∴「仮説 $H_0 : \mu_X = \mu_Y$」は棄却されない。 ……(答)

表3

仮説 H_0	$\mu_X = \mu_Y$
対立仮説 H_1	$\mu_X \neq \mu_Y$
有意水準 α	0.01
標本数	$m = 5$ ┆ $n = 6$
標本平均	$\overline{x} =$ (ウ) ┆ $\overline{y} =$ (エ)
$S_{XY}{}^2$	171.6333
検定統計量 T	$\frac{\overline{X}-\overline{Y}}{\sqrt{\left(\frac{1}{m}+\frac{1}{n}\right)S_{XY}{}^2}}$
$u_9\left(\frac{\alpha}{2}\right)$	3.250
棄却域 R	R (-3.250)　t (2.660)　R (3.250)
検定結果	仮説 H_0 は棄却されない。

自由度 9 の t 分布

解答　(ア) 31377　(イ) 20895　(ウ) 78.6　(エ) 57.5　(オ) 2.660

§3. 母分散の比の検定

前節で，2組の母集団の母分散 $\sigma_X{}^2$ と $\sigma_Y{}^2$ が未知のときに，仮説 $\mu_X=\mu_Y$ を検定する手法を勉強した。この際，$\sigma_X{}^2=\sigma_Y{}^2$ $[=\sigma^2]$ と仮定して，検定を行っているので，本当に2組の標本データから $\sigma_X{}^2=\sigma_Y{}^2$ としていいのか検定する必要が出てくるんだね。今回は，2つの母分散の比を F 分布を用いて検定することにより，$\sigma_X{}^2=\sigma_Y{}^2$ が棄却されるか否かを調べてみよう。

● 母分散の比の検定にチャレンジしよう！

2つの母集団が従う正規分布 $N(\mu_X,\ \sigma_X{}^2)$ と $N(\mu_Y,\ \sigma_Y{}^2)$ の2つの母分散について，仮説 H_0：$\sigma_X{}^2=\sigma_Y{}^2$ を次のように検定することができる。

母分散の比の検定

2つの正規分布 $N(\mu_X,\ \sigma_X{}^2)$，$N(\mu_Y,\ \sigma_Y{}^2)$　(μ_X, μ_Y は共に未知）に従う2つの母集団からそれぞれ無作為に抽出した大きさ m, n の標本 $X_1, X_2, \cdots\cdots, X_m$ と $Y_1, Y_2, \cdots\cdots, Y_n$ を基に，

仮説 H_0：$\sigma_X{}^2=\sigma_Y{}^2$

（対立仮説 H_1：$\sigma_X{}^2\neq\sigma_Y{}^2$，または $\sigma_X{}^2<\sigma_Y{}^2$，または $\sigma_X{}^2>\sigma_Y{}^2$）

を検定することができる。

この場合，検定統計量として $T=\dfrac{S_X{}^2}{S_Y{}^2}$ を用いると，

T は自由度 $(m-1,\ n-1)$ の F 分布に従う。

$$\left(\text{ただし，} S_X{}^2=\frac{1}{m-1}\sum_{i=1}^{m}(X_i-\overline{X})^2,\ S_Y{}^2=\frac{1}{n-1}\sum_{i=1}^{n}(Y_i-\overline{Y})^2\right)$$

検定統計量 $T=\dfrac{S_X{}^2}{S_Y{}^2}$ について解説しておこう。

まず，$\dfrac{S_X{}^2}{\sigma_X{}^2}=\dfrac{1}{\sigma_X{}^2}\cdot\dfrac{1}{m-1}\sum_{i=1}^{m}(X_i-\overline{X})^2=\dfrac{1}{m-1}\cdot\underbrace{\sum_{i=1}^{m}\left(\dfrac{X_i-\overline{X}}{\sigma_X}\right)^2}$ となり，

自由度 $(m-1)$ の χ^2 分布に従う

次に，$\frac{S_Y^2}{\sigma_Y^2} = \frac{1}{\sigma_Y^2} \cdot \frac{1}{n-1}\sum_{i=1}^{n}(Y_i - \overline{Y})^2 = \frac{1}{n-1} \cdot \sum_{i=1}^{n}\left(\frac{Y_i - \overline{Y}}{\sigma_Y}\right)^2$ となる。

自由度 $(n-1)$ の χ^2 分布に従う

よって，$T = \frac{S_X^2}{S_Y^2} = \frac{\frac{S_X^2}{\sigma_X^2}}{\frac{S_Y^2}{\sigma_Y^2}}$ は，次のようになる。

仮説 $\sigma_X^2 = \sigma_Y^2$ より

$$T = \frac{\frac{1}{m-1}\sum_{i=1}^{m}\left(\frac{X_i - \overline{X}}{\sigma_X}\right)^2}{\frac{1}{n-1}\sum_{i=1}^{n}\left(\frac{Y_i - \overline{Y}}{\sigma_Y}\right)^2}$$

自由度 $(m-1)$ の χ^2 分布に従う

自由度 $(n-1)$ の χ^2 分布に従う

よって，この検定統計量 $T = \frac{S_X^2}{S_Y^2}$ は，自由度 $(m-1,\ n-1)$ の F 分布に従うことがわかるだろう？

F 分布は，m と n の 2 つのパラメータをもっているため数表にするのが難しい。従って，よく使われる有意水準 0.01 と 0.05 の両側検定用として，$\alpha = 0.005$ と 0.025 の 2 つについて，各 $(m,\ n)$ に対する $w_{m,n}(\alpha)$ の数表のみを P228 と P229 に示した。

F 分布の定義 (P136)：
Y が自由度 m の χ^2 分布に従い，
Z が自由度 n の χ^2 分布に従うとき，$X = \frac{\frac{Y}{m}}{\frac{Z}{n}}$ とおくと，
X は自由度 $(m,\ n)$ の F 分布に従う。
F 分布の確率密度：
$$f_{m,n}(x) = L_{m,n}\frac{x^{\frac{m}{2}-1}}{(mx+n)^{\frac{m+n}{2}}}$$

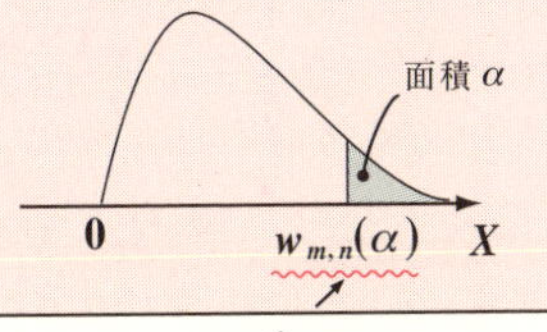

また，$w_{m,n}(\alpha) = \frac{1}{w_{n,m}(1-\alpha)}$ の関係があるため，たとえば $\alpha = 0.995$ のような大きな α の値に対しては，

$$w_{m,n}(0.995) = \frac{1}{w_{n,m}(1-0.995)} = \frac{1}{w_{n,m}(0.005)}$$ として，$\alpha = 0.005$ のとき

$m,\ n$ が $n,\ m$ になる！

の数表から求めることができる。同様に，$w_{m,n}(0.975)$ も

$$w_{m,n}(0.975) = \frac{1}{w_{n,m}(0.025)}$$ を使って，求めればいいんだね。

P209 の例題と同じデータを使って，母分散の仮説 $\sigma_X{}^2 = \sigma_Y{}^2$ の検定をしてみよう。**P209** では $\sigma_X{}^2 = \sigma_Y{}^2$ の仮定の下，$\mu_X = \mu_Y$ の検定を行った。
今回は，この $\sigma_X{}^2 = \sigma_Y{}^2$ の妥当性について調べることになるんだね。

(1) **X** 大学から **5** 人の学生を，また **Y** 大学から **7** 人の学生を無作為に抽出して，各学生の **1** 日の学習時間を調査した。結果を以下に示す。

$\begin{cases} \textbf{X} \text{ 大学：} \mathbf{2.5, 3.0, 0.8, 5.0, 2.4} \text{ (時間)} \\ \textbf{Y} \text{ 大学：} \mathbf{4.0, 2.0, 2.1, 3.2, 1.2, 0.5, 4.2} \text{ (時間)} \end{cases}$

X 大学，**Y** 大学の全学生の **1** 日の学習時間は，それぞれ正規分布 $N(\mu_X, \sigma_X{}^2)$，$N(\mu_Y, \sigma_Y{}^2)$ に従うものとする。
このとき，仮説 $H_0 : \sigma_X{}^2 = \sigma_Y{}^2$
　　　　（対立仮説 $H_1 : \sigma_X{}^2 \neq \sigma_Y{}^2$）
を有意水準 **0.05** で検定せよ。

(1) **X** 大学，**Y** 大学の学生の **1** 日の学習時間の標本データを，それぞれ x_i $(i = 1, 2, \cdots\cdots, 5)$，$y_i$ $(i = 1, 2, \cdots\cdots, 7)$ とおくと，**P210** より

$$\sum_{i=1}^{5} x_i = 13.7 \quad \sum_{i=1}^{5} x_i{}^2 = 46.65 \quad \sum_{i=1}^{7} y_i = 17.2 \quad \sum_{i=1}^{7} y_i{}^2 = 53.98$$

(Ⅰ) 仮説 $H_0 : \sigma_X{}^2 = \sigma_Y{}^2$
　（対立仮説 $H_1 : \sigma_X{}^2 \neq \sigma_Y{}^2$）← 両側検定

(Ⅱ) 有意水準 $\alpha = 0.05$

(Ⅲ) 標本数 $m = 5$, $n = 7$

標本平均 $\overline{x} = \dfrac{13.7}{5} = 2.740$，$\overline{y} = \dfrac{17.2}{7} = 2.457$

標本分散 $S_X{}^2 = \dfrac{1}{5-1} \displaystyle\sum_{i=1}^{5} (x_i - \overline{x})^2 = \dfrac{1}{4}\left(\sum_{i=1}^{5} x_i{}^2 - 5 \cdot \overline{x}^2 \right)$

$$= \frac{1}{4}(46.65 - 5 \times 2.740^2) = 2.278$$

$$S_Y{}^2 = \frac{1}{7-1} \sum_{i=1}^{7} (y_i - \overline{y})^2 = \frac{1}{6}\left(\sum_{i=1}^{7} y_i{}^2 - 7 \cdot \overline{y}^2 \right)$$

$$= \frac{1}{6}(53.98 - 7 \times 2.457^2) = 1.954$$

ここで，検定統計量 T を

$T = \dfrac{S_X{}^2}{S_Y{}^2}$ とおくと，T は自由度

$(4, 6)$ の F 分布に従う。
（$4 = m-1$，$6 = n-1$）

(Ⅳ) よって，P229 の F 分布の表より，

$w_{4,6}(0.025) = 6.227$

$w_{4,6}(0.975) = \dfrac{1}{W_{6,4}(0.025)}$

$= \dfrac{1}{9.197} = 0.109$

$\alpha = 0.025$

n ＼ m	……	4	……	6	……
⋮		⋮		⋮	
4	………	………	………	9.197	
⋮		⋮			
6	……	6.227			

これから，有意水準 $\alpha = 0.05$ による両側検定の棄却域 R は，

$0 < T < 0.109$,　　$6.227 < T$

となる。

表1

仮説 H_0	$\sigma_X{}^2 = \sigma_Y{}^2$
対立仮説 H_1	$\sigma_X{}^2 \neq \sigma_Y{}^2$
有意水準 α	0.05
標本数	$m = 5$ ┆ $n = 7$
標本平均	$\bar{x} = 2.740$ ┆ $\bar{y} = 2.457$
標本分散	$S_X{}^2 = 2.278$ ┆ $S_Y{}^2 = 1.954$
検定統計量 T	$\dfrac{S_X{}^2}{S_Y{}^2}$
$w_{4,6}\left(\dfrac{\alpha}{2}\right)$	6.227
$w_{4,6}\left(1-\dfrac{\alpha}{2}\right)$	0.109
棄却域 R	t: 0　0.109　1.166　6.227
検定結果	仮説 H_0 は棄却されない。

自由度 $(4, 6)$ の F 分布

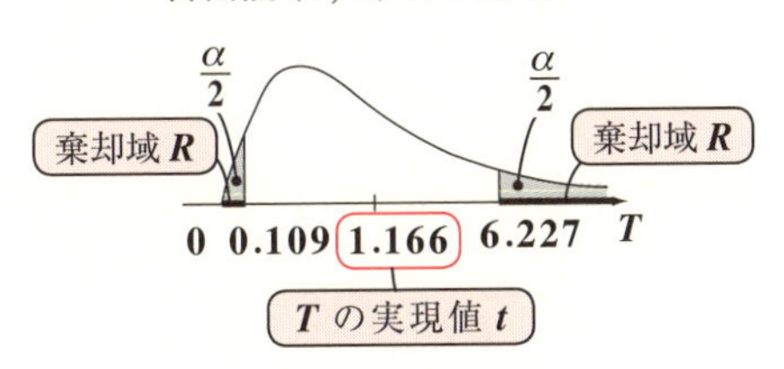

(Ⅴ) $S_X{}^2 = 2.278$，$S_Y{}^2 = 1.954$ より，

T の実現値 $t = \dfrac{S_X{}^2}{S_Y{}^2} = \dfrac{2.278}{1.954} = 1.166$ は棄却域 R に入っていない。

∴「仮説 $H_0 : \sigma_X{}^2 = \sigma_Y{}^2$」は棄却されない。………………………………(答)

前にも話したように，これから $\sigma_X{}^2 = \sigma_Y{}^2$ を積極的に採用できるというわけではないけれど，この仮定の下で仮説 $\mu_X = \mu_Y$ を検定した 1 つの根拠になることがわかったと思う。

演習問題 20　● 等分散性 $\sigma_X{}^2 = \sigma_Y{}^2$ の検定（Ⅰ）●

ブルーベリーを食べると視力が上がると言われている。ブルーベリーを食べた人と食べなかった人に同じ視力検査を行った。それぞれの検査結果から **5** 人と **7** 人の標本を抽出した結果を，以下に示す。

$\begin{cases} \text{食べた人：} \mathbf{1.2, 0.8, 1.5, 1.2, 1.0} \\ \text{食べなかった人：} \mathbf{0.8, 0.4, 0.6, 1.0, 0.5, 0.4, 0.5} \end{cases}$

ブルーベリーを食べた人と食べなかった人の視力検査の結果はそれぞれ正規分布 $N(\mu_X, \sigma_X{}^2)$，$N(\mu_Y, \sigma_Y{}^2)$ に従うものとする。

このとき，仮説 $H_0：\sigma_X{}^2 = \sigma_Y{}^2$

（対立仮説 $H_1：\sigma_X{}^2 \neq \sigma_Y{}^2$）

を有意水準 **0.05** で検定せよ。

ヒント！ データそのものは，**P212** の演習問題 **19** と同じだね。今回は等分散性 $\sigma_X{}^2 = \sigma_Y{}^2$ の検定となる。表を作るとわかりやすくなる。

解答＆解説

ブルーベリーを食べた人，食べなかった人の視力検査の結果の標本データをそれぞれ x_i $(i = 1, 2, \cdots\cdots, 5)$，$y_i$ $(i = 1, 2, \cdots\cdots, 7)$ とおくと，**P212** より，

$$\sum_{i=1}^{5} x_i = 5.7 \quad \sum_{i=1}^{5} x_i{}^2 = 6.77 \quad \sum_{i=1}^{7} y_i = 4.2 \quad \sum_{i=1}^{7} y_i{}^2 = 2.82$$

（Ⅰ）仮説 $H_0：\sigma_X{}^2 = \sigma_Y{}^2$

（対立仮説 $H_1：\sigma_X{}^2 \neq \sigma_Y{}^2$）←両側検定

（Ⅱ）有意水準 $\alpha = 0.05$

（Ⅲ）標本数 $m = 5$，$n = 7$

標本平均 $\overline{x} = 1.14$，$\overline{y} = 0.6$

標本分散 $S_X{}^2 = \dfrac{1}{5-1}\displaystyle\sum_{i=1}^{5}(x_i - \overline{x})^2 = \dfrac{1}{4}\left(\sum_{i=1}^{5} x_i{}^2 - 5 \cdot \overline{x}^2\right)$

$$= \frac{1}{4}(6.77 - 5 \times 1.14^2) = 0.068$$

$$S_Y{}^2 = \frac{1}{7-1}\sum_{i=1}^{7}(y_i - \overline{y})^2$$

$$= \frac{1}{6}\left(\sum_{i=1}^{7} y_i{}^2 - 7 \cdot \overline{y}^2\right)$$

$$= \frac{1}{6}(2.82 - 7 \times 0.6^2)$$

$$= 0.05$$

ここで，検定統計量 T を

$T = \dfrac{S_X{}^2}{S_Y{}^2}$ とおくと，T は自由度

$(4, 6)$ の F 分布に従う。

(Ⅳ) よって，P229 の F 分布の表より，

$$w_{4,6}(0.025) = 6.227$$

$$w_{4,6}(0.975) = \frac{1}{W_{6,4}(0.025)} = \frac{1}{9.197} = 0.109$$

$\alpha = 0.025$

$n \backslash m$	……	4	……	6	……
⋮		⋮		⋮	
4	………	………	………	9.197	
⋮		⋮			
6	……	6.227			

これから，有意水準 $\alpha = 0.05$ による両側検定の棄却域 R は，

$$0 < T < 0.109, \quad 6.227 < T$$

(Ⅴ) $S_X{}^2 = 0.068$，$S_Y{}^2 = 0.05$ より，

T の実現値 $t = \dfrac{S_X{}^2}{S_Y{}^2} = \dfrac{0.068}{0.05} = 1.36$ は棄却域 R に入っていない。

∴「仮説 H_0：$\sigma_X{}^2 = \sigma_Y{}^2$」は棄却されない。……………………………(答)

表1

仮説 H_0	$\sigma_X{}^2 = \sigma_Y{}^2$	
対立仮説 H_1	$\sigma_X{}^2 \neq \sigma_Y{}^2$	
有意水準 α	0.05	
標本数	$m = 5$	$n = 7$
標本平均	$\overline{x} = 1.14$	$\overline{y} = 0.6$
標本分散	$S_X{}^2 = 0.068$	$S_Y{}^2 = 0.05$
検定統計量 T	$\dfrac{S_X{}^2}{S_Y{}^2}$	
$w_{4,6}\left(\dfrac{\alpha}{2}\right)$	6.227	
$w_{4,6}\left(1 - \dfrac{\alpha}{2}\right)$	0.109	
棄却域 R	t 0 0.109 1.36 6.227 T	
検定結果	仮説 H_0 は棄却されない。	

自由度 (4, 6) の F 分布

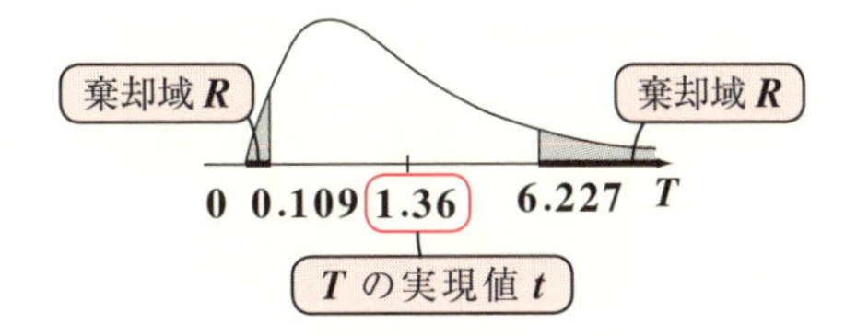

実践問題 20 ● 等分散性 $\sigma_X{}^2 = \sigma_Y{}^2$ の検定(Ⅱ) ●

テキスト **X** を使った学生とテキスト **Y** を使った学生が，同じ数学の試験を受験した。それぞれのテキストを使った学生の試験結果から，無作為に **5** 人と **6** 人の標本を抽出した結果を，以下に示す。

テキスト **X** を使用：**76, 82, 96, 70, 69**
テキスト **Y** を使用：**42, 53, 81, 60, 65, 44**

テキスト **X**，テキスト **Y** を使用した学生の試験結果はそれぞれ正規分布 $N(\mu_X, \sigma_X{}^2)$，$N(\mu_Y, \sigma_Y{}^2)$ に従うものとする。
このとき，仮説 $H_0 : \sigma_X{}^2 = \sigma_Y{}^2$
　　　　（対立仮説 $H_1 : \sigma_X{}^2 \neq \sigma_Y{}^2$）
を有意水準 **0.01** で検定せよ。

ヒント！ データそのものは，**P214** の実践問題 **19** のものとまったく同じだ。今回は仮説 $\sigma_X{}^2 = \sigma_Y{}^2$ の検定なので，F 分布を利用することになる。

解答＆解説

テキスト **X**，テキスト **Y** を使った学生の試験結果の標本データを，それぞれ x_i $(i = 1, 2, \cdots\cdots, 5)$，$y_i$ $(i = 1, 2, \cdots\cdots, 6)$ とおくと，**P214** より，

$$\sum_{i=1}^{5} x_i = 393 \quad \sum_{i=1}^{5} x_i{}^2 = 31377 \quad \sum_{i=1}^{6} y_i = 345 \quad \sum_{i=1}^{6} y_i{}^2 = 20895$$

(Ⅰ) 仮説 $H_0 : \sigma_X{}^2 = \sigma_Y{}^2$
　（対立仮説 $H_1 : \sigma_X{}^2 \neq \sigma_Y{}^2$）←両側検定

(Ⅱ) 有意水準 $\alpha = 0.01$

(Ⅲ) 標本数 $m = 5,\ n = 6$

標本平均 $\overline{x} = 78.6$ ，$\overline{y} = 57.5$

標本分散 $S_X{}^2 = \dfrac{1}{5-1}\displaystyle\sum_{i=1}^{5}(x_i - \overline{x})^2 = \dfrac{1}{4}\left(\sum_{i=1}^{5} x_i{}^2 - 5 \cdot \overline{x}^2\right)$

$$= \frac{1}{4}(31377 - 5 \times 78.6^2) = \boxed{(ア)}$$

$$S_Y{}^2 = \frac{1}{6-1}\sum_{i=1}^{6}(y_i - \overline{y})^2$$
$$= \frac{1}{5}\left(\sum_{i=1}^{6} y_i{}^2 - 6\cdot\overline{y}^2\right)$$
$$= \frac{1}{5}(20895 - 6\times 57.5^2)$$
$$= \boxed{(イ)\quad}$$

ここで，検定統計量 T を

$T = \dfrac{S_X{}^2}{S_Y{}^2}$ とおくと，T は自由度

$(4, 5)$ の F 分布に従う。

$(4 = m-1,\ 5 = n-1)$

(Ⅳ)よって，P228 の F 分布の数表より，

$w_{4,5}(0.005) = \boxed{(ウ)\quad}$

$w_{4,5}(0.995) = \dfrac{1}{W_{5,4}(0.005)}$

$= \dfrac{1}{22.456} = \boxed{(エ)\quad}$

$\alpha = 0.005$

$n \backslash m$	……	4	5
⋮		⋮	⋮
4	…………		22.456
5	……	15.556	

これから，有意水準 $\alpha = 0.01$ による両側検定の棄却域 R は，

$0 < T < 0.0445$，　$15.556 < T$

(Ⅴ) $S_X{}^2 = 121.8$，$S_Y{}^2 = 211.5$ より，

T の実現値 $t = \dfrac{S_X{}^2}{S_Y{}^2} = \dfrac{121.8}{211.5} = 0.576$ は棄却域 R に入っていない。

∴「仮説 H_0：$\sigma_X{}^2 = \sigma_Y{}^2$」は棄却 $\boxed{(オ)\quad}$。……………………………(答)

表1

仮説 H_0	$\sigma_X{}^2 = \sigma_Y{}^2$
対立仮説 H_1	$\sigma_X{}^2 \neq \sigma_Y{}^2$
有意水準 α	0.01
標本数	$m = 5$ ¦ $n = 6$
標本平均	$\overline{x} = 78.6$ ¦ $\overline{y} = 57.5$
標本分散	$S_X{}^2 =$ (ア) ¦ $S_Y{}^2 =$ (イ)
検定統計量 T	$\dfrac{S_X{}^2}{S_Y{}^2}$
$w_{4,5}\left(\dfrac{\alpha}{2}\right)$	(ウ)
$w_{4,5}\left(1-\dfrac{\alpha}{2}\right)$	(エ)
棄却域 R	R 　t 　R；0　0.0445　0.576　15.556
検定結果	仮説 H_0 は棄却されない。

自由度 (4, 5) の F 分布

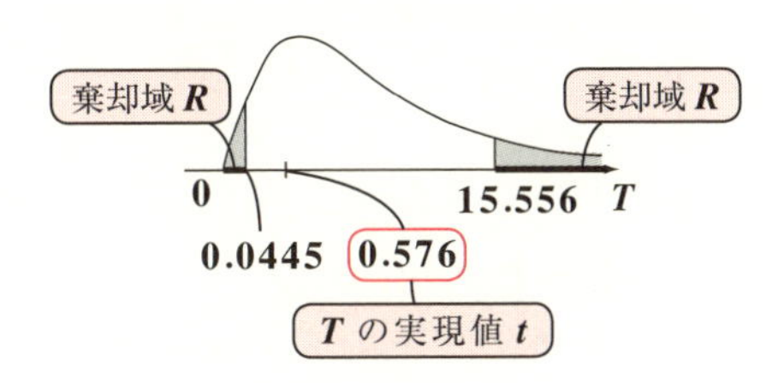

解答　(ア) 121.8　(イ) 211.5　(ウ) 15.556　(エ) 0.0445　(オ) されない

講義8 ● 検定　公式エッセンス

1. 母分散が既知のときの母平均の差の検定

2つの正規分布 $N(\mu_X, \sigma_X{}^2)$, $N(\mu_Y, \sigma_Y{}^2)$ （$\sigma_X{}^2$ と $\sigma_Y{}^2$ は共に既知）に従う2つの母集団からそれぞれ無作為に抽出した大きさ m, n の2組の標本 $X_1, X_2, \cdots\cdots, X_m$ と $Y_1, Y_2, \cdots\cdots, Y_n$ を基に，

仮説 $H_0 : \mu_X = \mu_Y$

（対立仮説 $H_1 : \mu_X \neq \mu_Y$，または $\mu_X < \mu_Y$，または $\mu_X > \mu_Y$）

を検定することができる。

この場合，検定統計量として $T = \dfrac{\overline{X} - \overline{Y}}{\sqrt{\dfrac{\sigma_X{}^2}{m} + \dfrac{\sigma_Y{}^2}{n}}}$ を用いると，

T は標準正規分布 $N(0, 1)$ に従う。

2. 母分散が未知のときの母平均の差の検定

2つの正規分布 $N(\mu_X, \sigma_X{}^2)$, $N(\mu_Y, \sigma_Y{}^2)$ （$\sigma_X{}^2$ と $\sigma_Y{}^2$ は共に未知。ただし，$\sigma_X{}^2 = \sigma_Y{}^2 = \sigma^2$ とする。）に従う2つの母集団からそれぞれ無作為に抽出した大きさ m, n の2組の標本 $X_1, X_2, \cdots\cdots, X_m$ と $Y_1, Y_2, \cdots\cdots, Y_n$ を基に，

仮説 $H_0 : \mu_X = \mu_Y$

（対立仮説 $H_1 : \mu_X \neq \mu_Y$，または $\mu_X < \mu_Y$，または $\mu_X > \mu_Y$）

を検定することができる。

この場合，検定統計量として $T = \dfrac{\overline{X} - \overline{Y}}{\sqrt{\left(\dfrac{1}{m} + \dfrac{1}{n}\right) S_{XY}{}^2}}$ を用いると，

T は自由度 $(m + n - 2)$ の t 分布に従う。

3. 母分散の比の検定

2つの正規分布 $N(\mu_X, \sigma_X{}^2)$, $N(\mu_Y, \sigma_Y{}^2)$ （μ_X, μ_Y は共に未知）に従う2つの母集団からそれぞれ無作為に抽出した大きさ m, n の標本 $X_1, X_2, \cdots\cdots, X_m$ と $Y_1, Y_2, \cdots\cdots, Y_n$ を基に，

仮説 $H_0 : \sigma_X{}^2 = \sigma_Y{}^2$

（対立仮説 $H_1 : \sigma_X{}^2 \neq \sigma_Y{}^2$，または $\sigma_X{}^2 < \sigma_Y{}^2$，または $\sigma_X{}^2 > \sigma_Y{}^2$）

を検定することができる。

この場合，検定統計量として $T = \dfrac{S_X{}^2}{S_Y{}^2}$ を用いると，

T は自由度 $(m - 1, n - 1)$ の F 分布に従う。

標準正規分布表 $\alpha = \phi(z) = \int_z^{\infty} \frac{1}{\sqrt{2\pi}} e^{-\frac{x^2}{2}} dx$ の値

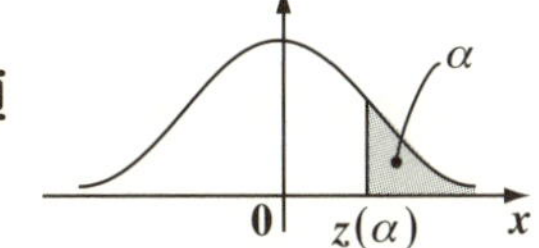

z	0.00	0.01	0.02	0.03	0.04	0.05	0.06	0.07	0.08	0.09
0.0	0.5000	0.4960	0.4920	0.4880	0.4840	0.4801	0.4761	0.4721	0.4681	0.4641
0.1	0.4602	0.4562	0.4522	0.4483	0.4443	0.4404	0.4364	0.4325	0.4286	0.4247
0.2	0.4207	0.4168	0.4129	0.4090	0.4052	0.4013	0.3974	0.3936	0.3897	0.3859
0.3	0.3821	0.3783	0.3745	0.3707	0.3669	0.3632	0.3594	0.3557	0.3520	0.3483
0.4	0.3446	0.3409	0.3372	0.3336	0.3300	0.3264	0.3228	0.3192	0.3156	0.3121
0.5	0.3085	0.3050	0.3015	0.2981	0.2946	0.2912	0.2877	0.2843	0.2810	0.2776
0.6	0.2743	0.2709	0.2676	0.2643	0.2611	0.2578	0.2546	0.2514	0.2483	0.2451
0.7	0.2420	0.2389	0.2358	0.2327	0.2296	0.2266	0.2236	0.2206	0.2177	0.2148
0.8	0.2119	0.2090	0.2061	0.2033	0.2005	0.1977	0.1949	0.1922	0.1894	0.1867
0.9	0.1841	0.1814	0.1788	0.1762	0.1736	0.1711	0.1685	0.1660	0.1635	0.1611
1.0	0.1587	0.1562	0.1539	0.1515	0.1492	0.1469	0.1446	0.1423	0.1401	0.1379
1.1	0.1357	0.1335	0.1314	0.1292	0.1271	0.1251	0.1230	0.1210	0.1190	0.1170
1.2	0.1151	0.1131	0.1112	0.1093	0.1075	0.1056	0.1038	0.1020	0.1003	0.0985
1.3	0.0968	0.0951	0.0934	0.0918	0.0901	0.0885	0.0869	0.0853	0.0838	0.0823
1.4	0.0808	0.0793	0.0778	0.0764	0.0749	0.0735	0.0721	0.0708	0.0694	0.0681
1.5	0.0668	0.0655	0.0643	0.0630	0.0618	0.0606	0.0594	0.0582	0.0571	0.0559
1.6	0.0548	0.0537	0.0526	0.0516	0.0505	0.0495	0.0485	0.0475	0.0465	0.0455
1.7	0.0446	0.0436	0.0427	0.0418	0.0409	0.0401	0.0392	0.0384	0.0375	0.0367
1.8	0.0359	0.0351	0.0344	0.0336	0.0329	0.0322	0.0314	0.0307	0.0301	0.0294
1.9	0.0287	0.0281	0.0274	0.0268	0.0262	0.0256	0.0250	0.0244	0.0239	0.0233
2.0	0.0228	0.0222	0.0217	0.0212	0.0207	0.0202	0.0197	0.0192	0.0188	0.0183
2.1	0.0179	0.0174	0.0170	0.0166	0.0162	0.0158	0.0154	0.0150	0.0146	0.0143
2.2	0.0139	0.0136	0.0132	0.0129	0.0125	0.0122	0.0119	0.0116	0.0113	0.0110
2.3	0.0107	0.0104	0.0102	0.00990	0.00964	0.00939	0.00914	0.00889	0.00866	0.00842
2.4	0.00820	0.00798	0.00776	0.00755	0.00734	0.00714	0.00695	0.00676	0.00657	0.00639
2.5	0.00621	0.00604	0.00587	0.00570	0.00554	0.00539	0.00523	0.00508	0.00494	0.00480
2.6	0.00466	0.00453	0.00440	0.00427	0.00415	0.00402	0.00391	0.00379	0.00368	0.00357
2.7	0.00347	0.00336	0.00326	0.00317	0.00307	0.00298	0.00289	0.00280	0.00272	0.00264
2.8	0.00256	0.00248	0.00240	0.00233	0.00226	0.00219	0.00212	0.00205	0.00199	0.00193
2.9	0.00187	0.00181	0.00175	0.00169	0.00164	0.00159	0.00154	0.00149	0.00144	0.00139
3.0	0.00135	0.00131	0.00126	0.00122	0.00118	0.00114	0.00111	0.00107	0.00104	0.00100
3.1	0.00097	0.00094	0.00090	0.00087	0.00084	0.00082	0.00079	0.00076	0.00074	0.00071
3.2	0.00069	0.00066	0.00064	0.00062	0.00060	0.00058	0.00056	0.00054	0.00052	0.00050
3.3	0.00048	0.00047	0.00045	0.00043	0.00042	0.00040	0.00039	0.00038	0.00036	0.00035
3.4	0.00034	0.00032	0.00031	0.00030	0.00029	0.00028	0.00027	0.00026	0.00025	0.00024

自由度 n の t 分布パーセント点

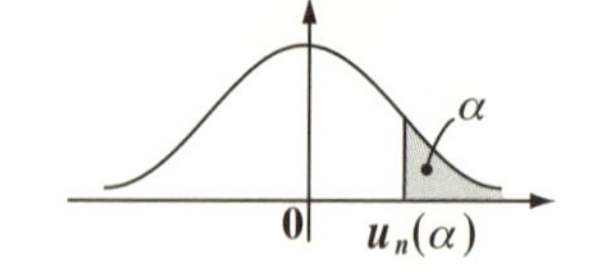

n \ α	0.25	0.1	0.05	0.025	0.01	0.005
1	1.000	3.078	6.314	12.706	31.821	63.657
2	0.816	1.886	2.920	4.303	6.965	9.925
3	0.765	1.638	2.353	3.182	4.541	5.841
4	0.741	1.533	2.132	2.776	3.747	4.604
5	0.727	1.476	2.015	2.571	3.365	4.032
6	0.718	1.440	1.943	2.447	3.143	3.707
7	0.711	1.415	1.895	2.365	2.998	3.499
8	0.706	1.397	1.860	2.306	2.896	3.355
9	0.703	1.383	1.833	2.262	2.821	3.250
10	0.700	1.372	1.812	2.228	2.764	3.169
11	0.697	1.363	1.796	2.201	2.718	3.106
12	0.695	1.356	1.782	2.179	2.681	3.055
13	0.694	1.350	1.771	2.160	2.650	3.012
14	0.692	1.345	1.761	2.145	2.624	2.977
15	0.691	1.341	1.753	2.131	2.602	2.947
16	0.690	1.337	1.746	2.120	2.583	2.921
17	0.689	1.333	1.740	2.110	2.567	2.898
18	0.688	1.330	1.734	2.101	2.552	2.878
19	0.688	1.328	1.729	2.093	2.539	2.861
20	0.687	1.325	1.725	2.086	2.528	2.845
21	0.686	1.323	1.721	2.080	2.518	2.831
22	0.686	1.321	1.717	2.074	2.508	2.819
23	0.685	1.319	1.714	2.069	2.500	2.807
24	0.685	1.318	1.711	2.064	2.492	2.797
25	0.684	1.316	1.708	2.060	2.485	2.787
26	0.684	1.315	1.706	2.056	2.479	2.779
27	0.684	1.314	1.703	2.052	2.473	2.771
28	0.683	1.313	1.701	2.048	2.467	2.763
29	0.683	1.311	1.699	2.045	2.462	2.756
30	0.683	1.310	1.697	2.042	2.457	2.750
40	0.681	1.303	1.684	2.021	2.423	2.704

自由度 n の χ^2 分布パーセント点

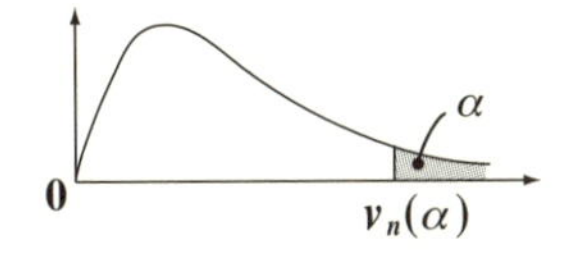

n \ α	0.995	0.990	0.975	0.950	0.050	0.025	0.010	0.005
1	3927×10^{-8}	1571×10^{-7}	9821×10^{-7}	3932×10^{-6}	3.841	5.024	6.635	7.879
2	0.010	0.020	0.051	0.103	5.991	7.378	9.210	10.597
3	0.072	0.115	0.216	0.352	7.815	9.348	11.345	12.838
4	0.207	0.297	0.484	0.711	9.488	11.143	13.277	14.860
5	0.412	0.554	0.831	1.145	11.071	12.833	15.086	16.750
6	0.676	0.872	1.237	1.635	12.592	14.449	16.812	18.548
7	0.989	1.239	1.690	2.167	14.067	16.013	18.475	20.278
8	1.344	1.646	2.180	2.733	15.507	17.535	20.090	21.955
9	1.735	2.088	2.700	3.325	16.919	19.023	21.666	23.589
10	2.156	2.558	3.247	3.940	18.307	20.483	23.209	25.188
11	2.603	3.053	3.816	4.575	19.675	21.920	24.725	26.757
12	3.074	3.571	4.404	5.226	21.026	23.337	26.217	28.300
13	3.565	4.107	5.009	5.892	22.362	24.736	27.688	29.819
14	4.075	4.660	5.629	6.571	23.685	26.119	29.141	31.319
15	4.601	5.229	6.262	7.261	24.996	27.488	30.578	32.801
16	5.142	5.812	6.908	7.962	26.296	28.845	32.000	34.267
17	5.697	6.408	7.564	8.672	27.587	30.191	33.409	35.719
18	6.265	7.015	8.231	9.390	28.869	31.526	34.805	37.156
19	6.844	7.633	8.907	10.117	30.144	32.852	36.191	38.582
20	7.434	8.260	9.591	10.851	31.410	34.170	37.566	39.997
21	8.034	8.897	10.283	11.591	32.671	35.479	38.932	41.401
22	8.643	9.542	10.982	12.338	33.924	36.781	40.289	42.796
23	9.260	10.196	11.689	13.091	35.173	38.076	41.638	44.181
24	9.886	10.856	12.401	13.848	36.415	39.364	42.980	45.559
25	10.520	11.524	13.120	14.611	37.653	40.647	44.314	46.928
26	11.160	12.198	13.844	15.379	38.885	41.923	45.642	48.290
27	11.808	12.879	14.573	16.151	40.113	43.194	46.963	49.645
28	12.461	13.565	15.308	16.928	41.337	44.461	48.278	50.993
29	13.121	14.257	16.047	17.708	42.557	45.722	49.588	52.336
30	13.787	14.954	16.791	18.493	43.773	46.979	50.892	53.672
40	20.707	22.164	24.433	26.509	55.759	59.342	63.691	66.766
50	27.991	29.707	32.357	34.764	67.505	71.420	76.154	79.490

自由度$(m,\ n)$の F 分布パーセント点

$\alpha = 0.005$

n \ m	1	2	3	4	5	6	7	8	9	10
1	16211	20000	21615	22500	23056	23437	23715	23925	24091	24224
2	198.50	199.00	199.17	199.25	199.30	199.33	199.36	199.37	199.39	199.40
3	55.552	49.799	47.467	46.195	45.392	44.838	44.434	44.126	43.882	43.686
4	31.333	26.284	24.259	23.155	22.456	21.975	21.622	21.352	21.139	20.967
5	22.785	18.314	16.530	15.556	14.940	14.513	14.200	13.961	13.772	13.618
6	18.635	14.544	12.917	12.028	11.464	11.073	10.786	10.566	10.391	10.250
7	16.236	12.404	10.882	10.050	9.522	9.155	8.885	8.678	8.514	8.380
8	14.688	11.042	9.597	8.805	8.302	7.952	7.694	7.496	7.339	7.211
9	13.614	10.107	8.717	7.956	7.471	7.134	6.885	6.693	6.541	6.417
10	12.826	9.427	8.081	7.343	6.872	6.545	6.303	6.116	5.968	5.847
11	12.226	8.912	7.600	6.881	6.422	6.102	5.865	5.682	5.537	5.418
12	11.754	8.510	7.226	6.521	6.071	5.757	5.525	5.345	5.202	5.086
13	11.374	8.187	6.926	6.234	5.791	5.482	5.253	5.076	4.935	4.820
14	11.060	7.922	6.680	5.998	5.562	5.257	5.031	4.857	4.717	4.603
15	10.798	7.701	6.476	5.803	5.372	5.071	4.847	4.674	4.536	4.424
16	10.575	7.514	6.303	5.638	5.212	4.913	4.692	4.521	4.384	4.272
17	10.384	7.354	6.156	5.497	5.075	4.779	4.559	4.389	4.254	4.142
18	10.218	7.215	6.028	5.375	4.956	4.663	4.445	4.276	4.141	4.031
19	10.073	7.094	5.916	5.268	4.853	4.561	4.345	4.177	4.043	3.933
20	9.944	6.987	5.818	5.174	4.762	4.472	4.257	4.090	3.956	3.847
21	9.830	6.891	5.730	5.091	4.681	4.393	4.179	4.013	3.880	3.771
22	9.727	6.806	5.652	5.017	4.609	4.323	4.109	3.944	3.812	3.703
23	9.635	6.730	5.582	4.950	4.544	4.259	4.047	3.882	3.750	3.642
24	9.551	6.661	5.519	4.890	4.486	4.202	3.991	3.826	3.695	3.587
25	9.475	6.598	5.462	4.835	4.433	4.150	3.939	3.776	3.645	3.537
26	9.406	6.541	5.409	4.785	4.384	4.103	3.893	3.730	3.599	3.492
27	9.342	6.489	5.361	4.740	4.340	4.059	3.850	3.688	3.557	3.450
28	9.284	6.440	5.317	4.698	4.300	4.020	3.811	3.649	3.519	3.412
29	9.230	6.396	5.276	4.659	4.262	3.983	3.775	3.613	3.483	3.377
30	9.180	6.355	5.239	4.623	4.228	3.949	3.742	3.580	3.451	3.344

自由度 (m, n) の F 分布パーセント点

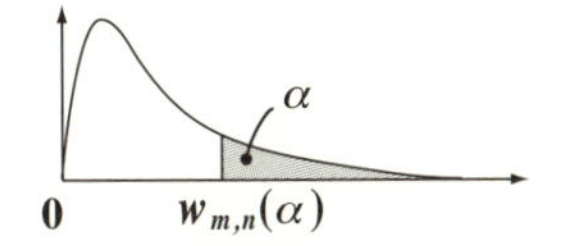

$\alpha = 0.025$

n \ m	1	2	3	4	5	6	7	8	9	10
1	647.79	799.50	864.16	899.58	921.85	937.11	948.22	956.66	963.28	968.63
2	38.506	39.000	39.165	39.248	39.298	39.331	39.355	39.373	39.387	39.398
3	17.443	16.044	15.439	15.101	14.885	14.735	14.624	14.540	14.473	14.419
4	12.218	10.649	9.979	9.605	9.365	9.197	9.074	8.980	8.905	8.844
5	10.007	8.434	7.764	7.388	7.146	6.978	6.853	6.757	6.681	6.619
6	8.813	7.260	6.599	6.227	5.988	5.820	5.696	5.600	5.523	5.461
7	8.073	6.542	5.890	5.523	5.285	5.119	4.995	4.899	4.823	4.761
8	7.571	6.060	5.416	5.053	4.817	4.652	4.529	4.433	4.357	4.295
9	7.209	5.715	5.078	4.718	4.484	4.320	4.197	4.102	4.026	3.964
10	6.937	5.456	4.826	4.468	4.236	4.072	3.950	3.855	3.779	3.717
11	6.724	5.256	4.630	4.275	4.044	3.881	3.759	3.664	3.588	3.526
12	6.554	5.096	4.474	4.121	3.891	3.728	3.607	3.512	3.436	3.374
13	6.414	4.965	4.347	3.996	3.767	3.604	3.483	3.388	3.312	3.250
14	6.298	4.857	4.242	3.892	3.663	3.501	3.380	3.285	3.209	3.147
15	6.200	4.765	4.153	3.804	3.576	3.415	3.293	3.199	3.123	3.060
16	6.115	4.687	4.077	3.729	3.502	3.341	3.219	3.125	3.049	2.986
17	6.042	4.619	4.011	3.665	3.438	3.277	3.156	3.061	2.985	2.922
18	5.978	4.560	3.954	3.608	3.382	3.221	3.100	3.005	2.929	2.866
19	5.922	4.508	3.903	3.559	3.333	3.172	3.051	2.956	2.880	2.817
20	5.872	4.461	3.859	3.515	3.289	3.128	3.007	2.913	2.837	2.774
21	5.827	4.420	3.819	3.475	3.250	3.090	2.969	2.874	2.798	2.735
22	5.786	4.383	3.783	3.440	3.215	3.055	2.934	2.839	2.763	2.700
23	5.750	4.349	3.751	3.408	3.184	3.023	2.902	2.808	2.731	2.668
24	5.717	4.319	3.721	3.379	3.155	2.995	2.874	2.779	2.703	2.640
25	5.686	4.291	3.694	3.353	3.129	2.969	2.848	2.753	2.677	2.614
26	5.659	4.266	3.670	3.329	3.105	2.945	2.824	2.729	2.653	2.590
27	5.633	4.242	3.647	3.307	3.083	2.923	2.802	2.707	2.631	2.568
28	5.610	4.221	3.626	3.286	3.063	2.903	2.782	2.687	2.611	2.547
29	5.588	4.201	3.607	3.267	3.044	2.884	2.763	2.669	2.592	2.529
30	5.568	4.182	3.589	3.250	3.027	2.867	2.746	2.651	2.575	2.511

Appendix（付録）

◆マルコフ過程入門◆

時刻と共に，確率分布が変化していく確率過程として，“**マルコフ過程**”(***Markov process***)（または，“**マルコフ連鎖**”(***Markov chain***)）について，その基本を教えよう。

ここでは，例題を分かりやすくするために，確率分布の経時変化ではなく，**2**つの町**A**と**B**の人口の経時変化から解説を始めることにしよう。

● 2つの町の人口の変化を調べよう！

2つの町**A**，**B**があり，初めの**A**町の人口を$a_0=2000$人，**B**町の人口を$b_0=8000$人とする。そして，**1**年後，

(i) **A**町に住んでいた人の**0.8**(=**80**%)は**A**町に残り，**0.2**(=**20**%)は**B**町に移るものとする。また，

(ii) **B**町に住んでいた人の**0.7**(=**70**%)は**B**町に残り，**0.3**(=**30**%)は**A**町に移るものとしよう。

ここで，**1**年後の**A**町と**B**町の人口をそれぞれa_1，b_1とおく。そして図**1**の模式図に従って，このa_1とb_1を計算すると，次のようになるね。

図**1**　**A**町と**B**町の人口の変化

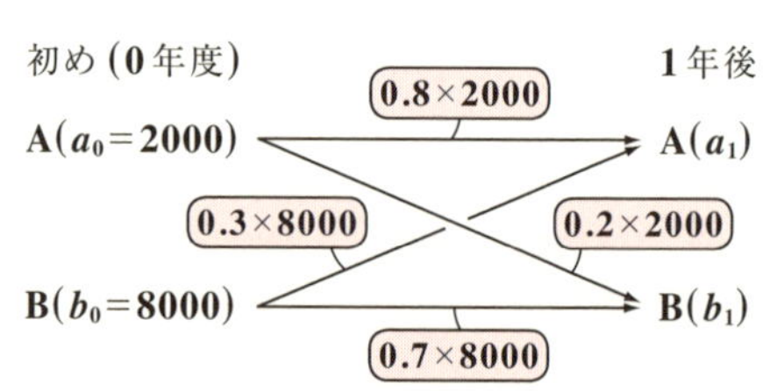

$$\begin{cases} a_1 = 0.8\times a_0 + 0.3\times b_0 \quad \cdots\cdots① \\ b_1 = 0.2\times a_0 + 0.7\times b_0 \quad \cdots\cdots② \end{cases}$$

具体的には，
$a_1 = 0.8\times2000+0.3\times8000=4000$
$b_1 = 0.2\times2000+0.7\times8000=6000$
となって，人口が変化している。

①，②をベクトルや行列の形で表示すると，

$$\begin{bmatrix} a_1 \\ b_1 \end{bmatrix} = \begin{bmatrix} 0.8a_0+0.3b_0 \\ 0.2a_0+0.7b_0 \end{bmatrix} = \begin{bmatrix} 0.8 & 0.3 \\ 0.2 & 0.7 \end{bmatrix}\begin{bmatrix} a_0 \\ b_0 \end{bmatrix} \cdots\cdots③$$ となる。

（推移確率行列 M）

ここで，③の**2**行**2**列の行列$\begin{bmatrix} 0.8 & 0.3 \\ 0.2 & 0.7 \end{bmatrix}$を$M$とおこう。この行列$M$は，

“推移確率行列”(*transition probability matrix*)と呼ばれ，マルコフ過程で重要な役割を演じる行列なんだね。ここで，$M=\begin{bmatrix}0.8 & 0.3\\0.2 & 0.7\end{bmatrix}$について，

(i)第1列の$\begin{bmatrix}0.8\\0.2\end{bmatrix}$はA町の人口を1年後にA町とB町に振り分ける確率を表し，$0.8+0.2=1$（全確率）となる。また，

(ii)第2列の$\begin{bmatrix}0.3\\0.7\end{bmatrix}$はB町の人口を1年後にA町とB町に振り分ける確率を表し，$0.3+0.7=1$（全確率）となることも，頭に入れておこう。

そして，マルコフ過程では，この推移確率行列Mの各要素は，時刻に対して不変であるものとする。よって，③で示す0年度と1年後の関係式を一般化して，n年後のA町とB町の人口a_n，b_nと$n+1$年後のA町とB町の人口a_{n+1}，b_{n+1}の関係式として，次のように表すことができるんだね。

$$\begin{bmatrix}a_{n+1}\\b_{n+1}\end{bmatrix}=M\begin{bmatrix}a_n\\b_n\end{bmatrix}\ \cdots\cdots(*1)\quad(n=0,\ 1,\ 2,\ \cdots)$$

（$(*1)$を$F(n+1)=M\cdot F(n)$の形の漸化式と考えると，$F(n)=M^n\cdot F(0)$　すなわち，$\begin{bmatrix}a_n\\b_n\end{bmatrix}=M^n\begin{bmatrix}a_0\\b_0\end{bmatrix}$と変形することができる。）

よって，これから，n年後の人口a_n，b_nは，初めの人口a_0，b_0を用いて，次のように表せる。

$$\begin{bmatrix}a_n\\b_n\end{bmatrix}=M^n\begin{bmatrix}a_0\\b_0\end{bmatrix}\ \cdots\cdots(*2)\quad(n=1,\ 2,\ 3,\ \cdots)$$

具体的に計算すると，

$$\begin{bmatrix}a_1\\b_1\end{bmatrix}=M\begin{bmatrix}a_0\\b_0\end{bmatrix}=\begin{bmatrix}0.8 & 0.3\\0.2 & 0.7\end{bmatrix}\begin{bmatrix}2000\\8000\end{bmatrix}=\begin{bmatrix}4000\\6000\end{bmatrix}$$

$$\begin{bmatrix}a_2\\b_2\end{bmatrix}=M^2\begin{bmatrix}a_0\\b_0\end{bmatrix}=M\begin{bmatrix}a_1\\b_1\end{bmatrix}=\begin{bmatrix}0.8 & 0.3\\0.2 & 0.7\end{bmatrix}\begin{bmatrix}4000\\6000\end{bmatrix}=\begin{bmatrix}5000\\5000\end{bmatrix}$$

$$\begin{bmatrix}a_3\\b_3\end{bmatrix}=M^3\begin{bmatrix}a_0\\b_0\end{bmatrix}=M\begin{bmatrix}a_2\\b_2\end{bmatrix}=\begin{bmatrix}0.8 & 0.3\\0.2 & 0.7\end{bmatrix}\begin{bmatrix}5000\\5000\end{bmatrix}=\begin{bmatrix}5500\\4500\end{bmatrix}$$

……………………………………………………

となって，1年毎のA町とB町の人口の変化の様子を調べることができるんだね。では，$n=1,\ 2,\ 3,\ \cdots$と，この確率過程により，人口の変化が進んで最終的にどうなるのか？興味が湧いてきたでしょう。これから調べてみよう！

● $n \to \infty$ の定常状態を調べよう！

$$\begin{bmatrix} a_n \\ b_n \end{bmatrix} = M^n \begin{bmatrix} a_0 \\ b_0 \end{bmatrix} \cdots\cdots (*2)$$
$(n = 1, 2, 3, \cdots)$

$n = 1, 2, 3, \cdots$と，nを大きくしていったとき，2つの町の人口はどうなるのか？ すなわち，$\lim_{n\to\infty} a_n$と$\lim_{n\to\infty} b_n$について調べよう。そのためには，$(*2)$に示すように，まず，推移確率行列Mのn乗，すなわちM^nを求め，この極限$\lim_{n\to\infty} M^n$を調べればいいんだね。

ここではまず，一般論として，2行2列の行列Aについて，A^nの求め方を下に示しておこう。

$A = \begin{bmatrix} a & b \\ c & d \end{bmatrix}$ の A^n の求め方

・ケーリー・ハミルトンの定理より，$A^2 - (a+d)A + (ad-bc)E = O$ ……㋐ （E：単位行列，O：零行列）

・㋐より，この特性方程式 $x^2 - (a+d)x + ad - bc = 0$ ……㋑ を作り，この解をλ_1，λ_2とする。すなわち，㋑は，
$x^2 - (a+d)x + ad - bc = (x-\lambda_1)(x-\lambda_2) = 0$ ……㋑′ となる。

・次に，x^nを$x^2 - (a+d)x + ad - bc$で割って，余りを$px+q$とおく。
すなわち，$x^n = \{x^2 - (a+d)x + ad - bc\}Q(x) + px + q$ ……㋒ （$Q(x)$：商，$px+q$：余り）
とおくと，$x^n = (x-\lambda_1)(x-\lambda_2)Q(x) + px + q$ ……㋒′ となる。
㋒′はxの恒等式より，㋒′のxに，$x = \lambda_1$とλ_2を代入して，

$$\begin{cases} \lambda_1{}^n = \underbrace{(\lambda_1-\lambda_1)}_{0}(\lambda_1-\lambda_2)Q(\lambda_1) + p\lambda_1 + q = p\lambda_1 + q \cdots\cdots ㋓ \\ \lambda_2{}^n = (\lambda_2-\lambda_1)\underbrace{(\lambda_2-\lambda_2)}_{0}Q(\lambda_2) + p\lambda_2 + q = p\lambda_2 + q \cdots\cdots ㋔ \end{cases}$$
となる。

㋓，㋔より，pとqの値を求める。

・A^nを$A^2 - (a+d)A + (ad-bc)E$で割ると，㋒と同様に，
$A^n = \underbrace{\{A^2 - (a+d)A + (ad-bc)E\}}_{O(㋐より)}Q(A) + pA + qE$ ……㋕
が導ける。そして，㋐より㋕は，
$A^n = pA + qE$ となる。これに㋓，㋔から求めたp，qの値を代入すればA^nが求まるんだね。この一連の流れを覚えておこう！

それでは，$M=\begin{bmatrix}0.8 & 0.3\\ 0.2 & 0.7\end{bmatrix}$ について，M^n を求めて，$\lim_{n\to\infty}M^n$ を求めてみよう。

ケーリー・ハミルトンの定理より，

$M^2-1.5M+0.5E=O$ ……④ ← $M^2-(0.8+0.7)M+(0.8\times0.7-0.3\times0.2)E=O$

よって，特性方程式 $x^2-1.5x+0.5=0$ より，

$(x-1)(x-0.5)=0$　　$\therefore x=1$ または 0.5

次に，x^n を $x^2-1.5x+0.5(=(x-1)(x-0.5))$ で割って，

$x^n=\underbrace{(x-1)(x-0.5)}_{(x^2-1.5x+0.5)}\cdot\underbrace{Q(x)}_{商}+\underbrace{px+q}_{余り}$ ……⑤　とおく。

⑤は x の恒等式より，⑤の両辺に $x=1$ と 0.5 を代入して，

$\begin{cases}p+q=1 & \cdots\cdots⑥\\ 0.5p+q=(0.5)^n & \cdots\cdots⑦\end{cases}$ ← $1^n=1\cdot p+q$，$(0.5)^n=0.5\cdot p+q$

⑥−⑦より，$0.5p=1-(0.5)^n$　　$\therefore p=2-2\cdot(0.5)^n$ ……⑧

⑥より，$q=1-p=1-2+2\cdot(0.5)^n=-1+2\cdot(0.5)^n$ ……⑨

ここで，M^n を $M^2-1.5M+0.5E$ で割ると，⑤と同様に，

$M^n=\underbrace{(M^2-1.5M+0.5E)}_{O（④より）}\cdot Q(M)+pM+qE=pM+qE$　が導ける。

よって，$M^n=\{\underbrace{2-2\cdot(0.5)^n}_{p}\}M+\{\underbrace{-1+2\cdot(0.5)^n}_{q}\}E$ ……⑩　（⑧，⑨より）

ここで，$n\to\infty$ の極限を調べると，

$$\lim_{n\to\infty}M^n=\lim_{n\to\infty}\left[\{2-2\cdot\underbrace{(0.5)^n}_{0}\}M+\{-1+2\cdot\underbrace{(0.5)^n}_{0}\}E\right]$$

$$=2M-E=2\begin{bmatrix}0.8 & 0.3\\ 0.2 & 0.7\end{bmatrix}-\begin{bmatrix}1 & 0\\ 0 & 1\end{bmatrix}$$

$$=\begin{bmatrix}1.6-1 & 0.6\\ 0.4 & 1.4-1\end{bmatrix}=\begin{bmatrix}0.6 & 0.6\\ 0.4 & 0.4\end{bmatrix}$$ ……⑪　となる。

以上より，(＊2) の両辺の $n\to\infty$ の極限をとって，$\lim_{n\to\infty}a_n$，$\lim_{n\to\infty}b_n$ を求めよう。

$$\lim_{n\to\infty}\begin{bmatrix} a_n \\ b_n \end{bmatrix} = \lim_{n\to\infty} M^n \begin{bmatrix} a_0 \\ b_0 \end{bmatrix} = \begin{bmatrix} 0.6 & 0.6 \\ 0.4 & 0.4 \end{bmatrix}\begin{bmatrix} 2000 \\ 8000 \end{bmatrix}$$

$\lim_{n\to\infty} M^n = \begin{bmatrix} 0.6 & 0.6 \\ 0.4 & 0.4 \end{bmatrix}$ (⑪より)

$$= \begin{bmatrix} 0.6\times2000+0.6\times8000 \\ 0.4\times2000+0.4\times8000 \end{bmatrix} = \begin{bmatrix} 6000 \\ 4000 \end{bmatrix}$$

$\begin{bmatrix} a_{n+1} \\ b_{n+1} \end{bmatrix} = M \begin{bmatrix} a_n \\ b_n \end{bmatrix}$ ……(*1)

$\begin{bmatrix} a_n \\ b_n \end{bmatrix} = M^n \begin{bmatrix} a_0 \\ b_0 \end{bmatrix}$ ……(*2)

$(n=1, 2, 3, \cdots)$

よって，$n\to\infty$とすると，A町の人口は，$\lim_{n\to\infty} a_n = 6000$(人)に，またはB町の人口は，$\lim_{n\to\infty} b_n = 4000$(人)に落ち着くことになる。これを人口が変化しなくなった状態，すなわち“**定常状態**”というんだね。

実際にnが十分に大きくなって，$a_n = 6000$，$b_n = 4000$になったとして，これを(*1)に代入して，翌年のA町とB町の人口a_{n+1}とb_{n+1}を求めてみると，

$$\begin{bmatrix} a_{n+1} \\ b_{n+1} \end{bmatrix} = M \begin{bmatrix} a_n \\ b_n \end{bmatrix} = \begin{bmatrix} 0.8 & 0.3 \\ 0.2 & 0.7 \end{bmatrix}\begin{bmatrix} 6000 \\ 4000 \end{bmatrix}$$

$$= \begin{bmatrix} 0.8\times6000+0.3\times4000 \\ 0.2\times6000+0.7\times4000 \end{bmatrix} = \begin{bmatrix} 6000 \\ 4000 \end{bmatrix}$$ となる。つまり，

$a_{n+1} = 6000$，$b_{n+1} = 4000$となって，変化しないことが分かるでしょう？

逆に，$\lim_{n\to\infty} a_n$と$\lim_{n\to\infty} b_n$が共に極限値$\lim_{n\to\infty} a_n = \alpha$と$\lim_{n\to\infty} b_n = \beta$をもつものと仮定すると，$M^n$や$\lim_{n\to\infty} M^n$を求めなくても，(*1)から$\alpha$と$\beta$の値を求めることもできる。このとき，$\lim_{n\to\infty} a_n = \lim_{n\to\infty} a_{n+1} = \alpha$，$\lim_{n\to\infty} b_n = \lim_{n\to\infty} b_{n+1} = \beta$となるので，$n\to\infty$のとき，

$\begin{bmatrix} a_{n+1} \\ b_{n+1} \end{bmatrix} = M \begin{bmatrix} a_n \\ b_n \end{bmatrix}$ ……(*1)は，$\begin{bmatrix} \alpha \\ \beta \end{bmatrix} = M \begin{bmatrix} \alpha \\ \beta \end{bmatrix}$ ……⑫　と変形できる。

⑫より，

$$M\begin{bmatrix} \alpha \\ \beta \end{bmatrix} - E\begin{bmatrix} \alpha \\ \beta \end{bmatrix} = \begin{bmatrix} 0 \\ 0 \end{bmatrix} \qquad (M-E)\begin{bmatrix} \alpha \\ \beta \end{bmatrix} = \begin{bmatrix} 0 \\ 0 \end{bmatrix}$$

$M-E = \begin{bmatrix} 0.8 & 0.3 \\ 0.2 & 0.7 \end{bmatrix} - \begin{bmatrix} 1 & 0 \\ 0 & 1 \end{bmatrix} = \begin{bmatrix} -0.2 & 0.3 \\ 0.2 & -0.3 \end{bmatrix}$

よって，$\begin{bmatrix} -0.2 & 0.3 \\ 0.2 & -0.3 \end{bmatrix}\begin{bmatrix} \alpha \\ \beta \end{bmatrix} = \begin{bmatrix} -0.2\alpha+0.3\beta \\ 0.2\alpha-0.3\beta \end{bmatrix} = \begin{bmatrix} 0 \\ 0 \end{bmatrix}$ より，

$-0.2\alpha+0.3\beta=0 \quad \beta=\frac{2}{3}\alpha$ ……⑬ となる。← もう1つの式 $0.2\alpha-0.3\beta=0$ も，これと同じ式だね。

ここで，$\alpha+\beta=10000$ より，$\alpha+\frac{2}{3}\alpha=10000$（⑬より） $\frac{5}{3}\alpha=10000$

A町とB町の元の人口の和 $2000+8000$ は，変化せずに一定であるとしている。

$\therefore \alpha=10000\times\frac{3}{5}=6000$　さらに，$\beta=10000-\alpha=4000$ も導けるんだね。

納得いった？

確率分布の変化がマルコフ過程だ！

以上で，最も簡単なマルコフ過程の解説はほぼ終わったんだけれど，本当のことを言うと，マルコフ過程とは，人口のような具体的な人数の分布の変化を表すのではなくて，確率分布の変化を表すものなんだね。

したがって，今回A町とB町の初めの人口をそれぞれ $a_0=2000$(人)，$b_0=8000$(人)とおいたけれど，これを人口の割合と見て，$a_0=0.2$，$b_0=0.8$ という確率分布に置き換えれば，これまでの解説はそのまま活かされて，$\lim_{n\to\infty} a_n=6000$，$\lim_{n\to\infty} b_n=4000$ の代わりに，$\lim_{n\to\infty} a_n=0.6$，$\lim_{n\to\infty} b_n=0.4$ となるんだね。

従って，初めの確率分布 $\begin{bmatrix} a_0 \\ b_0 \end{bmatrix}=\begin{bmatrix} 0.2 \\ 0.8 \end{bmatrix}$ が，推移確率行列 $M=\begin{bmatrix} 0.8 & 0.3 \\ 0.2 & 0.7 \end{bmatrix}$ によるマルコフ過程により，$n=1, 2, 3, \cdots$ と変化していき，$n\to\infty$ の極限においては，$\lim_{n\to\infty}\begin{bmatrix} a_n \\ b_n \end{bmatrix}=\begin{bmatrix} 0.6 \\ 0.4 \end{bmatrix}$ になるということなんだね。この変化の様子を図2に示しておこう。これでマルコフ過程の基本もご理解頂けたと思う。

図2　確率分布のマルコフ過程（または，マルコフ連鎖）

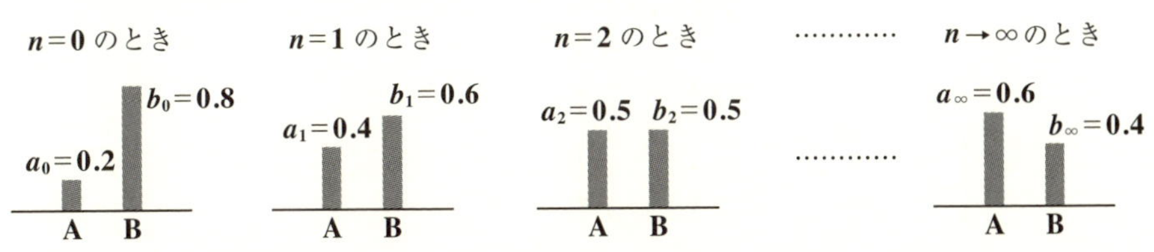

図2のAとBには，0と1などの確率変数 $X=0$，1 を対応させればいい。

それでは，マルコフ過程の例題を **1** 題解いてみよう。

> **(ex1)** 確率分布 $\begin{bmatrix} a_n \\ b_n \end{bmatrix}$ $(n=0,\ 1,\ 2,\ \cdots)$ が，次式をみたすものとする。
>
> $$\begin{bmatrix} a_0 \\ b_0 \end{bmatrix} = \begin{bmatrix} \frac{1}{2} \\ \frac{1}{2} \end{bmatrix},\quad \begin{bmatrix} a_{n+1} \\ b_{n+1} \end{bmatrix} = \begin{bmatrix} \frac{5}{6} & \frac{1}{3} \\ \frac{1}{6} & \frac{2}{3} \end{bmatrix}\begin{bmatrix} a_n \\ b_n \end{bmatrix} \cdots\cdots ①$$
>
> (ただし，$a_n + b_n = 1 \quad (n=0,\ 1,\ 2,\ \cdots)$ とする。)
>
> このとき，(ⅰ) $\begin{bmatrix} a_1 \\ b_1 \end{bmatrix}$ と $\begin{bmatrix} a_2 \\ b_2 \end{bmatrix}$ を求めよう。さらに
>
> (ⅱ) 極限 $\lim_{n\to\infty}\begin{bmatrix} a_n \\ b_n \end{bmatrix} = \begin{bmatrix} \alpha \\ \beta \end{bmatrix}$ が存在するものとして，$\begin{bmatrix} \alpha \\ \beta \end{bmatrix}$ を求めよう。

初期分布 $\begin{bmatrix} a_0 \\ b_0 \end{bmatrix} = \begin{bmatrix} \frac{1}{2} \\ \frac{1}{2} \end{bmatrix}$ で，推移確率行列 $M = \begin{bmatrix} \frac{5}{6} & \frac{1}{3} \\ \frac{1}{6} & \frac{2}{3} \end{bmatrix}$ のマルコフ過程の問題だね。

(ⅰ) $n=0$ のとき，①より，

$$\begin{bmatrix} a_1 \\ b_1 \end{bmatrix} = M\begin{bmatrix} a_0 \\ b_0 \end{bmatrix} = \begin{bmatrix} \frac{5}{6} & \frac{1}{3} \\ \frac{1}{6} & \frac{2}{3} \end{bmatrix}\begin{bmatrix} \frac{1}{2} \\ \frac{1}{2} \end{bmatrix} = \begin{bmatrix} \frac{5}{12}+\frac{1}{6} \\ \frac{1}{12}+\frac{1}{3} \end{bmatrix} = \begin{bmatrix} \frac{7}{12} \\ \frac{5}{12} \end{bmatrix} \cdots\cdots ②$$

となる。次に，

$n=1$ のとき，①より，

$$\begin{bmatrix} a_2 \\ b_2 \end{bmatrix} = M\begin{bmatrix} a_1 \\ b_1 \end{bmatrix} = \begin{bmatrix} \frac{5}{6} & \frac{1}{3} \\ \frac{1}{6} & \frac{2}{3} \end{bmatrix}\begin{bmatrix} \frac{7}{12} \\ \frac{5}{12} \end{bmatrix} \qquad (②より)$$

$$= \begin{bmatrix} \frac{35}{72}+\frac{5}{36} \\ \frac{7}{72}+\frac{5}{18} \end{bmatrix} = \begin{bmatrix} \frac{45}{72} \\ \frac{27}{72} \end{bmatrix} = \begin{bmatrix} \frac{5}{8} \\ \frac{3}{8} \end{bmatrix}$$ となるんだね。大丈夫？

(ii) 極限 $\lim_{n\to\infty}\begin{bmatrix} a_n \\ b_n \end{bmatrix}$ が，ベクトル $\begin{bmatrix} \alpha \\ \beta \end{bmatrix}$ に収束するとき，すなわち，

$\lim_{n\to\infty}\begin{bmatrix} a_n \\ b_n \end{bmatrix}=\begin{bmatrix} \alpha \\ \beta \end{bmatrix}$ となるとき，$\lim_{n\to\infty}\begin{bmatrix} a_{n+1} \\ b_{n+1} \end{bmatrix}=\begin{bmatrix} \alpha \\ \beta \end{bmatrix}$ となる。

よって，①の両辺に $n\to\infty$ の極限をとると，

$\lim_{n\to\infty}\begin{bmatrix} a_{n+1} \\ b_{n+1} \end{bmatrix}=\lim_{n\to\infty}M\begin{bmatrix} a_n \\ b_n \end{bmatrix}$ より，$\begin{bmatrix} \alpha \\ \beta \end{bmatrix}=M\begin{bmatrix} \alpha \\ \beta \end{bmatrix}$ ……③ となる。

$\begin{bmatrix} \alpha \\ \beta \end{bmatrix}$　$\begin{bmatrix} \alpha \\ \beta \end{bmatrix}$　$E\begin{bmatrix} \alpha \\ \beta \end{bmatrix}=\begin{bmatrix} 1 & 0 \\ 0 & 1 \end{bmatrix}\begin{bmatrix} \alpha \\ \beta \end{bmatrix}$ とおく。

③より，$(M-E)\begin{bmatrix} \alpha \\ \beta \end{bmatrix}=\begin{bmatrix} 0 \\ 0 \end{bmatrix}$

$\begin{bmatrix} \frac{5}{6} & \frac{1}{3} \\ \frac{1}{6} & \frac{2}{3} \end{bmatrix}-\begin{bmatrix} 1 & 0 \\ 0 & 1 \end{bmatrix}=\begin{bmatrix} -\frac{1}{6} & \frac{1}{3} \\ \frac{1}{6} & -\frac{1}{3} \end{bmatrix}=\frac{1}{6}\begin{bmatrix} -1 & 2 \\ 1 & -2 \end{bmatrix}$

$\frac{1}{6}\begin{bmatrix} -1 & 2 \\ 1 & -2 \end{bmatrix}\begin{bmatrix} \alpha \\ \beta \end{bmatrix}=\begin{bmatrix} 0 \\ 0 \end{bmatrix}$ より，

これから，$\alpha-2\beta=0$ も導けるが，これは，④と同じ式だね。

$-\alpha+2\beta=0$ ……④ となる。

また，$\lim_{n\to\infty}(a_n+b_n)=\alpha+\beta=1$（全確率）より，

$\alpha+\beta=1$ ……⑤ が成り立つ。

④＋⑤より，$3\beta=1$　　$\therefore \beta=\frac{1}{3}$　　④より，$\alpha=2\beta=\frac{2}{3}$

以上より，$n\to\infty$ のとき，$\begin{bmatrix} a_n \\ b_n \end{bmatrix}\to\begin{bmatrix} \frac{2}{3} \\ \frac{1}{3} \end{bmatrix}$ となる。すなわち，

$\lim_{n\to\infty}\begin{bmatrix} a_n \\ b_n \end{bmatrix}=\begin{bmatrix} \frac{2}{3} \\ \frac{1}{3} \end{bmatrix}=\frac{1}{3}\begin{bmatrix} 2 \\ 1 \end{bmatrix}$ となるんだね。これも大丈夫だった？

では，推移確率行列 $\boldsymbol{M}$ が3行3列や，4行4列となる，より本格的な場合のマルコフ過程の例題も解いてみよう。

(ex2) 確率分布 $\begin{bmatrix} a_n \\ b_n \\ c_n \end{bmatrix}$ $(n=0,\ 1,\ 2,\ \cdots)$ が，次式をみたすものとする。

$$\begin{bmatrix} a_0 \\ b_0 \\ c_0 \end{bmatrix} = \begin{bmatrix} 0.3 \\ 0.3 \\ 0.4 \end{bmatrix} \quad \begin{bmatrix} a_{n+1} \\ b_{n+1} \\ c_{n+1} \end{bmatrix} = \begin{bmatrix} 0.5 & 0.2 & 0.3 \\ 0.3 & 0.7 & 0.3 \\ 0.2 & 0.1 & 0.4 \end{bmatrix} \begin{bmatrix} a_n \\ b_n \\ c_n \end{bmatrix} \cdots\cdots①$$

(ただし，$a_n + b_n + c_n = 1 \quad (n=0,\ 1,\ 2,\ \cdots)$ とする。)

このとき，$\lim_{n\to\infty} \begin{bmatrix} a_n \\ b_n \\ c_n \end{bmatrix} = \begin{bmatrix} \alpha \\ \beta \\ \gamma \end{bmatrix}$ が存在するものとして，$\begin{bmatrix} \alpha \\ \beta \\ \gamma \end{bmatrix}$ を求めよう。

これまでの解説から，初期分布 $[a_0\ b_0\ c_0]$ に関わらず，$n\to\infty$ としたときの定常状態の分布 $[\alpha\ \beta\ \gamma]$ が決まることが予想できると思う。

ここで，$\lim_{n\to\infty} \begin{bmatrix} a_n \\ b_n \\ c_n \end{bmatrix} = \begin{bmatrix} \alpha \\ \beta \\ \gamma \end{bmatrix}$ と仮定すると，$\lim_{n\to\infty} \begin{bmatrix} a_{n+1} \\ b_{n+1} \\ c_{n+1} \end{bmatrix} = \begin{bmatrix} \alpha \\ \beta \\ \gamma \end{bmatrix}$ となるので，

$n\to\infty$ のとき，①は，

$$\begin{bmatrix} \alpha \\ \beta \\ \gamma \end{bmatrix} = \begin{bmatrix} 0.5 & 0.2 & 0.3 \\ 0.3 & 0.7 & 0.3 \\ 0.2 & 0.1 & 0.4 \end{bmatrix} \begin{bmatrix} \alpha \\ \beta \\ \gamma \end{bmatrix} \cdots\cdots①'$$ となる。

これは，$E\begin{bmatrix} \alpha \\ \beta \\ \gamma \end{bmatrix}$ とおける。

これが，今回のマルコフ過程の推移確率行列 $\boldsymbol{M}$ のことである。各列の和が1(全確率)になっていることに注意しよう。

①′より，

$$\left\{ \begin{bmatrix} 0.5 & 0.2 & 0.3 \\ 0.3 & 0.7 & 0.3 \\ 0.2 & 0.1 & 0.4 \end{bmatrix} - \begin{bmatrix} 1 & 0 & 0 \\ 0 & 1 & 0 \\ 0 & 0 & 1 \end{bmatrix} \right\} \begin{bmatrix} \alpha \\ \beta \\ \gamma \end{bmatrix} = \begin{bmatrix} 0 \\ 0 \\ 0 \end{bmatrix}$$ よって，

($\boldsymbol{M}-\boldsymbol{E}$ のこと)

$$\begin{bmatrix} -0.5 & 0.2 & 0.3 \\ 0.3 & -0.3 & 0.3 \\ 0.2 & 0.1 & -0.6 \end{bmatrix}\begin{bmatrix} \alpha \\ \beta \\ \gamma \end{bmatrix} = \begin{bmatrix} 0 \\ 0 \\ 0 \end{bmatrix} \cdots\cdots ②$$

となる。よって，②を変形して，

$$\begin{bmatrix} 1 & -1 & 1 \\ 0 & -3 & 8 \\ 0 & 0 & 0 \end{bmatrix}\begin{bmatrix} \alpha \\ \beta \\ \gamma \end{bmatrix} = \begin{bmatrix} 0 \\ 0 \\ 0 \end{bmatrix}$$ となる。

行列 $M-E$ の行基本変形

$$\begin{bmatrix} -0.5 & 0.2 & 0.3 \\ 0.3 & -0.3 & 0.3 \\ 0.2 & 0.1 & -0.6 \end{bmatrix} \rightarrow \begin{bmatrix} -5 & 2 & 3 \\ 3 & -3 & 3 \\ 2 & 1 & -6 \end{bmatrix} \rightarrow \begin{bmatrix} -5 & 2 & 3 \\ 3 & -3 & 3 \\ 0 & 0 & 0 \end{bmatrix} \rightarrow \begin{bmatrix} 1 & -1 & 1 \\ -5 & 2 & 3 \\ 0 & 0 & 0 \end{bmatrix} \rightarrow \begin{bmatrix} 1 & -1 & 1 \\ 0 & -3 & 8 \\ 0 & 0 & 0 \end{bmatrix} \Big\} r=2$$

行基本変形による連立 1 次方程式の解法をご存知ない方は「**線形代数キャンパス・ゼミ**」で勉強して下さい。

これから，

$$\begin{cases} \alpha - \beta + \gamma = 0 \cdots\cdots ③ \\ -3\beta + 8\gamma = 0 \cdots\cdots ④ \end{cases}$$ が導ける。

③，④と，確率分布の必要条件の式

$\alpha + \beta + \gamma = 1$（全確率）……⑤ と併せて

α, β, γ の値を求めると，

$\alpha = \frac{5}{16}$，$\beta = \frac{1}{2}$，$\gamma = \frac{3}{16}$ となる。

⑤－③より，$2\beta = 1$　$\therefore \beta = \frac{1}{2}$

④より，$-\frac{3}{2} + 8\gamma = 0$　$\therefore \gamma = \frac{3}{16}$

⑤より，$\alpha + \frac{1}{2} + \frac{3}{16} = 1$　$\therefore \alpha = \frac{5}{16}$

よって，$n \to \infty$ のときの極限の確率分布，すなわち定常状態の確率分布は，

$$\lim_{n\to\infty}\begin{bmatrix} a_n \\ b_n \\ c_n \end{bmatrix} = \begin{bmatrix} \alpha \\ \beta \\ \gamma \end{bmatrix} = \frac{1}{16}\begin{bmatrix} 5 \\ 8 \\ 3 \end{bmatrix}$$ となるんだね。

参考

行列 M の特性方程式 $|M - \lambda E| = 0$ から，固有値 λ の値を求める。次に，それぞれの λ の値 λ_1，λ_2，λ_3 に対応する固有ベクトル $\boldsymbol{x}_1$，$\boldsymbol{x}_2$，$\boldsymbol{x}_3$ を決定して，変換行列 P を $P = [\boldsymbol{x}_1\ \boldsymbol{x}_2\ \boldsymbol{x}_3]$ から求めると，行列 M は $P^{-1}MP$ により対角化されて，$P^{-1}MP = \begin{bmatrix} \lambda_1 & 0 & 0 \\ 0 & \lambda_2 & 0 \\ 0 & 0 & \lambda_3 \end{bmatrix}$ となる。この両辺を n 乗して，左から P，右から P^{-1} をかけると，M^n が求まる。ここで $n \to \infty$ の極限をとると，

$\lim_{n\to\infty} M^n = \frac{1}{16}\begin{bmatrix} 5 & 5 & 5 \\ 8 & 8 & 8 \\ 3 & 3 & 3 \end{bmatrix}$ と求まる。よって，$\lim_{n\to\infty} M^n \begin{bmatrix} a_0 \\ b_0 \\ c_0 \end{bmatrix} = \begin{bmatrix} \alpha \\ \beta \\ \gamma \end{bmatrix}$ から

定常状態の分布が求められる。これが，正式な解法なんだね。やる気のある方は確認しよう！

(*ex*3) 確率分布$\begin{bmatrix} a_n \\ b_n \\ c_n \\ d_n \end{bmatrix}$ $(n = 0, 1, 2, \cdots)$ が，次式をみたすものとする。

$$\begin{bmatrix} a_0 \\ b_0 \\ c_0 \\ d_0 \end{bmatrix} = \begin{bmatrix} 0.2 \\ 0.3 \\ 0.4 \\ 0.1 \end{bmatrix}, \quad \begin{bmatrix} a_{n+1} \\ b_{n+1} \\ c_{n+1} \\ d_{n+1} \end{bmatrix} = \begin{bmatrix} 0.8 & 0.2 & 0 & 0.1 \\ 0.1 & 0.6 & 0.2 & 0 \\ 0 & 0.2 & 0.6 & 0.1 \\ 0.1 & 0 & 0.2 & 0.8 \end{bmatrix} \begin{bmatrix} a_n \\ b_n \\ c_n \\ d_n \end{bmatrix} \quad \cdots\cdots ①$$

(ただし，$a_n + b_n + c_n + d_n = 1 \quad (n = 0, 1, 2, \cdots)$ とする。)

このとき，$\lim_{n\to\infty} \begin{bmatrix} a_n \\ b_n \\ c_n \\ d_n \end{bmatrix} = \begin{bmatrix} \alpha \\ \beta \\ \gamma \\ \delta \end{bmatrix}$ …② が存在するものとして，$\begin{bmatrix} \alpha \\ \beta \\ \gamma \\ \delta \end{bmatrix}$ を求めよう。

②が成り立つとき，$\lim_{n\to\infty} \begin{bmatrix} a_{n+1} \\ b_{n+1} \\ c_{n+1} \\ d_{n+1} \end{bmatrix} = \begin{bmatrix} \alpha \\ \beta \\ \gamma \\ \delta \end{bmatrix}$ ……②´も成り立つ。

よって，$n \to \infty$ のとき，①は，

$$\begin{bmatrix} \alpha \\ \beta \\ \gamma \\ \delta \end{bmatrix} = \underbrace{\begin{bmatrix} 0.8 & 0.2 & 0 & 0.1 \\ 0.1 & 0.6 & 0.2 & 0 \\ 0 & 0.2 & 0.6 & 0.1 \\ 0.1 & 0 & 0.2 & 0.8 \end{bmatrix}}_{\text{推移確率行列 } M} \begin{bmatrix} \alpha \\ \beta \\ \gamma \\ \delta \end{bmatrix} \quad \cdots\cdots ①´$$

となる。

①´を変形して，

$$\left\{ \underbrace{\begin{bmatrix} 0.8 & 0.2 & 0 & 0.1 \\ 0.1 & 0.6 & 0.2 & 0 \\ 0 & 0.2 & 0.6 & 0.1 \\ 0.1 & 0 & 0.2 & 0.8 \end{bmatrix}}_{M} - \underbrace{\begin{bmatrix} 1 & 0 & 0 & 0 \\ 0 & 1 & 0 & 0 \\ 0 & 0 & 1 & 0 \\ 0 & 0 & 0 & 1 \end{bmatrix}}_{\text{単位行列 } E} \right\} \begin{bmatrix} \alpha \\ \beta \\ \gamma \\ \delta \end{bmatrix} = \begin{bmatrix} 0 \\ 0 \\ 0 \\ 0 \end{bmatrix}$$

より，

$$\begin{bmatrix} -0.2 & 0.2 & 0 & 0.1 \\ 0.1 & -0.4 & 0.2 & 0 \\ 0 & 0.2 & -0.4 & 0.1 \\ 0.1 & 0 & 0.2 & -0.2 \end{bmatrix}\begin{bmatrix} \alpha \\ \beta \\ \gamma \\ \delta \end{bmatrix} = \begin{bmatrix} 0 \\ 0 \\ 0 \\ 0 \end{bmatrix} \quad \cdots\cdots③$$

となる。これを変形して，

行列 $(\boldsymbol{M}-\boldsymbol{E})$ の行基本変形

$$\begin{bmatrix} -2 & 2 & 0 & 1 \\ 1 & -4 & 2 & 0 \\ 0 & 2 & -4 & 1 \\ 1 & 0 & 2 & -2 \end{bmatrix} \to \begin{bmatrix} 1 & 0 & 2 & -2 \\ 1 & -4 & 2 & 0 \\ 0 & 2 & -4 & 1 \\ -2 & 2 & 0 & 1 \end{bmatrix} \to \begin{bmatrix} 1 & 0 & 2 & -2 \\ 0 & -4 & 0 & 2 \\ 0 & 2 & -4 & 1 \\ 0 & 2 & 4 & -3 \end{bmatrix}$$

$$\to \begin{bmatrix} 1 & 0 & 2 & -2 \\ 0 & -4 & 0 & 2 \\ 0 & 2 & -4 & 1 \\ 0 & 0 & 0 & 0 \end{bmatrix} \to \begin{bmatrix} 1 & 0 & 2 & -2 \\ 0 & 2 & 0 & -1 \\ 0 & 2 & -4 & 1 \\ 0 & 0 & 0 & 0 \end{bmatrix} \to \begin{bmatrix} 1 & 0 & 2 & -2 \\ 0 & 2 & 0 & -1 \\ 0 & 0 & -4 & 2 \\ 0 & 0 & 0 & 0 \end{bmatrix} \to \begin{bmatrix} 1 & 0 & 2 & -2 \\ 0 & 2 & 0 & -1 \\ 0 & 0 & 2 & -1 \\ 0 & 0 & 0 & 0 \end{bmatrix}$$

$$\begin{bmatrix} 1 & 0 & 2 & -2 \\ 0 & 2 & 0 & -1 \\ 0 & 0 & 2 & -1 \\ 0 & 0 & 0 & 0 \end{bmatrix}\begin{bmatrix} \alpha \\ \beta \\ \gamma \\ \delta \end{bmatrix} = \begin{bmatrix} 0 \\ 0 \\ 0 \\ 0 \end{bmatrix} \quad \cdots\cdots④$$

となる。④から，

$$\begin{cases} \alpha + 2\gamma - 2\delta = 0 & \cdots\cdots⑤ \\ 2\beta - \delta = 0 & \cdots\cdots⑥ \\ 2\gamma - \delta = 0 & \cdots\cdots⑦ \end{cases}$$

となる。

$\delta = 2k$ （k：正の定数）とおくと，
⑦より，$2\gamma - 2k = 0 \quad \therefore \gamma = k$
⑥より，$2\beta - 2k = 0 \quad \therefore \beta = k$
⑤より，$\alpha + 2k - 4k = 0 \quad \therefore \alpha = 2k$

4つの未知数 $\alpha, \beta, \gamma, \delta$ に対して，方程式は⑤，⑥，⑦の3つだけなので，この時点で解は決まらない。よって，$\delta = 2k$（k：定数）とおいて，α, β, γ を k で表し，最後に⑧の方程式（4つ目の方程式）で，この k の値を決定する。

ここで，$\delta = 2k$ （k：正の定数）とおくと，

⑤，⑥，⑦より，$\alpha = 2k$，$\beta = k$，$\gamma = k$ となる。

ここで，$\underset{2k}{\alpha} + \underset{k}{\beta} + \underset{k}{\gamma} + \underset{2k}{\delta} = 1$（全確率）……⑧ より，

$\lim_{n\to\infty}(a_n + b_n + c_n + d_n) = \alpha + \beta + \gamma + \delta = 1$

$2k + k + k + 2k = 1 \quad \therefore k = \frac{1}{6}$ 以上より，求める極限は，

$$\lim_{n\to\infty}\begin{bmatrix} a_n \\ b_n \\ c_n \\ d_n \end{bmatrix} = \begin{bmatrix} \alpha \\ \beta \\ \gamma \\ \delta \end{bmatrix} = \begin{bmatrix} 2k \\ k \\ k \\ 2k \end{bmatrix} = \frac{1}{6}\begin{bmatrix} 2 \\ 1 \\ 1 \\ 2 \end{bmatrix}$$

となる。$\left(\because k = \frac{1}{6}\right)$

 Term・Index 

スバラシク実力がつくと評判の
確率統計 キャンパス・ゼミ
改訂 7

著　者　馬場 敬之
発行者　馬場 敬之
発行所　マセマ出版社
〒 332-0023 埼玉県川口市飯塚 3-7-21-502
TEL 048-253-1734　FAX 048-253-1729
Email：info@mathema.jp
https://www.mathema.jp

編　集　清代 芳生
制作協力　久池井 茂　高杉 豊　久池井 努　印藤 治
滝本 隆　秋野 麻里子　間宮 栄二　町田 朱美
カバーデザイン　馬場 冬之
ロゴデザイン　馬場 利貞
印刷所　株式会社 シナノ

ISBN978-4-86615-208-0 C3041
落丁・乱丁本はお取りかえいたします。